土猪 高效养殖与疾病防治技术

TUZHU
GAOXIAO YANGZHI YU
JIBING FANGZHI JISHU

李观题　编著

化学工业出版社

·北京·

内 容 简 介

　　本书共十章，分别介绍了土猪的种质特性及养殖优势和条件要求、土猪肉质的评定及提高肉质和养殖效率的技术措施、中国地方猪种类型及典型地方优良猪种、土猪的繁殖与配种技术、土猪的常用饲料及饲料配合技术、土猪场的猪舍建筑设计、土猪的饲养模式与技术、不同类型土猪的饲养管理技术、土猪的疾病诊断与防治技术、土猪养殖经营管理及品牌建设。本书以怎样提高土猪养殖效率和疾病防控为核心，重点突出了实用技术和养殖先进理念及可参考应用的实例，尤其是对土猪的开发利用和品牌建设提出了新的思路。本书可供国内土猪养殖场（户）阅读使用，也可供畜牧技术人员及相关部门管理人员和农业院校相关专业师生阅读参考。

图书在版编目（CIP）数据

　　土猪高效养殖与疾病防治技术/李观题编著. —北京：化学工业出版社，2022.7
　　ISBN 978-7-122-41234-8

　　Ⅰ.①土…　Ⅱ.①李…　Ⅲ.①养猪学②猪病-防治
Ⅳ.①S828②S858.28

　　中国版本图书馆 CIP 数据核字（2022）第 063442 号

责任编辑：张林爽　　　　　　　　　　　装帧设计：韩　飞
责任校对：宋　夏

出版发行：化学工业出版社（北京市东城区青年湖南街 13 号　邮政编码 100011）
印　　装：河北鑫兆源印刷有限公司
710mm×1000mm　1/16　印张 17¾　字数 355 千字　2022 年 7 月北京第 1 版第 1 次印刷

购书咨询：010-64518888　　售后服务：010-64518899
网　　址：http://www.cip.com.cn
凡购买本书，如有缺损质量问题，本社销售中心负责调换。

定　　价：68.00 元

版权所有　违者必究

我国具有悠久的养猪历史，出土文物证明，我国南北各地养猪已有六七千年乃至一万多年的历史。而且在复杂的生态环境作用和劳动人民的精心培育下，我国逐渐形成了丰富的猪种资源，它们具有较为明显的种质特性，主要表现在品质优异，繁殖力强，具有性成熟早、发情征候明显、易配种、繁殖利用年限长、疾患少等优良特性。此外，中国猪种还具有肉质好、抗逆性强、耐粗饲、耐低水平饲养和可粗放管理的优点。我国目前有76个地方猪种，国人习惯上称其为土猪。由于土猪的生长期较长，营养物质的沉积十分丰富，其瘦肉的颜色鲜红、大理石纹明显、肌纤维细，土猪肉味道鲜美，易于咀嚼、消化和吸收，深受广大人民的青睐。特别是近几年在以市场消费需求为导向的行情下，全国各地有近30种土猪肉重回市场，加快了土猪种开发利用的步伐。

然而，与传统的养殖方式相比，现代的土猪养殖在饲养管理、饲料配合、疾病防治、经营管理等方面都有很高的要求。由于我国土猪种早熟易肥、生长速度较慢、饲养周期长、胴体瘦肉率低、饲料转化效率不高，造成了其不能采用现代的集约化和工厂化的生产方式，而必须采用科学的生态养殖方式与有条件限制的规模小群体养殖方式相结合的模式，并要改变传统的猪病防控理念，实行综合防治措施，建立猪场生物安全防控体系，严禁使用违禁药物和饲料添加剂，这样才可保证土猪养殖达到高效、安全、生态、绿色的目标。为此，笔者根据从事畜牧兽医及饲料工作四十余年的生产实践经验，并参阅了大量相关资料，还对一些土猪养殖场（户）进行了调研，以新的理念、新的技术编著了《土猪高效养殖与疾病防治技术》一书，希望对土猪养殖生产者能有一定帮助。由于编著者知识技术水平有限，书中可能存在一些疏漏和不足，恳请养猪专家及广大读者指正。

编著者　李观题
2022 年 1 月

目　录

第一章

土猪的种质特性、养殖优势和条件要求

第一节　土猪的概念和种质特性

一、土猪的概念

从古至今，我国农户都有饲养地方猪种的传统，并把我国地方猪种俗称为"土猪"。也就是说，"土猪"是一种民间的叫法，土猪的行业名称叫作"地方猪种"。"土猪"这个名称目前并没有行业标准或国家标准，在养猪业内比较认可的是把含有50％或以上地方猪种基因的猪统称为"土猪"。

二、土猪的种质特性

（一）繁殖力强

1. 母猪

（1）初情期与性成熟早　卵巢的发育程度可以反映出猪的生殖机能，这与初情期密切相关。研究表明，土猪种出现成熟卵泡的平均时间在 3 月龄左右，其中二花脸猪、姜曲海猪在 60 日龄或稍迟就可见到成熟卵泡。中国大多数土猪种的初情期早，平均为 97.18 日龄。而且中国土猪种的性成熟时间较早，平均为 129.77 日龄，其中姜曲海猪最低，为 90 日龄。

（2）排卵数多　中国土猪种的排卵数较多，初产母猪平均为 17.21 个，经产母猪平均为 21.56 个，其中排卵数最多的为二花脸猪，初产母猪为 26.00 个，经产母猪为 28.00 个。

（3）发情明显　中国土猪种不但性成熟早，而且性行为明显，发情持续期较长，一般为 3～6 天。中国土猪种发情时最明显的表现为跳圈、哞叫、爬跨其他猪、阴部肿胀湿润十分明显，很易于辨认或检查是否发情，便于适时配种。中国土猪种的发情周期平均为 20.93 天（21 天），受精率平均为 86.32％（初产母猪），我国个别地方土猪种（如东北民猪）初产受精率可达 96.77％。

（4）产仔数高　在粗放饲养管理条件下，中国土猪种初产仔数平均为 10.82头，产活仔数平均为 9.72 头（产活仔率为 89.83％）；而经产母猪产仔数平均为 13.64 头，产活仔数为 12.41 头（产活仔率为 90.98％）。

（5）母性好、带仔成活率高　中国土猪种大多性情温驯，母性强，护仔性好，带仔哺乳期间，走卧十分谨慎，不断用嘴将仔猪拱出卧区，然后慢慢卧下，从而减少仔猪被压死或踩死的可能。中国土猪种在自然的饲养状态下，一般哺乳期仔猪成活率可达到 85％以上，每窝断奶仔猪数为 10.73 头。

（6）乳头数多、泌乳力强　与中国土猪种高产仔数密切相关的种质特性还有母猪乳头数多、泌乳力强。中国几个高产土猪种平均有效乳头数为 17.05 个，以二花脸猪最高，达 18.13 个。中国土猪种经产母猪平均日泌乳量为 5.12 千克，以嘉兴黑猪最高，达 7.97 千克。

（7）利用年限长　中国土猪种母猪利用年限较长，一般可达 8～10 年，其中著名的金华母猪在 20 胎时仍有平均产仔 11.4 头的高产能力。

2. 公猪

中国土公猪从 60 日龄起睾丸发育加快，睾丸发育与精子生产时间及睾酮分泌水平有直接的关系。据测试，土公猪精液中首次出现精子的时间为 73.27 日龄，其中大花白猪最早，为 62 日龄。从 60 日龄到 90 日龄睾丸增长 1 倍多，240 日龄睾丸平均重量达到 81.47 克，其中二花脸公猪 90 日龄时睾丸重 40.40 克，相当于长白猪 130 日龄的睾丸重。中国土公猪睾丸的机能发育迅速，这是其性成熟早的一个主要原因。但中国土公猪在初情期的精液品质较差，因此，为了充分利用土公猪优良的繁殖性能，合理利用公猪很重要。生产实践中一般根据土公猪的品种、日龄和体重来确定配种，南方地区早熟土公猪应在 8～10 月龄、60～70 千克时配种；北方地区土公猪应在 8～10 月龄、80～90 千克时配种。生产中一般土公猪初配体重应达到成年体重的 50％～60％，过早初配或配种过晚都会影响土公猪的正常发育，甚至造成自淫的恶癖。中国土公猪的利用年限一般为 3～5 年，特别优秀的个体可视情况延长利用年限。

（二）抗逆性强

1. 抗寒力与耐热力较强

我国土猪种在炎热和严寒的自然环境中均能正常生活。如长期生活在北方地区的民猪，由于皮厚、被毛浓而长、冬季密生绒毛，故具有较强的抗寒能力，在 −28℃严寒气候条件下，民猪可在圈外长时间停留而不表现颤抖和鸣叫。在高温下增加呼吸频率是猪调节体温的主要方式。中国土猪种比国外猪种耐热，如大花白猪与长白猪比较，当人工控制温度由 27℃升至 38℃以上时，呼吸频率分别增至 52.6 次/分和 60.8 次/分。

2. 耐粗饲和耐粗放管理

中国土猪种大都具有耐粗饲能力，可以充分利用自然资源和农副产品，能以青料、统糠等为饲料，在较低的营养水平（低蛋白质）情况下获得相应的增重，其生长状况比在同样低营养条件下的培育猪种好得多。如在人为低营养水平的饲养条件下（前 30 天按维持需要，后 30 天按维持需要的 2/3 饲养），东北民猪比哈尔滨白猪（简称哈白猪）的耐受时间长。耐粗饲能力与大肠发育有关，如金华猪大肠占肠道比重为 60.4%，而长白猪只有 55.3%。

3. 耐粗放饲养及对高海拔生态的适应性强

在一些饲养条件较差的地区，如淮河、秦岭以北地区以及云南、贵州、四川部分地区，土猪种对当地恶劣的自然环境和粗放的饲养管理条件适应性强。尤其是藏猪、内江猪、八眉猪、乌金猪等中国地方猪种还具有很强的高海拔适应性，如藏猪主要在青藏高原地带，乌金猪在云贵高原山区表现出良好的适应能力。

（三）肉质优良

中国土猪种素以肉质优良而闻名，原因是土猪的生长周期较长，沉积的营养物质十分丰富。其瘦肉的颜色鲜红，大理石纹明显，肌肉纤维细致均匀，质地坚韧而富有弹性，脂肪沉淀比例好。因此，土猪肉因其味道鲜美，富含人体必需的多种氨基酸和营养物质，pH 值适中，瘦肉嫩滑而不钝，肥肉香醇而不腻，口感纯正，易于咀嚼、消化和吸收，有益于人体健康而受到消费者的青睐。中国土猪的肉质鲜红，无劣质肉 PSE 肉和 DFD 肉（PSE 肉是指宰后一定时间内颜色灰白、质地松软和有切面汁液外渗现象的猪肉，是应激敏感猪宰后易出现的一种劣质肉；DFD 肉是指宰后一定时间内颜色暗红、质地坚硬和切面干燥的猪肉。这两种肉被称为劣质肉），而且系水力强，失水率低，肌纤维密度大、直径小，肉质鲜嫩。

（四）早熟易肥及瘦肉率低

中国土猪种具有早熟、多脂、皮厚、适宰体重小和瘦肉率低的特点。其因：一是中国地方猪种腹内贮脂能力特别强，不少地方猪种的腹内脂肪比国外猪种要高出 1 倍以上，这是导致土猪饲养耗料多的原因之一；二是由于长期以来中国劳动人民习惯于采用阶段育肥的方法，在肉猪育肥前期往往营养水平较低，到育肥后期则营养水平不断提高，由于腹内脂肪沉积能力极强，形成了中国土猪种早熟易肥、瘦肉率低的特性。中国土猪种在 90 千克活重时，瘦肉率在 40%～42%，而脂肪率很少低于 40%。

（五）生长速度较慢及饲养周期长

土猪生长速度较慢而使饲养周期变长，育肥期平均日增重大多在 300～600 克，远低于国外引进猪种（＞800 克）。如二花脸猪 60～300 日龄的日增重为 385 克，民猪 75～250 日龄的日增重为 418 克，大花白猪 60～300 日龄的日增重为 343 克，均低于国外引进的猪种。在国内养猪业中，土猪普遍体格小，生长缓慢，个别土猪品种 8～10 月龄甚至 12～18 月龄才能达到出栏体重。中国土猪种生长速度缓慢主要是由其特殊的发育规律决定的，其次中国土猪种初生重小，平均只有 700 克左右，生后发育起点低也是导致其生长慢的原因之一。

第二节　土猪养殖的优势、条件与要求

一、土猪养殖的优势

（一）肉质优良味美、市场价格高

1. 肉色鲜红，无 PSE 肉

土猪肉色鲜红，无 PSE 肉，肉色评分为 3 分和 4 分，均属正常肉色，而对照品种（如长白猪与哈白猪）肉色都偏淡；并且土猪宰后 45 分钟背最长肌的 pH 均在 6.2 以上，平均高于国外品种猪 0.26（0.05～0.72）个单位。

2. 系水力强，失水率低

用重量压力法（35 千克压力）测定肉样加压后的失水率，是间接反映肌肉系水力的重要指标，即失水率越高，系水力越低。我国地方猪品种的失水率，民猪为 20.42％±1.61％，嘉兴黑猪为 11.26％±0.05％，与国外猪种比较，平均低 3.80 个百分点，可见中国土猪种的系水力强，失水率低。

3. 肌肉大理石纹适中

取背最长肌或半膜肌的横断面目测大理石纹，按 5 级分制评分，中国地方猪品种以 3 分（适量）和 4 分（较多量）占大多数，没有被评为 1 分（极微量）的，2 分（微量）亦很少。

4. 肌肉组织特性好

中国地方猪种肌纤维密度大、直径小，肉质细腻。据对民猪等 9 个猪种的测定，平均肌纤维直径为 42.28 微米，比对照猪种小 16.71％；单位面积内的肌纤维根数，平均比对照猪种多 26％左右。中国地方猪种肌肉内粗脂肪含量丰富，9 个地方猪种背最长肌内的粗脂肪含量平均为 4.97％，比对照组平均高 2.23 个百分点。而且中国有些地方猪种的肌内脂肪含量很高，如山东省的莱芜猪，在高营养水平条

件下饲养，宰前体重 114 千克时，肌内脂肪含量达 12.78％。更有意义的是，某些土猪种背最长肌中的不饱和脂肪酸含量较高，如云南省怒江傈僳族自治州的高黎贡山猪背最长肌中的不饱和脂肪酸含量高达 67.47％，而一般土猪种只有 55.83％。另外，金华猪肌肉 pH、干物质、总色素等指标均显著高于长白猪，而且金华猪的脂肪碘价高于长白猪和大约克夏猪，这些可能是以金华猪制作中国式火腿的有利条件之一。

（二）杂食性强、耐粗饲、饲料来源广泛

1. 杂食性强

猪是单胃杂食动物，门齿、犬齿和臼齿都发达，因而能利用各种动植物饲料。加之其食谱广，觅食力强，具有择食性，并具有坚硬的鼻吻，好拱土觅食，可以自行搜寻和摄取自然界中各种食物，因而可放牧养殖。因此有条件的地区，可以充分利用林地、草山草坡、果园、农作物收获后的闲置土地等自然资源，采用放牧与补饲或是放牧与圈养结合的养殖模式，减少精饲料消耗，降低饲养成本，以获取较高的养殖效益。

2. 耐粗饲

土猪具有耐粗饲的优良特性，这也是由于我国几千年来采用青粗饲料养猪的传统方式，从而形成了土猪耐粗饲的优良性状。在以青粗饲料为主的饲养条件下，我国优良地方猪种比引入的国外猪种生长发育好。据试验，在日粮含粗纤维 9.13％的情况下，民猪对粗纤维的消化率为 17.93％，而长白猪仅为 7.94％，这是由于土猪的大肠较长，比国外猪种要长 20％左右。猪对饲料粗纤维的消化，几乎完全靠大肠内纤维分解菌的作用。纤维素及其他糖类被细菌分解产生有机酸（主要是乳酸和低级脂肪酸），并被肠壁吸收进入血液。土猪的耐粗饲特性决定其饲料来源广泛，除了用少量精饲料外，还可充分利用青草、蔬菜、瓜果、糠麸、豆腐渣、酒糟及少部分的优质树叶和牧草等无毒可食用的饲料。

（三）性情温驯、易于调教、便于管理

我国有悠久的养猪历史，出土文物证明，我国南北各地养猪已有六七千年乃至一万多年的悠久历史。我国古代猪种的形成，与原始农业的发展有着密切的关系。随着对工具的不断改进，人类采取了"系绳""圈栏"等方法，将捕获的野猪饲养在人工建造的圈栏中，限制其行动，促使其发生变异。经过若干代后，受限制的环境影响了猪运动器官的机能，使其性情变得温驯而易于调教。中国土猪种几千年来形成的这种特性，使土猪便于管理和调教。几千年来，勤劳智慧的中国人民，在劳动实践中积累了丰富的养猪经验。如"三点定位"养猪方式，即训练猪吃喝、睡觉、拉屎尿各一个地方。还有饲养者在喂食时喊几声习惯了的用语，或是用木棒敲敲猪槽或门板后，猪一听到这样的声音也会马上跑到食槽前采食。尤其是采用放牧

饲养的猪群，当听到饲养者的口哨声或用锣敲打的声音后，会从树林下或山沟里跑回圈舍采食或休息。这样的管理办法，饲养者只要反复训练几次，猪群就会形成条件反射而服从管理。掌握了此方法后，一个饲养者可放养 200～300 头土猪，放养条件好的可放养 300～500 头土猪，从而大大节约了人工饲养成本。

（四）投资少、饲养成本低、养殖效益高

1. 投资少

土猪养殖投资少，主要体现在以下几方面：其一，引种费用低。我国土猪品种较多，不同地区都有适宜的优良品种，只要稍加选种就可进行扩繁饲养，能大大降低引种费用。其二，猪场基建投资少。我国土猪种多是地方品种，具有较强的适应性和抗逆性，对环境条件要求相对较低，因此对猪场建造没有过高的标准要求。一般来说，土猪对圈舍要求不高，只要夏季能遮风挡雨、冬季能适当保温就可，在农村许多废弃的房屋和窑洞就可改造成猪舍，从而减少圈舍建造的投资。

2. 饲养成本低

土猪养殖饲养成本低，主要体现在以下几方面：其一，可放牧饲养。土猪养殖可采用散放饲养，把猪群放在林果树下或林草地上，还可放养在农作物收获后的闲置土地上，任其自由觅食。饲养者仅在晚上饲喂少量的混合饲料或配合饲料，可以大大减少饲料费用。其二，可利用一部分青粗饲料。我国地方猪种的饲料中可添加一部分青粗饲料饲养，研究表明，中国地方猪种可以适应粗蛋白质水平为 7%～16%、消化能水平为 9204.8～11715.2 千焦/千克的农副产品饲料。据报道，广东省河源市寨顶土猪养殖基地的蓝塘猪饲粮中粗蛋白质含量仅为 7.5%，其中粗纤维含量高达 27.1%。饲喂这种高纤维、低蛋白质饲粮的原因之一是为了保持蓝塘猪独特的肉质和风味，整个生长周期所采用的饲粮配方为：米糠 60%、麦麸 5%、玉米 25%、甜草或番薯叶 10%。如果改用玉米-豆粕型饲粮饲喂蓝塘猪，虽然提高了生长速度，但会大大影响肉质，而且已有研究证明，这种高纤维、低蛋白质饲粮饲喂的蓝塘猪在肉质方面优于长白猪。现有的养猪生产模式以耗粮型为主，中国肉脂型猪（30～60 千克）饲养标准（NY/T 65—2004）的饲粮配方也是玉米-豆粕型，大多采用饲粮配方为：玉米 60%、豆粕 19%、麦麸 17%、预混料 4%。而寨顶土猪养殖基地的蓝塘猪保育猪（小于 30 千克）与商品猪饲养方式相同，只是每天饲喂少量鲜草，从 30 千克开始饲喂高纤维、低蛋白质的饲粮（粗纤维含量 27.1%、粗蛋白质含量 7.5%）直到屠宰。按照 1 头育肥猪（30～75 千克）每天消耗 2 千克饲粮计算，如果饲喂地方猪标准饲粮，蓝塘猪每天消耗玉米 1.2 千克、豆粕 0.4 千克，而寨顶土猪养殖基地饲养的蓝塘猪每天仅消耗 0.5 千克玉米，不消耗豆粕。据调查，饲喂这种低碳饲粮的蓝塘猪从 30 千克到 75 千克生长期约为 6 个月，而如果按照地方猪饲养标准饲粮饲喂蓝塘猪，从 30 千克长到 75 千克仅需 4 个月。由此估算，饲喂高纤维、低蛋白质饲粮每头蓝塘猪从出生到屠宰（9 个月）约节省玉米

54 千克、豆粕 48.0 千克。就成本而言，每头育肥期的蓝塘猪每天消耗 2 千克高纤维、低蛋白质的饲粮，成本约为 3.04 元，而地方猪标准饲粮成本约为 5.38 元。也就是说，每头育肥期的蓝塘猪采用高纤维、低蛋白质的饲粮饲养（育肥期 6 个月）比饲喂地方猪的标准饲粮（育肥期 4 个月）可节省饲料成本 98.4 元，而且饲喂鲜草等青粗饲料育肥的蓝塘猪每千克猪肉的市场价格高出饲喂玉米-豆粕型饲粮的蓝塘猪肉价格约 20%～30%，每头可多收入 200～300 元。由此可见，这种充分利用地方猪种耐粗饲的饲养方式不仅降低了饲料成本，增加了收入，而且在节约粮食和减少碳排放方面也具有重要意义，符合低碳养殖。

（五）母性好、繁殖力强、产仔成活率高

土猪性情温驯、母性好，护仔性要比国外猪种强。在自然的饲养状况下，土母猪带仔成活率高，一般哺乳期仔猪成活率可达到 85% 以上，如梅山猪和嘉兴猪的仔猪成活率分别比大白猪高 5% 和 3%。此外，土猪种以产仔数多而著称，产仔数一般都在 14 头左右，华南猪稍低，但也在 10 头以上。

二、土猪养殖的条件与要求

（一）选择适宜的养殖区域

为了保护生态环境不受到污染，国家对生猪养殖区域有严格的规定和限制，尤其是一些地方政府还出台了有关文件，划定了禁养区、限养区和宜养区。土猪养殖者一定要根据当地政府关于生猪生产划定的区域，在宜养区内饲养；如在限养区进行土猪养殖，要根据当地政府及有关部门的规定来确定养殖地点和规模。

（二）选择适宜的土猪养殖品种

我国幅员辽阔，地形复杂，气候条件多样，各地的社会经济条件和自然条件相差很大。正是由于这种特定的生态条件和人文背景的差异，勤劳的中国人民为了满足由于种种因素造成的各自不同的对猪肉的需求（如脂肪、腌肉、火腿等），在长期选育下，猪的种质特性也逐渐出现了分化，进而形成了各具特色的地方品种。因此，要选择适应当地生态环境条件和市场需求及消费者已认可的土猪品种来饲养。而且还要清楚认识到，虽然我国的土猪种能利用青粗饲料及农副产品，但在选择土猪种养殖时，一定要选择适合当地饲养条件及环境气候的品种。

（三）确定适宜的养殖规模

1. 土猪规模养殖的内涵与衡量标准

土猪养殖要想获取一定的经济效益，必须采取适宜的规模养殖。规模养殖的内涵也就是土猪养殖场（户）从经济上可以达到规模效应，能有效提高劳动生产率、生产设施利用率、饲草饲料利用率，从而降低饲养成本，提高养殖的经济效益。在

土猪养殖生产中衡量土猪规模养殖的标准是：适度规模经营，能市场化运行、专业化经营、标准化生产，具有一定的先进基础设施、先进科学技术、高效组织形式以及科学的规范化管理水平。

2. 土猪规模养殖的条件与要求

进行土猪的规模养殖，业主或创业者一定要根据自身的资金来源和可投入资金的多少、劳动力情况、圈舍面积及机械化程度、饲料种类和来源、管理和技术水平以及社会化服务程度来确定养殖规模的大小。对于新建和扩建的土猪养殖场，应提前从场址的选择、饲养品种的确定、市场营销形式、种猪繁殖与饲养模式等各个生产环节做好论证。土猪养殖者千万不可不顾主客观条件盲目地追求大而全、大而洋的规模化猪场，避免一次性投入资金过大，一开始就背上沉重的债务而造成负债经营，这样的生产经营状况一般会出现亏损。只有量力而行，适度规模经营，逐步探索生产发展，实现资金、技术、资源、劳动力和市场的最佳组合，才能将规模养殖的生产潜力充分发挥出来，才有可能获得一定的规模效益，实现土猪规模养殖的目的。

3. 土猪规模养殖的适度标准

土猪可以圈养舍饲，也可以放牧与补料结合饲养，一般来说，土猪养殖规模可大也可小，必须根据养殖者自身的各种条件、饲料来源、市场需求、社会化服务程度等来确定。但从保护生态环境的要求上（尤其是土猪养殖的局限上）分析，土猪养殖规模不可过大，一般以中小规模养殖为好。有资金、有技术、有饲料来源、圈舍条件较好、有市场销路、有放牧场地等条件好的业主可以搞中等规模养殖，养殖规模在 1000～5000 头为宜，小规模养殖可在 100～1000 头左右。

（四）选择适宜的生态饲养模式

土猪的饲养模式主要有放牧、放牧与补料相结合、放牧与舍饲相结合和舍饲圈养，这几种饲养模式要根据土猪品种、当地生态环境条件及饲料来源等方面进行选择。有的土猪种偏向以放牧饲养为主，如藏猪、香猪主要以放牧为主，一般不能采取舍饲圈养。其他品种的土猪大多数放牧与补料结合、放牧与舍饲圈养结合或舍饲圈养均可。

（五）具有一定的资金投入和资金周转

1. 具有一定的资金投入

土猪养殖是一种生产活动，它实际上是一个"投入-产出"的过程，在这个过程包括三个阶段，即资金和资源的投入阶段、物质和能量的转换阶段、产品的产出阶段。在这三个阶段中，资金和资源的投入阶段为前提，进行土猪养殖前，首先要解决资金、设施和资源等生产条件，即先建猪场，购买种猪或仔猪及饲料、兽药等后才能进行生产活动。对于资金的投入量，主要从两个方面进行确定：一是看土猪养殖生产的实际规模，即饲养土猪的头数、投入的生产设施及劳动力数量等，其中生产设施指建造的猪舍和猪栏、饲料加工机械、自动化或半自动化的饲喂设施、消毒设备、粪污处理设施以及运输车辆和工具等；投入的劳动力指聘请的饲养人员，也包括养殖场场主在内，此外，还要考虑聘请畜牧兽医技术指导人员。二是看投入后的产出数量，即投入和产出要平衡，如投入大而产出低就要亏损。在土猪养殖的生产过程中，只有有效地运用一定的资金，才能正常开展土猪养殖生产经营活动。也就是说，没有一定的资金投入，就不可能进行土猪规模养殖生产经营活动。当然，资金投入多少主要取决于土猪养殖规模的大小。中型的养殖规模指 1000～5000 头，需要投入 100 万～500 万元；小型的养殖规模指 100～1000 头，需要投入 10 万～100 万元。一般来说，土猪养殖如是以农户或农户联营生产，最好从小型规模逐步发展为中型规模，这样资金投入分摊，风险小。

2. 具有一定的资金周转

土猪养殖的生产经营效益如何，在一定程度上取决于资金周转。由于土猪养殖的生产经营活动是一个"投入-产出"过程，反映在资金投入上为供应、生产、销售三个阶段连续不断地循环周转。供应主要指购买种猪或仔猪、饲料和兽药，这是土猪养殖生产的前提。由于固定资金（指猪场、饲料加工机械及粪污处理设施等）投入回收期长，因此在土猪养殖的生产经营过程中，主要是流动资金在这三个阶段连续不断地循环，其中种猪也称为流动资产。流动资金由货币资金顺次转化为储备资金（包括流动资产）、生产资金、成品资金（出售的肉猪或仔猪及淘汰的种猪），最后又回到货币资金，这就叫资金循环，资金不断地循环往返就叫资金周转。加速流动资金周转对土猪养殖生产经营效益的提高有着重要的意义：一是能够减少土猪养殖生产经营过程中所占用的资金，这在资金比较缺乏的情况下，可以起到不增加或减少资金投入就可以生产和销售更多猪产品的作用，从而达到增产增收的目的；二是可减少物质消耗，节省利息支出，从而降低生产成本，获取更多的生产经营效益；三是可缩短肉猪的饲养周期，减少存栏积压量，及早获得货币收入。一般来说，一个 1000 头规模的中型土猪养殖场需要的生产流动资金最低也在 100 万元左右。如果没有生产流动资金作保障，生产是难以正常运转的。

（六）具有可靠和丰富的饲料来源

饲料指土猪的食粮，包括玉米、麸皮、米糠、饼粕类、豆渣、蔬菜、青草、树叶、昆虫、草根及植物的果实等能被土猪采食的营养物质。饲料是土猪养殖的基础，无可靠和丰富的饲料来源，是不可能进行土猪养殖生产活动的。一般来说，作为能量饲料的玉米，作为蛋白质饲料的饼粕类，富含纤维素的蔬菜、青草和人工种植的青粗饲料，以及粮食加工的副产品（如麸皮、米糠等）都含有土猪生长发育必不可少的营养物质，在土猪养殖中把这些营养物质按一定的比例合理搭配后饲喂才能保证土猪的正常生长发育，除此之外还包括可消化吸收的矿物质，如食盐、石粉等。对仔猪和育成猪的饲料还需要添加一定量的人工合成的维生素，优质蛋白质饲料如豆粕、鱼粉、奶制品和血浆蛋白粉等，微量元素如铁、铜、锰、碘和硒等，以及饲用酶制剂、酸化剂、益生素和中草药饲料添加剂，这些物质的合理添加使用，是土猪养殖的技术创新体现，尤其是对保证仔猪和育成猪的正常生长发育，具有极其重要的作用。就是以放牧为主或以放牧与补料相结合、以放牧与舍饲相结合的模式，在放牧地也必须有丰富的青草和可食用的树叶、草根、植物果实等，只有这样才可能采取放牧的方式。

（七）具有规范的环境卫生消毒制度和疾病防治措施

1. 严格执行环境卫生消毒制度

消毒可以预防和阻止疫病的发生、传播和蔓延，土猪养殖场的环境消毒是兽医卫生和生物安全工作的重要部分。消毒是指用化学或物理的方法杀灭或消除传播媒介上的病原微生物，使之达到无传播感染作用的处理，即不再有传播感染的危险。生产实践中，土猪养殖场消毒就是将猪场环境中、猪的体表以及工具器械、进入猪场的人员或物品等表面存在的病原微生物全部或部分杀灭或消除的方法。消毒的重点是猪场门口、地面、圈舍、走道、运动场、墙壁、围栏等，对常用的工具、饲槽、水箱、补料槽等也需要定期清洗消毒。一般情况下，1～2周消毒1次，如果出现疫情，每周应消毒2～3次。消毒剂可使用无腐蚀性、无毒性的表面活性剂，如新洁尔灭、百毒杀等。空圈消毒可选用杀菌效力更好的消毒剂，如10％漂白粉、3％来苏尔等。此外，还要经常清扫地面，保持圈舍清洁、干燥、卫生。夏秋季节，每晚在圈舍及场区内外喷雾3％～5％敌敌畏溶液，可防止蚊虫侵害猪群、传播疾病。

2. 严格制定免疫程序

疫病仍是威胁我国养猪业生产与发展的主要因素，而免疫接种仍是预防生猪传染病的有效手段。免疫接种的目的是通过给健康猪接种一定量的微生物（如病毒、细菌、支原体等），激活猪的防御体系，使被接种的猪在以后受到同种病原感染时，免疫系统能迅速有效地产生免疫反应，清除病原或减轻受病原攻击时疫病的严重程度。可见，免疫接种是为了建立猪的主动抵抗力，防止猪发病。因此，有组织、有计划地进行免疫接种，是预防和控制猪传染病的重要措施。免疫接种要通过免疫程序来实现，免疫程序是根据猪群的免疫状态和当地各种传染病的发生和流行情况而制订的预防接种计划，包括接种疫病种类、疫（菌）苗种类、时间、次数以及间隔时间等内容。土猪养殖场应根据当地动物疫病防控部门的规定和要求，以及当地的疫情特点，制订出合理的免疫接种计划，按照程序定期进行免疫接种，不要盲目地乱接种，否则会诱发某些疾病。

3. 重点加强种猪繁殖障碍性疾病的预防和治疗

国内一些中小型土猪场，由于饲养管理不到位，加上疫病、环境和遗传等因素，致使种猪频繁发生繁殖障碍性疾病，导致种猪繁殖力低，猪场效益差。目前，种猪繁殖障碍性疾病已成为国内一些猪场难以攻破的难题，其原因还是一些猪场没有重视对这类疾病的重点防治。种猪的繁殖障碍泛指繁殖公、母猪所发生的一系列有碍正常生殖生理的疾病和现象，如公猪繁殖力低或不育等，母猪不发情或发情后屡配不孕、流产、产仔少或产死胎、木乃伊胎、弱仔等。造成种猪繁殖障碍的原因很多，可分为感染性因素和非感染性因素。感染性因素有病毒感染、细菌感染和寄生虫感染，非感染性因素主要有饲养管理、环境和遗传因素。此外，种猪的常见疾病也较多，包括母猪的一些产科疾病，如母猪无乳综合征、乳房炎、母猪产后瘫痪、流产、产褥热和母猪产后不食症等，这些在土猪养殖生产中也属于常发疾病。在土猪养殖生产中，如不及时防控这些不良因素和治疗可治的疾病，除了降低种猪繁殖率外，也严重影响种猪生产效益。因此，重点加强对种猪繁殖障碍性疾病的防控和治疗，尤其是减少母猪的乏情、不孕症，提高配种受胎率，是土猪养殖生产中一项重中之重的技术措施。

4. 重点搞好仔猪的疾病防治

仔猪生产中，把仔猪生产分为哺乳和保育两个阶段，即依靠母乳生活阶段和由母乳过渡到独立生活的阶段，通常也指仔猪从出生至 70 日龄左右。在土猪养殖生产中，仔猪饲养是关键。国内一些猪场中，猪的高死亡率主要在仔猪阶段。在目前的饲养水平下，仔猪阶段的死亡数占整个生长阶段死亡数的 85% 左右。据对河南省某猪场的资料分析，3 日龄以内死亡的仔猪占死亡总数的 26.63%，4～7 日龄为 29.27%，8～15 日龄为 20.21%，16～20 日龄为 9.92%，21～25 日龄为 7.27%，26～35 日龄为 2.17%，36～45 日龄为 1.15%，46～60 日龄为 3.02%。由此也证明，哺乳仔猪生后前 20 天是最容易死亡的时期。可见，做好仔猪阶段的疾病防治，尤其是补铁剂的使用及控制"三炎三痢"（初生仔猪脐带炎、肺炎、传染性胃肠炎、白痢、黄痢和红痢）疾病的发生，提高仔猪成活率，对于一个土猪养殖场而言是一项关键性的技术措施。

5. 对病死猪尸体的科学处理

病死猪是传染病的传染源，对病死猪尸体不能随意抛弃、出售和食用。为了规范病死猪的处理，原农业部依据《中华人民共和国动物防疫法》及有关法规制定了《病死及病害动物无害化处理技术规范》（以下简称《规范》）。该《规范》规定了病死动物尸体及相关动物产品无害化处理的方法、技术工艺和操作注意事项，以及在处理过程中的包装、暂存、运输、人员防护和无害化处理记录要求。《规范》规定，病死动物无害化处理方法包括焚烧法（直接焚烧法、碳化焚烧法）、化制法（干化法、湿化法）、掩埋法（直接掩埋法、化尸窖）、发酵法，并列出了每种方法的技术工艺和操作注意事项，同时强调因重大动物疫病及人畜共患病死亡的动物尸体和动物产品不得使用发酵法处理。土猪养殖场必须按《规范》中的规定和要求，在当地动物疫病防控单位的指导下，科学地对病死猪尸体进行处理。

（八）具有对猪场粪污进行无害化处理后的"种养结合"生态养殖模式

1. 猪-沼-草-猪生态良性循环养殖模式

此模式适合有一定平地和山坡地的猪场，利用沼渣、沼液和污水种牧草，再用牧草喂猪，实现了资源的良性循环利用，节约了饲料，而且提高了养殖效益，特别是将牧草适量添加到饲料中喂母猪，可提高母猪的繁殖力。生产实践证实，这种生态养殖模式很适合一些土猪养殖场。广东省惠州市一个养猪场业主建了一个中型规模的土猪场，年出栏仔猪和肉猪800多头。为了处理猪场的粪污，该猪场业主投资10万余元在猪场背后的山上承包了50亩（1亩＝666.67m²）山坡地种植牧草。猪场排放出来的粪污前期通过固液分离，猪粪当作肥料用于培肥贫瘠的山坡地，污水经沼气发酵后抽送到山坡上，自下而上灌溉牧草地。这样不仅有效解决了污水难处理的问题，同时利用牧草养猪降低了饲养成本。此猪场种养结合系统每天能处理污水30吨，利用牧草养猪，每头母猪每天大约节省1元饲料成本，肉猪饲料中添加牧草少点，但每天也能节省0.5元饲料成本。此案例说明，只要有山坡地，此种模式也可推广应用。据测算，常年存栏100头母猪的自繁自养的土猪场，大约需要10亩地来种植牧草就能有效处理猪场粪污和沼液，而且还能保证青饲料供给。

2. 猪-沼-果（林）生态养殖模式

此生态养殖模式适合有果园（林）地的土猪场。由于果园（林）地面积大，猪粪、沼液利用率高，基本上不会污染环境。而且在果园（林）内的空闲地套种黑麦草、苜蓿等高产牧草，用牧草养猪，再将猪粪、沼渣、沼液施入牧草地和果树（林）地，形成猪-沼-果（林）生态养殖模式，均可获取更多的经济效益。

3. 猪-沼-菜（粮）生态养殖模式

此生态养殖模式适合有耕地地区的土猪场。由于耕地种菜（粮）可有效地消纳利用大量的粪便和沼液，因此该生态养殖模式成为目前比较广泛应用的一种生态养殖模式。

（九）采取"土猪养殖＋互联网"的市场营销模式

规模养殖土猪的目的，是为了有较好的投资回报和能获取较好的规模效益。规模养殖土猪，只有通过市场销售才能体现土猪肉及其产品的价值和效益的高低，以及消费者的认可程度。土猪肉及其产品再好，只有消费者认可后，才可能有销售的市场。土猪养殖者要认识到，土猪产品的销售在一定程度上还具有一定的季节性，也受消费群体的限制。土猪因其生长速度较慢，体重小，胴体脂肪含量较多，瘦肉率低，其肉产品产量不高，但其肉产品价格一般要比外来猪种杂交的商品肉猪高30％左右。如果消费群体大、市场销售条件好，其产品价格较高，销售商也愿意购买土猪宰杀销售。否则，就会出现相反的状况。在当今发达的互联网时代，如果土猪养殖者还采取传统的销售模式，养了土猪，等人上门购买，必定会受到市场和人为因素的限制，会出现卖猪难或土猪价格不高的状况。生产土猪的地区，尤其是处于信息不灵、交通不便的落后地区，如果不利用互联网销售，是难以把优质的土猪销售出去的。因此，采取"土猪养殖＋互联网"的生产经营模式，是土猪养殖生产的发展趋势。土猪养殖生产者尤其是规模养殖场，必须用现代"土猪养殖＋互联网"的生产经营理念，在互联网上创建自己的市场销售渠道，建立稳定的经销商和专卖店，或采取"直播带货"销售、"直播看土猪"的营销模式，把美味优质的生态土猪肉推销到一些大中城市，推销给中高端消费群体。从这个角度上来说，规模养殖土猪的效益如何，不在于规模有多大，而在于其肉产品的价格高低和市场销售渠道好坏。

（十）借助申请注册的土猪地理标志证明商标打造品牌土猪肉

地理标志证明商标，是标示某商品来源于某地区，并且该商品的特定质量、信誉或其他特征主要由该地区的自然因素、人文因素所决定的标志。也就是说，地理标志证明商标也是优质特色产品的标志。"地名＋品名"是地理标志的核心内容，属于当地生产经营者全体。地理标志的注册者获得的不是"地名＋品名"文字商标的专用权。目前，全国各地一些地方政府已把辖区内的土猪品种申请注册了地理标志证明商标。申请"地理标志证明商标"，是目前国际上保护特色产品的一种通行做法。通过申请地理标志证明商标，可以合理、充分地利用与保存自然资源、人文资源和地理遗产，有效地保护优势特色产品和促进特色行业的发展。可见，国家地理标志证明商标被认为是打响区域品牌、提升行业整体形象的金字招牌，已越来越受到当地政府和行业主管部门的重视。虽然地理标志证明商标保护、反映的是一个行业和地域的情况，并不针对哪个企业，但如果土猪养殖者能借助当地政府或行业主管部门申请注册的土猪地理标志证明商标，用区域品牌提升本场土猪品种的品质与价值，这对一个土猪养殖者（场）打开市场和提高土猪产品价格会有极大的帮助。

（十一）具有一定的养殖技术基础和干事业的勇气及体力

土猪养殖虽然不是一个高科技行业，但养殖土猪牵涉的专业技术比较多。也可以说，一个土猪养殖人员如果还按传统方式来饲养土猪，是不会取得多高的生产和经营效益的。土猪养殖从栏圈建造、猪种选择、饲料配制、圈舍环境卫生及各项管理等都有一定的技术要求。比如，土猪的饲料配制就不同于外来猪种。外来猪种的饲料配制是玉米＋豆粕＋鱼粉＋维生素添加剂＋矿物质＋微量元素添加剂等，玉米占配方的比重在60％左右，豆粕在20％左右，还要加少量的高质量鱼粉等，完全是以玉米和豆粕为主的高蛋白质型饲料配方，基本上不添加青饲料。而土猪的饲料配制虽也要求合理搭配、营养均衡，但主要还是以当地饲料来源为主，玉米在饲料配方中所占比重为 30%～50%，豆粕可用杂饼粕（如芝麻饼、菜籽饼甚至棉籽饼等）来替代，尤其是种猪的饲料配制中，青饲料可占比 10%～30%，个别土猪种以青饲料为主，如藏猪、香猪等，基本上不用精饲料。再如，对土猪的圈舍也要求通风透光、干燥卫生、定期消毒。饲养管理上同样做到科学，即定时、定量、定人、定位、定期驱虫等。可见，土猪养殖其实也是技术活，养活容易养好难，获取一定的生产和经营效益更难。因此，搞土猪养殖必须要有干事业的勇气，养殖有风险，但如果缩手缩脚怕风险，不学技术与营销知识，是很难搞好土猪养殖生产和经营管理的。此外，土猪养殖实际上也是一个脏、累、苦的活，还需要一定的体力。扫圈、运粪、赶猪、放猪至捉猪等都要有一定的体力，没有一定的体力也是难以胜任这项工作的。

第二章

土猪肉质的评定及提高
肉质和养殖效率的技术措施

第一节　土猪肉质的评定

一、猪肉品质的涵义

土猪生产的目的主要是为消费者生产出味美质优的鲜猪肉及其制品。猪肉的品质由肉质来决定。肉质指肌肉原有的各种理化特性在由肌肉转化为食用肉的过程中与消费和流通密切相关的品质特性，如肉色、系水力、pH、风味等。猪肉一般可分为正常肉和劣质肉。通常将颜色不好、水分过多、脂肪变色、硬度加大、不适合消费者口味的肉统称为劣质肉。劣质肉主要指 PSE 肉和 DFD 肉，另外还有酸肉，即在宰后45 分钟内能维持 pH6.1 以上，但随后 pH 迅速下降至 5.5 以下形成的肉，是携带RN¯基因个体宰后表现出来的劣质肉。此外，劣质肉中还有黄膘肉。猪肉品质包括感官品质、深加工品质、营养价值和卫生质量四个方面，其中感官品质最容易引起消费者重视，是猪肉对人的视觉、嗅觉、味觉和触觉等器官的刺激，即给人的综合感受。与猪肉感官品质直接相关的是猪肉的色泽、嫩度、多汁性和风味等。

二、肉质优劣的评定原则与标准

（一）评定原则

目前人们对猪肉品质的评价有主观评分和客观分析两种方法。由于猪肉品质是一个综合和相对模糊的概念，因此很难用一两项客观指标来评价，虽然人为的感官评分仍占有重要位置，但猪肉品质评定应以客观评定为主、主观评定为辅，不宜单独采用主观评定方法评定猪肉品质。

（二）评定标准

1. 客观评定标准

（1）正常肉　色值 10％～25％ 或肉色评分为 3～4 分；pH_1 5.9～6.5 或 pH_2 5.6～6.0；滴水损失 2％～6％ 或失水率 6％～15％。

（2）PSE 肉　色值＞26％ 或肉色评分为 1～2 分；pH_1＜5.9 或 pH_2＜5.6；滴水损失＞6.1％ 或失水率＞15.1％。

（3）DFD 肉　色值＜10％ 或肉色评分为 5～6 分；pH_1＞6.5 或 pH_2＞6.0；滴水损失＜2％ 或失水率＜5％。

（4）RN^- 肉　当 pH_1 在 6.1 以上，而 pH_{24} 在 5.5 以下时，该猪肉可判定为 RN^- 肉，即酸肉。

2. 主观评定标准

（1）正常肉　于宰后 1 小时取横断背最长肌，厚 5～6 厘米，平置于洁净干燥的瓷盘中 10 分钟后观察，若切面显潮湿但无汁液外渗，且颜色鲜亮，红润，切面略有改变，但富弹性，则可判定为正常肉。

（2）PSE 肉和 DFD 肉　于宰后 1 小时取横断背最长肌，厚 5～6 厘米，平置于洁净干燥的瓷盘中 10 分钟后观察，若有汁液渗出，且颜色苍白，切面松软变形，则可判定为 PSE 肉；若切面干燥，无汁液，且颜色较暗，切面平坦不变形，则可判定为 DFD 肉。

（3）黄膘肉　有黄膘肉的猪体况大多消瘦，食欲不好，以致眼结膜呈淡黄色。如怀疑有黄膘肉，可用取料探针取出皮下脂肪少许，或对猪的毛囊进行镜检，可以判断是否为黄膘肉。对于黄疸病所致的黄疸性黄脂，可根据其他组织变化特征与色素引起的黄脂进行鉴别。

三、肉质评定的质量指标

肉质是一个综合性状，有一系列的评定指标。肉质在评定过程中，主要从外观、口感、营养价值、卫生以及药物残留等方面来进行评定。度量猪肉性状的重要指标包括：肉色、系水力、pH 值、肌内脂肪含量、嫩度等。

1. 肉色

肌肉颜色指背长肌截面颜色的鲜亮程度，简称肉色。肉色反映了肌肉生理、生化和微生物学的变化，是人们最直接的感观印象。肌肉颜色与肌肉中的肌红蛋白含量及氧的结合状态有关，正常情况下为鲜红色。肉色的深浅取决于肌肉中的色素物质肌红蛋白（Mb）和血红蛋白（Hb）的含量，也就是说 Mb 和 Hb 是构成肉色的主要物质，但起主要作用的是 Mb。正常情况下，Mb 呈紫色，但当与氧结合时则形成氧合肌红蛋白（MbO_2）而呈鲜红色，当结合氧释放后则形成高铁肌红蛋白（MMb）而呈褐色。因此，Mb 与氧的结合状态，在很大程度上影响着肉色，也就是说，Mb 含量越高，肉色越深。另外，肌肉颜色也与肌肉 pH 有关，遗传力对肌肉颜色的影响最小。猪肉中 Mb 的含量为 0.6～4 毫克/克，介于牛羊肉和禽兔肉之间。

2. 肌内脂肪含量

肌内脂肪含量指在特定有机溶剂中肌内脂肪的浸出量。肌肉中的脂肪主要以甘油酯、游离脂肪酸和游离甘油等形式存在于肌动纤维、肌原纤维内或它们之间。研究表明，肌内脂肪与肌肉的食用品质（如风味、多汁性、嫩度等）有关。肌内脂肪含量主要表现为大理石纹，大理石纹指肌肉横截面可见脂肪与结缔组织的分布情况。一些研究结果表明，大理石纹与肌内脂肪含量密切有关，也就是说，大理石纹反映了肌肉中脂肪层的分布情况，与肉的多汁性、风味及嫩度有密切关系。若肌内脂肪较少则会导致口感不佳，肌内脂肪含量达 2% 以上时为最佳标准。

3. 嫩度

嫩度是口感的首要物理指标，主要由肌肉中肌原纤维、结缔组织和肌浆蛋白的含量与化学结构状态所决定，在一定程度上反映了肌肉中肌原纤维、结缔组织及脂肪的含量、分布和化学状态。结缔组织蛋白质和肌原纤维蛋白质对肌肉嫩度有较大影响。肌束上肌纤维越多、越细，肉就越嫩。影响肌肉嫩度的因素主要有遗传因素、营养因素、年龄等。嫩度的评定方法有主观评定法和客观评定法，其中主观评定法通常用口感品尝来评定，客观评定法采用嫩度计等仪器进行测定。也可对肉样采用剪切值测定法进行处理，切片后在显微镜下测定肌纤维直径和密度等指标进行辅助判定。剪切值越小，嫩度越好。

4. pH 值

pH 值是评判宰后一定时间内肌肉中肌糖原酵解速率的一个重要指标，也是鉴定正常肉质或异常肉质（PSE 肉或 DFD 肉）的依据之一。猪宰后一定时间内肌肉仍继续着特定的代谢活动，如肌糖原酵解所产的乳酸、磷酸、肌酸等在肌肉内的积累，导致肌肉 pH 从稍偏碱性开始下降，其下降速度与肌肉中一些酶系（如糖酵解酶系）的活性、遗传基础、屠宰条件等因素有关。由于肌肉中存在的水分和酸性代谢产物可以满足并符合酸度计的使用要求，因此，可以用酸度计进行肌肉 pH 的测定。pH 值越高，意味着肌肉酸性越小，而酸性是造成肉色变浅、肉质松软和腐烂的重要因素。pH 值下降的程度对肉色、嫩度、系水力和货架期都有明显的影响。虽然 pH 值与屠宰前后的处理方法有关，屠宰应激会使动物高度兴奋甚至狂躁，糖原酵解加强，产生过量乳酸，使肌肉 pH 值大幅下降；而屠宰前长时间的绝食和肌肉运动，会使肌肉中糖原耗竭而几乎不产生乳酸，pH 值较高。但提高猪肉 pH 值的最重要的措施之一，是保证屠宰后的肌体被迅速冷藏。

5. 系水力

系水力指离体肌肉在特定条件下，在一定时间内控制其内含水量的能力。研究表明，肌肉中的水分以结合水、非结合水及自由水的形式存在，其中结合水约占5%，这部分水分相当恒定；非结合水约占80%，这部分水分活动相当有限，只有当肌肉蛋白质变性或有外力作用时才发生变化；自由水约占15%，这部分水分活动自由且较易失去。正常情况下，猪肌肉中的水以结合水、非结合水和自由水的形式存在于肌肉的微观结构中，系水力决定了在贮藏过程中液体损失的多少。系水力直接影响肉的颜色、风味、嫩度和营养价值。系水力高，肉表现为多汁、鲜嫩和表面干爽；系水力低，则肉表面水分渗出，可溶性营养成分和风味损失严重，肌肉干硬，肉质下降。影响新鲜猪肉系水力的因素很多，如猪的品种、样品的保存和测定条件等。

6. 风味

猪肉风味是猪肉市场和消费者关注的基本问题，也是土猪生产和其他猪肉产品的竞争焦点之一。经典的猪肉风味概念，是人们品尝某一特定肉品时感觉神经传入大脑的综合品味感官印象。这种综合印象来自两个侧面，其一是由猪肉非挥发性呈味物质刺激舌面味觉神经末梢产生滋味或异味感觉；其二是猪肉挥发性呈味物质刺激鼻腔嗅觉神经末梢产生香味或膻气感觉。猪肉风味是肉质中最实用的性状，指肉中水溶性呈味物质刺激味蕾，挥发性化合物刺激黏膜后引起的综合反应，包括滋味和香味两部分。可见，风味由滋味和香味结合而成。滋味的呈味物质是非挥发性的，如无机盐、游离氨基酸、小肽、肌苷酸和核糖等；香味的呈味物质主要是挥发性的芳香物质，主要是由肌肉基质在烹调加热后一些芳香前体物质经脂质氧化、美拉德反应以及硫胺素降解产生的挥发性物质，如不饱和醛酮、含硫化合物及一些杂环化合物等。猪肉风味的影响因素较多，包括猪的品种、性别、年龄、营养状况及环境条件、饲养工艺、饲养模式、屠宰方式、加工工艺、烹饪方法等，其中对于特定条件和特定品种、性别的猪来说，营养因素对猪肉风味的影响最大。就新鲜胴体或切块而言，常规肉质参数与风味有密切联系。纵观世界养猪历史，风味优良的著名猪种大多为中国本地土猪和南欧本地土猪。由于猪肉中的呈味物质和风味前体物质有1000多种，难以一一测定，因此风味是无法客观、准确、直接量化测定的肉质指标，所以不常作评定指标，故通常的肉质风味评定仍以口感品尝评定的形式进行。

第二节　提高土猪肉品质的技术措施

一、选择养殖国内优良土猪品种

我国是世界上种猪资源最丰富的国家之一，据调查，我国现有地方猪种有100余种，约占全球现有猪种资源的1/3。从古至今，中国农民都有饲养土猪的传统。中国土猪品种大多脂肪含量高、背膘厚实，但肉质细嫩、味道鲜美。因其生产速度慢、饲料报酬和瘦肉率低，20 世纪 80 年代后，开始受到国外瘦肉型种猪的巨大冲击，养殖数量急剧下降，甚至导致有些地方猪种销声匿迹。随着人们生活水平的不断提高，消费者对猪肉产品的需求逐渐从数量到质量转变，还有一些消费者对猪肉的保健功能也有一定的要求，广大消费者已对猪肉的口感、风味及安全越来越注重，这些变化给土猪养殖及产业的发展带来了新的市场机遇。在此背景下，国内一些养殖户（场）及专业养猪场为了满足消费者对猪肉品质的需求，以绿色、美味、生态、环保、健康养殖为理念，开始回归传统养殖方式养殖地方猪种。中国除有太湖猪、宁乡猪、荣昌猪、金华猪这四大名猪外，各地的土猪品种也较多，其中还有一些受到消费者认可的优良土猪品种，如陆川猪、莱芜猪、沙子岭猪、巴马香猪、藏猪等。土猪养殖户（场）一定要清楚，猪的品种也是决定猪肉是否好吃的关键，土猪肉吃起来香甜、美味、细嫩，主要是因为土猪肉所含的肌间脂肪多，肌肉系水力好，因而肉嫩多汁、风味好，而且瘦肉率只能达到 42% 左右，所以吃起来很细腻。国内目前对土猪肉质的研究较多，以香猪为例，它在肉质上的优点充分体现在以下几个方面：香猪的失水率、肉色、pH 值、嫩度都优于国外品种大白猪；香猪肌肉中游离氨基酸和脂肪酸的营养特性以及由游离氨基酸和饱和脂肪酸引起的风味均明显优于大白猪；而且香猪肌肉和脂肪组织中 ω-6 型和 ω-3 型脂肪酸保健功能显著高于大白猪。目前，在猪肉消费中，藏猪、香猪、金华猪、沙子岭猪、莱芜猪、陆川猪等地方品种猪肉受到广大消费者的认可，而且这些土猪肉的保健功能优于大白猪等外来品种猪。土猪养殖生产一定要根据实际情况，选择饲养肉质比较好而且已被广大消费者认可的地方优良品种。

二、改善调控土猪肉质营养的技术措施

（一）控制日粮适宜的营养水平

1. 能量水平高低影响土猪日增重和胴体品质

在各种营养成分中，能量水平的高低与土猪日增重、胴体瘦肉率关系密切。一般来说，能量摄取越多，土猪增重越快，饲料利用率越高，背膘越厚，胴体脂肪含量也越高。由于受生长规律的制约，在不影响增重的情况下，在肉猪不同生长阶段供给或限制能量水平，可控制脂肪的大量沉积，改善胴体品质。生产中，对土猪的饲养一般划分为两个阶段，即生长发育的前期和后期。在生长发育的前期（20～60千克），给予高能量、高蛋白质的优厚饲养，尽量使猪生长更多的肌肉；而在生长发育的后期（60～100 千克），适当限制能量水平，可控制脂肪的大量沉积，相应提高瘦肉比例，改善胴体品质。

2. 蛋白质与氨基酸水平高低影响土猪增重和胴体品质

一些研究表明，日粮蛋白质水平与肉猪的日增重、饲料转化率和胴体品质的关系极大，并受猪的品种、日粮能量水平及蛋白质饲料的种类和配比制约。日粮蛋白

质水平在一定范围内（9％～18％），在每千克日粮消化能和氨基酸水平都满足需要的条件下，随着蛋白质水平的提高，肉猪日增重随之增加，饲料转化率也增高，但超过17.5％时，日增重不再提高，反而有下降的趋势，但瘦肉率有所提高。在肉猪日粮中，供给合理蛋白质营养的同时，要注意各种氨基酸的给量和配比应合适，尤其是赖氨酸、蛋氨酸和色氨酸，其中，赖氨酸作为土猪的第一限制性氨基酸，对土猪的日增重、饲料转化率及胴体瘦肉率的提高具有重要作用。研究表明，当赖氨酸占粗蛋白质6％～8％时，蛋白质的生物学价值最高，这是国内外研究所证实的。

（二）控制日粮中微量元素和维生素的含量

1. 微量元素对猪肉肉质的影响

微量元素是猪机体需要量不大而又必需的营养物质，主要以酶或激活剂等组织形式参与体内的生化反应，从而影响猪体内的代谢和生长发育。但如果在日粮中大量添加微量元素，则或在猪体内不能吸收而排出体外给环境带来污染，或残留在体内影响猪肉品质，因此必须根据猪的需求及作用添加需要补充的微量元素。目前，饲料工业中主要存在两方面的问题：一是饲料原料中微量元素含量较低，达不到动物营养要求，需要人为添加；二是在经济利益的驱使下，过量添加微量元素，影响猪的健康和猪肉产品的食用安全。

（1）铜的过量添加与危害　关于高铜对猪的增重作用，报道较多的是仔猪阶段，而育肥期增重效果不十分明显，但育肥期高铜对猪肉的品质有影响。有研究表明，使用高铜后，猪背最长肌粗蛋白质、粗脂肪和粗灰分含量未产生显著变化，但猪肌肉失水率略有升高，大理石纹评分和肉色评分呈下降趋势。还有研究表明，生长猪饲喂高铜日粮（125～250毫克/千克）可使体脂显著变软，从而增加脂类的氧化程度，其原因可能是高铜提高了猪肉中不饱和脂肪酸（油酸/硬脂酸）的比例或增加了脱饱和酶的活性。大剂量使用铜不但导致环境污染，破坏土壤质地和微生物结构及影响作物产量和养分含量，还直接影响动物健康和肉产品的食用安全。

（2）铁的过量添加与危害　铁既是血红蛋白和肌红蛋白的重要组成部分，对肉色的形成有决定性作用，又是机体抗氧化系统过氧化酶的辅酶因子，对防止肉质脂类氧化有重要作用。日粮中添加209～420毫克/千克铁时，猪肉中的非血红素铁和脂类过氧化反应产物含量显著增加，血红素铁与非血红素铁能加速过氧化反应，导致脂质过氧化而使猪肉中产生异味。而且日粮中铁含量过高，会使肌肉颜色过深，不受消费者欢迎。因此，应尽量避免在日粮中添加高浓度铁。但有机铁（如甘氨酸亚铁）由于其独特的吸收机制，以氨基酸或肽的整体形式被机体所吸收，因而具有较高的生物学效价和吸收率，大大降低了铁的添加量，并且能够达到改善肉质的效果。

（3）铬对肉质的影响　铬可以作为一种抗应激剂来减少动物应激而提高肉质。通过补铬可降低血清中皮质醇的含量和提高血液中免疫球蛋白的水平，使猪安定。铬还能促进脂肪的分解和蛋白质的合成，降低脂肪总量和脂肪率。在肉猪屠宰前，补充铬可以降低肌肉糖原的消耗，从而减少乳酸的生成，最终缓解屠宰前应激，防止 PSE 肉的发生。有研究表明，肉猪日粮中以吡啶铬的形式添加铬 20 微克/千克，可显著降低 PSE 肉的发生率，同时提高了 10.2% 的正常肉。因此，饲料中添加铬制剂可减轻发生在运输和屠宰过程中的应激的程度，减少 PSE 肉和 DFD 肉的发生。一些研究表明，在猪饲料中添加有机铬可能提高生长激素基因的表达，从而提高猪的瘦肉率，降低胴体脂肪含量，改善猪肉品质。

（4）硒对肉质的影响　硒是动物必需的微量元素，具有多种重要的生物学功能，能显著影响动物机体的自由基代谢，是体内磷脂过氧化氢谷胱甘肽过氧化物酶的重要组成成分，能清除细胞内形成的过氧化物，防止细胞和亚细胞受到过氧化物的破坏，它与维生素 E 具有协同作用。补硒可使机体自由基水平下降，减少细胞的损伤，从而减少肌肉渗出汁液。硒的来源有无机硒（亚硒酸钠等）和有机硒（蛋氨酸硒和酵母硒等）。研究表明，在改善肉品质方面，有机硒的作用好于无机硒。有机硒能增加组织硒质量浓度，有助于维持组织细胞的完整性，减少猪肉的滴水损失，显著增加生长育肥猪的眼肌面积，降低背膘厚度。有研究报道，以酵母硒的形式给生长猪饲料中添加 0.3 毫克/千克的硒，可减少苍白、松软和渗出性（PSE）肉的发生，且猪肉味道较好。

2. 维生素对猪肉肉质的影响

（1）维生素 E 对肉质的影响　维生素 E 作为保护性抗氧化剂的作用已为人们所认识。维生素 E 是一种潜在的抗氧化剂，能阻止肌肉中的脂肪在组织中的氧化，在饲料中添加高水平的维生素 E 可减少脂类的氧化速度，维持屠宰肌肉细胞的完整性，减少滴水损失，从而改善猪肉品质。另外，维生素 E 能有效抑制鲜猪肉中高铁血红蛋白的形成，增加氧合血红蛋白的稳定性。一系列的研究证明，在猪饲粮中添加维生素 E（100～200 毫克/千克），能显著降低脂类过氧化反应，从而延长鲜肉理想肉色的保存时间。

（2）核黄素（维生素 B_2）对肉质的影响　维生素 B_2 是氨基酸代谢和脂肪代谢的必需成分。有研究显示，用于蛋白质沉积所需的维生素 B_2 比脂肪多 6 倍，这就意味着对维生素 B_2 的需要量将随着肌肉的生长而显著增加。

（3）维生素 C 对肉质的影响　维生素 C 通过其抗氧化作用可防止脂肪氧化，提高猪肉品质。试验表明，维生素 C 具有防止猪屠宰应激的作用，减少 PSE 肉的产生。

（三）其他添加剂成分对猪肉肉质的影响

1. 中草药

中草药是我国的特有资源，研究表明，饲料中添加中草药能够改善土猪的肉质。中草药饲料添加剂能够增加动物产品色泽，增加产品中的营养物质，清除或减少胴体中的有害成分，提高肉产品风味。张先勤等（2002）报道，在育肥猪日粮中添加中草药能显著提高胴体瘦肉率，增大眼肌面积，降低胴体脂肪率、背膘厚度和板油重；同时能极显著提高肌间脂肪含量，增加肉的柔嫩度、多汁性和香味，从而改善肉品风味。

2. 甜菜碱

甜菜碱为降低猪体脂的营养添加剂，最早是从甜菜糖蜜中分离出的一种天然物质。在动物体内，甜菜碱是胆碱的氧化产物，它主要通过提供甲基合成多种营养物质来间接参与体内的许多生理过程。甜菜碱对猪胴体肉质的作用曾有争议，但一些研究表明，饲粮中添加甜菜碱可使育肥猪胴体瘦肉率提高，脂肪率降低，板油重降低，眼肌面积增大，平均背膘厚度降低。而且，甜菜碱还可通过提高猪肉中肌红蛋白、肌内脂肪和肌甘酸含量，有效改善猪肉色泽，提高肉的柔嫩度、多汁性和香味。有试验表明，在育肥猪饲料中添加 1750 毫克/千克的甜菜碱，眼肌面积增大了 11.99％；添加 1250 毫克/千克的甜菜碱，育肥猪背膘厚度降低 15％，眼肌面积增大。

（四）选择使用植物性饲料及中草药饲料添加剂改善土猪肉质

1. 饲粮中添加苜蓿

（1）苜蓿的饲用价值　牧草中含有的粗蛋白质、粗纤维、矿物质、维生素及促生长因子均能被猪消化吸收，促进猪的生长发育。目前研究表明，利用优质牧草，如紫花苜蓿、紫云英、光叶紫花苕子、黑麦草及狼尾草替代部分精饲料，均可提高猪的抗病能力，对猪肉品质有一定的改善作用。牧草中的苜蓿是目前全世界分布最广、栽培历史最悠久的豆科牧草，具有抗逆性强、适口性好、产草量高、营养品质好等优势，享有"牧草之王"的称号。紫花苜蓿属豆科类草本牧草，其茎、叶中富含多种营养物质，且适口性较好，是猪良好的饲料来源。其中，初花期收割的紫花苜蓿，干草中粗蛋白质含量达 23％～31％，叶中粗蛋白质含量为 36.5％，含 20 多种氨基酸，其氨基酸组成仅次于鱼粉，各种必需氨基酸含量比较均衡。苜蓿中所含蛋白质与氨基酸的组成和比例与猪体内的较为相似，能够较好地被猪消化吸收。而且苜蓿草粉的赖氨酸含量为 0.06％～1.38％，比玉米高 4～5 倍，也是植物性蛋白质的良好来源。苜蓿草粉还富含各种维生素、矿物质，其中钙含量为 1.6％，磷 0.25％，β-胡萝卜素 211 毫克/千克，维生素 A 352 国际单位/克，叶黄素 423 毫克/千克。此外，苜蓿草粉还富含铜、铁、锰、锌等微量元素。尤其是苜蓿中镁含量较高，高镁可提高肌肉初始 pH，降低糖原酵解速度，减缓 pH 的下降，并延缓应激敏感猪尸僵的发生，从而提高了肉的品质。苜蓿中还富含葡萄糖、果糖、蔗糖等碳水化合物，能对胃肠道产生一定的刺激作用，从而提高胃肠道的分泌与蠕动机能，起到促生长、提高食欲的目的；并能维持肠道菌群平衡状态，提高机体抗病力与胴体品质。

（2）苜蓿在猪饲料中的应用效果　徐向阳等（2006）将苜蓿草粉以不同比例添加到生长育肥猪饲粮中，结果发现，5％、10％的苜蓿草粉有利于提高生长猪的日增重及饲料转化率，尤其 10％组的日增重、日采食量较对照组有极显著改善，饲料转化率较对照组明显提高。许娅虹等（2018）研究苜蓿鲜草对育肥猪生长性能和胴体品质的影响，结果表明，日粮中添加 10％、15％的苜蓿鲜草，可提高瘦肉率，降低肥肉率，平均背膘厚和 6～7 肋背膘厚均降低（$P>0.05$）。

2. 饲粮中添加桑叶

（1）桑叶的饲用价值　桑叶是我国的传统中药，富含多种功能成分，尤其是植物叶蛋白含量较高，1993 年被国家卫生部列为"药食两用"植物。桑叶营养价值高，含有大量的蛋白质，不仅可作为青绿饲料，亦可作为蛋白质饲料。桑叶的粗蛋白质含量为 15％～30％，氨基酸种类有 18 种之多，组成比例合理，其中必需氨基酸和非必需氨基酸的比例在 50％以上。桑叶中还含有丰富的多酚、多糖、生物碱等多种活性物质及矿物元素。桑叶中具有全面丰富的营养成分、独特的功能因子及多种天然活性物质，能够提高猪的抗逆能力，改善猪肉产品的品质和风味。研究发现，桑叶中丰富的活性物质可以起到保护脂质、改善猪肉品质的作用。宋琼莉等（2016）发现饲粮中添加桑叶粉能够显著提高猪屠宰后肌肉的 pH，原因可能在于桑叶中活性物质抑制了部分无氧酵解，减少了乳酸的积累，进而提高了 pH。目前报道表明，饲粮中添加适量的桑叶可提高猪肉肌内脂肪的含量。另外，饲粮中添加桑叶可增加猪肉风味前体氨基酸含量，提高猪肉的香味。同时，桑叶中的多不饱和脂肪酸含量较高，猪采食后不经氧化可直接在体内沉积，改变了肌肉的脂肪酸组成，提高不饱和脂肪酸比例及猪肉的营养价值。目前，桑叶作为一种饲料添加剂，已应用于多种动物饲料，并在提升动物的生长性能、屠宰性能和产品品质等方面展现出良好的饲用价值。

（2）桑叶在猪饲料中的应用效果　权群学等（2018）研究分析了饲料中分别添加 6％和 9％的桑叶粉对育肥猪肉质营养成分、矿物元素和氨基酸含量的影响。结果显示，随着桑叶添加量的增大，肉中蛋白质含量也相应升高，但蛋白质含量增加不显著（$P>0.05$）；6％组肉中脂肪含量最高，为 16.02％，9％组猪肉中维生素 B_1 和维生素 B_2 含量最大，分别为 0.94 毫克/100 克和 0.27 毫克/100 克。猪肉中共检出 6 种矿物元素，各矿物元素含量差异不显著（$P>0.05$）。9％组猪肉中必需氨基酸亮氨酸、苏氨酸、苯丙氨酸、缬氨酸和赖氨酸含量最高，分别为 1.76 克/100克、1.04 克/100 克、0.97 克/100 克、1.13 克/100 克和 1.78 克/100 克，高于 6％组猪肉中各氨基酸含量，且差异显著（$P<0.05$）。研究发现，饲料中添加 9％桑叶粉能显著改善育肥猪肉质，提高优质蛋白质含量和增加猪肉鲜味度。由于桑叶粉中富含碳水化合物、蛋白质和维生素等多种营养物质，且含有多种土猪生长所必需的氨基酸，因而具有很好的应用价值。很多专家研究也表明，在育肥猪饲粮中添加适量桑叶粉可提高土猪肉中氨基酸的含量和日增重等。

（3）饲料桑粉对生长育肥猪生长性能和肉质的影响　桑叶的主要用途是养蚕，我国科研人员通过人工选育，培育出了新型抗逆品种——饲料桑，该品种具有适应性强、产量高、营养丰富等特点。研究表明，饲料桑含有丰富的蛋白质、脂肪酸、维生素等，且氨基酸比例均衡。饲料桑含有多种活性成分，主要包括黄酮类（桑酮、桑酮醇）、甾类、生物碱等，这些活性成分具有降血压、降血脂、抗菌、抗炎活性。但由于饲料桑含有单宁、植物凝集素等抗营养因子，且具有一定的涩味，大量添加到猪饲粮中会导致饲粮适口性下降，采食量降低，限制了饲料桑在猪饲粮中的应用。研究发现，发酵工艺能有效降低或去除饲料桑中的抗营养因子，且能降解粗纤维和大分子蛋白质等物质，提高其饲用价值。为了研究饲料桑的饲用效果，丁鹏等（2016）将饲料桑粉添加至饲粮中，经发酵后饲喂宁乡花猪，研究对其生长性能、肉品质和血清生化指标的影响。试验选取平均体重为 30 千克左右的宁乡花猪90 头，随机分为 5 个组，每个组 3 个重复（栏），每个重复 6 头猪。对照组饲喂基础饲粮，1 组、2 组、3 组和 4 组分别饲喂添加 9％、12％、15％饲料桑粉的全发酵料和添加 9％饲料桑粉的未发酵料。试验分为 2 个阶段，即中猪阶段（1～50 天）和大猪阶段（51～75 天），此试验结束后的结果表明，饲料桑经发酵后可降低其抗营养因子含量，改善适口性，饲喂效果更佳，且 9％饲料桑粉全发酵料能显著降低宁乡花猪中猪阶段的料重比，提高宁乡花猪的生产性能。而且利用饲料桑粉饲喂宁乡花猪能调节其体内脂肪代谢，显著降低宁乡花猪的平均背膘厚及血清总胆固醇含量。这些表明了利用饲料桑发酵料可提高宁乡花猪养殖效益及改善其肉质品质，在生产中具有一定的应用价值。

3. 饲粮中添加构树叶

（1）构树叶的饲用价值　构树作为一种高蛋白的木本饲料，其嫩叶中含有的植物蛋白为 20％左右，仅次于大豆，是玉米、小麦等常规饲料蛋白质含量的 2～3 倍，且脂肪、无氮浸出物及矿物质钙的含量也很高，具有很好的饲用价值。孙华等（2016）对黄冈市的构树叶粉检测发现，含有干物质（DM）85.82％，粗蛋白质（CP）20.29％，粗脂肪（EE）3.42％，粗纤维（CF）9.86％，钙（Ca）2.23％，磷（P）0.30％。而玉米中粗蛋白质含量为 9.4％，玉米和豆粕中粗脂肪含量分别为 3.1％和 1.9％，可见，构树叶的粗蛋白质含量远高于玉米，且粗脂肪含量高于玉米和豆粕。根据能量饲料的划分要求：饲料干物质中粗纤维含量低于 18％、粗蛋白质含量低于 20％的一类饲料为能量饲料，而干物质中粗纤维含量低于 18％、粗蛋白质含量达到或超过 20％的饲料为蛋白质饲料，因此构树叶可作为蛋白质饲料豆粕的替代原料。杨祖达等（2002）通过对比大米、玉米、小麦与构树叶的有关营养成分发现，构树叶是介于玉米与大豆之间的畜禽的良好饲料原料。周贵（2016）研究报道，构树植物粗蛋白质比常规饲用的苜蓿草粉高出 8％左右，制成叶粉与其他原料一同加工可制作配合饲料。

（2）构树饲料的树种　我国很早就有用构树叶饲喂生猪的实践，民间素有"家有五棵构，养猪不发愁"的说法。构树叶产量高，1 株 5 年以上的构树，年产鲜叶100 千克以上。虽然我国当地构树或小构树环境适应能力强，但产量低，萌发枝叶能力弱，不适合规模生产构树饲料。沈世华（2016）报道，现在推广的饲用构树主要是高蛋白质、高产量的 101 和 201 等杂交构树，其粗蛋白质含量在 26％ 左右。中国科学院经过近 10 年的筛选和试验种植、培育出的优质杂交构树树种，饲用价值高，树叶蛋白质含量高，是首选的木本高蛋白质饲料之一，其氨基酸、维生素、碳水化合物及微量元素等营养成分含量十分丰富。经太空育种培育出的中科 1 号高蛋白质杂交构树，其风干树叶中经郑州市农林科学研究所检测证明：干物质含量为 93.2％，粗蛋白质 23.21％，粗纤维 15.6％，粗脂肪 5.31％，淀粉 1.17％，糖 0.65％，粗灰分 15.88％，钙 4.62％，磷 1.05％，铁 0.08％。我国除了针对本地构树进行研究，还引种国外构树进行试验。郑庆春（2010）报道，日本构树作为一种引进构树，其叶可用于饲料加工，日本构树的本土化引进效益显著。李爱华等（2008）研究表明，日本构树与本地构树相比生长速度更快，生物量更大，在饲料加工方面，其经济价值均优于本地构树，推广价值更高。

（3）构树叶饲用的加工技术　木本植物饲料多数面临植物纤维含量过高的问题，大量的植物纤维不仅影响饲用的适口性，还影响动物的消化吸收。构树叶中含有大量的纤维素，单宁平均含量在 1％ 左右，适口性较差。生产实践证实，构树叶饲用加工主要以青贮为主，鲜叶饲喂和干制饲料占比小。青贮技术对木质素或植物纤维具有软化作用，对提高原料的适口性有很大的帮助。张益民（2008）通过对比构树叶不加作物秸秆发酵 0 天和 9 天后得到的两组数据发现，构树叶经过发酵处理之后，粗蛋白质和粗脂肪含量分别提高 6.47％、1.39％，而粗纤维和无氮浸出物（NFE）含量分别减少 2.28％、7.7％，整个构树叶饲用的有效性得到很大提高，适口性也有所改变。陶兴无等（2006）利用发酵构树叶代替部分精饲料发现，其对猪的生长有较好的增重效果。但构树鲜叶含水量高，青贮营养损失大，易制作失败，一般采用中水分（pH 为 3.2～4.2）和低水分青贮（pH 为 5.5 左右）。为控制发酵前的水分含量，可适当添加玉米粉、米糠及粗纤维类等高吸水力的原料，有利于提升构树发酵的品质。目前对构树叶用作饲料的研究主要集中在直接饲喂或青贮后饲喂，国内也有科研院校利用生物技术对构树叶进行发酵处理，使构树叶蛋白转化技术获得重大突破，利用该技术生产的构树叶饲料，畜禽蛋白质消化吸收率达到80％以上。研究表明，构树叶经过发酵，其结构复杂的蛋白质已被分解成猪可吸收利用的氨基酸，且在发酵过程中产生了大量芳香族化合物，具有酸香味，柔软多汁。同时，构树叶丰富的营养进一步满足了猪的生长需要，猪喜食，贪睡，肯长，饲料转化率高，添加发酵构树叶替代部分精料饲养生长猪，有较好的增重效果。有关试验表明：构树叶发酵要保证低温、厌氧的条件，外加乳酸菌进行发酵能产出品质优良的发酵饲料。构树叶发酵饲料只要贮藏合理就可以长期保存，保证猪一年四季都能吃到优良的多汁饲料。

（4）构树叶饲料在生长育肥猪上的应用效果　杨青春等（2014）为探究日粮中添加构树叶粉对育肥猪生产性能、屠宰性能、肉品质及营养物质表观消化率的影响，将 30 头日龄相近、体重约为 60 千克的杂交猪随机分成 2 组（对照组和试验组），对照组饲喂基础日粮，试验组在基础日粮中添加 10% 的构树叶粉，分别测定猪的生产性能、屠宰性能、肉品质及对营养物质表观消化率。结果显示，与对照组相比，试验组平均日增重降低了 2.06%，平均日采食量提高了 0.78%，料重比提高了 2.89%，差异均不显著；背膘厚度显著降低 28.57%，眼肌面积显著提高 9.96%，瘦肉率提高 2.45%，皮脂率降低 11.87%。这表明饲料中添加构树叶粉可以有效降低生长猪的脂肪沉积量。另外，试验组的骨率与对照组相比提高了 6.73%（$P>0.05$），说明饲喂构树叶对生长猪钙、磷等矿物质的沉积有积极的作用。此外，与对照组相比，试验组中的肌内脂肪含量、谷氨酸钠含量分别显著提高 20.40%、13.62%。肌内脂肪含量与肉的香味、多汁性和口感有直接的正相关关系，饲料中添加构树叶粉对生长猪的脂肪沉积有积极影响，肌内脂肪的增加有助于改善肉品香味和多汁性。而谷氨酸钠极具鲜味，会使肉味更加鲜美，肌肉中的游离氨基酸与机体内还原糖之间可发生美拉德反应，这是形成熟肉制品风味最重要的途径之一。再有与对照组相比，试验组的粗蛋白质、干物质、钙及总能的表观消化利用率分别显著降低 5.01%、5.61%、15.27%、5.72%，说明构树叶中的部分营养物质不易被猪消化利用。而试验组磷的表观消化率显著提高了 10.90%，表明构树叶有效磷含量提高。此研究结果表明，日粮中添加构树叶对育肥猪的生产性能无不良影响，且可以提高其屠宰性能、改善肉品质，尤其是肌内脂肪的增加有助于改善肉品香味和多汁性，更有利于提高土猪肉质。此外还进一步表明，构树叶可以作为一种优质的非常规饲料原料添加到基础日粮中，从而节省饲料成本。由此可见，添加 10% 构树叶粉替代基础日粮基本可行。

4. 饲粮中添加松针粉

（1）松针粉的饲用价值　松针粉主要原料为马尾松等松类树种的针叶。松针粉性温、味苦、色绿、幽香，且来源丰富，具有较高的营养价值，是近年来人们正在开发的一种高效天然绿色添加剂。松针粉除含有丰富的粗蛋白质、粗脂肪、粗纤维等常规营养成分外，还含有维生素、多酚类、胡萝卜素、色素、氨基酸、糖苷类、黄酮、萜类化合物和多种微量元素等生物活性物质。松针粉中的粗蛋白质含量一般为 8%～12%，氨基酸组成也比较全面，包括 18 种氨基酸，其中 8 种为动物所必需的氨基酸，约占总氨基酸含量的 44%，因此松针粉又可作为氨基酸添加剂；粗脂肪含量为 3.8%～13.1%，其中所含的脂肪酸具有不饱和性，能改善动物产品品质。研究表明，用作饲料添加剂的松针粉能改善动物生长性能，增强机体免疫力及抗应激水平，防治一些常见的疾病和提高动物产品品质。

（2）松针粉在生长育肥猪上的应用效果　松针粉在生长育肥猪方面的应用研究很多，主要集中于其在生长育肥猪上的适宜添加量及对生产性能的影响。从目前的研究报道来看，松针粉在饲粮中的添加量从 2% 到 8.5%，其对生产性能影响方面的结果非常一致，大量研究成果表明，松针粉添加可以改善生长育肥猪的生产性能并提高养殖效益。在猪饲料中添加 3％～5％的松针粉，可使猪增重 15％，育肥时间缩短 1～2 个月，且猪的毛皮光亮红润，肉质和瘦肉率得到改善。陈龙星等（2000）在育肥猪饲料中分别添加 2％和 4％的松针粉，结果表明，与对照组相比，两试验组平均日增重分别增加 25 克和 91 克，分别提高 3.6％和 13.2％，料重比分别降低 3.53％和 11.84％，分别多盈利 9.88 元和 40.06 元。

5. 饲粮中添加茶多酚（茶叶）

（1）茶多酚（茶叶）的饲用价值　茶叶中含有多种天然活性物质，包括茶多酚、茶多糖、咖啡因、维生素 C、维生素 E 等。茶多酚为我国允许的食品添加剂，是茶叶中多酚类物质的总称，主要包括儿茶素、花青素、黄酮类和酚酸类等有机化合物，具有清除自由基、抗衰老、抗突变、降低血脂和胆固醇以及抗菌等多种功能。研究表明，饲粮中添加茶多酚（茶叶）能够提高猪的生长性能，改善猪肉品质。日本鹿儿岛地区的养猪户长期在白猪饲料中添加适量的茶叶，结果发现，猪屠宰后肉中的维生素 E 含量是一般猪肉的 3 倍，决定猪肉口感的次黄嘌呤核苷酸含量提高，肉味更佳，这也是鹿儿岛猪肉闻名世界的原因之一。

（2）茶多酚（茶叶）对生长育肥猪生长性能和肉质的影响　猪肉品质的下降大多是由于屠宰后肌肉中大量脂质过氧化物发生氧化反应，破坏细胞膜，从而造成 pH 下降、肉色变淡和系水力下降等，而茶多酚能够进入机体内清除自由基，保护肌肉细胞的完整性，从而起到改善猪肉品质的作用。当猪肉的 pH 迅速下降时，肌浆蛋白和肌原纤维蛋白发生降解使肌肉颜色苍白、肉质松软和液体渗出而形成 PSE 肉。有关研究表明，生长育肥猪日粮中添加一定量的茶多酚（茶叶）可以提高生长育肥猪的生长性能，并对改善肉质、防止 PSE 肉形成有一定的作用。晁娅梅等（2016）采用单因素试验设计，试验选择 60 头（74.19±7.41）千克的育肥猪随机分为 2 个组，每组 6 个重复，每个重复 5 头猪。对照组饲喂基础饲粮，茶多酚组饲喂在基础日粮中添加 400 毫克/千克茶多酚的试验饲粮，试验期为 6 周。结果表明，茶多酚能显著提高育肥猪的净增重和平均日增重，对育肥猪的肉品质没有显著影响，从屠宰后 45 分钟的 pH 可以看出，茶多酚组均比对照组高，但差异不显著；而对于 24 小时的 pH，茶多酚组和对照组相比具有升高的趋势，并升高了 1.65％，说明茶多酚能在一定程度上提高 pH，延缓猪肉变质的速度，降低 PSE 肉的形成概率。

6. 饲粮中添加杜仲

（1）杜仲的饲用价值　杜仲，又名思仲、思仙、木棉等，是一种我国特有的具有极高药用价值的木本科落叶植物，在我国已有 2000 多年的药用历史，《本草纲目》和《神农本草经》均将其列为上品，可补中益气、强筋骨、调血压、抗肿瘤，久服健身耐老保健。杜仲富含多种活性成分，从杜仲中提取的化学成分按其结构可分为木脂素类、黄酮类、苯丙素类、萜类、多糖类及环烯醚萜类等化合物，具有抗炎、抗菌、增强免疫力的功能。一直以来，杜仲主要以皮入药。随着杜仲叶资源的不断开发，有不少国内外学者对其成分进行了检测分析，发现杜仲叶与杜仲皮中所含有效成分与药理作用相似。杜仲叶不但含有多种维生素、蛋白质和矿物质等营养成分，且含有绿原酸、松脂醇二葡萄糖苷和桃叶珊瑚苷等药用成分。且杜仲叶可再生，资源丰富，因此对杜仲叶的深入研究具有重要意义。已有研究表明，乳酸菌发酵对于杜仲叶功效的影响主要体现在分解抗营养因子、促进功能成分的吸收和改善动物肠道微生态方面。同时饲粮中添加乳酸菌还能够改善肉质，因此杜仲叶及其发酵产物在土猪生产中有着很大的发展潜力。目前对杜仲的化学成分和药理作用的研究已取得很大进展，杜仲提取物或杜仲叶已逐步应用于养猪生产。大量研究表明，饲粮中添加杜仲叶或杜仲提取物能提高生猪生长性能，并能显著改善猪肉品质。

（2）杜仲提取物及杜仲叶对生长育肥猪肉品质的影响　杜仲提取物改善胴体品质和猪肉品质的研究报道较多，周艳（2015）研究发现，饲料中添加杜仲提取物能显著改善肌肉的 pH、亮度、黄度、肌内脂肪含量，同时提高日采食量和日增重，降低料重比。龙次民（2015）在饲料中添加 800 克/吨绿原酸，显著提高了猪肉的红度、24 小时后的 pH 及肌内脂肪含量。绿原酸是杜仲主要的活性物质，其生物活性广泛，具有抗氧化、免疫调节、抗菌等作用。

（3）杜仲提取物改善地方土猪宁乡猪肉质的效果　关于杜仲提取物改善胴体品质和猪肉品质的研究，大多集中在外来杂交育肥猪中，李旺东等（2018）以中国四大名猪品种之一的宁乡猪为研究对象，通过在宁乡猪饲粮中添加杜仲提取物，探讨其对宁乡猪胴体品质及肉品质相关指标的影响。试验采用单因素试验设计，选择相同栏舍、相同批次、体重（体重均在 43 千克左右）都相近的健康宁乡阉母猪 24头，将其随机分为对照组（饲喂基础饲粮）和试验组（饲喂基础饲粮＋杜仲提取物1500 毫克/千克），每组 4 个重复，每个重复 3 次，试验期 60 天，饲养结束后，每个重复随机抽取 1 头宁乡阉母猪进行屠宰及肉质测定。结果表明，与对照组相比，试验组中宁乡阉母猪的屠宰率提高 1.53 个百分点（$P<0.05$），并且试验组有降低平均背膘厚的趋势（$0.05<P<0.10$）；试验组比对照组猪肌内脂肪含量提高 2.41个百分点（$P<0.05$），表明杜仲提取物对猪肌内脂肪有显著升高的影响。此研究表明，饲粮中添加杜仲提取物 1500 毫克/千克可以显著提高宁乡猪的屠宰率、肌内脂肪含量，显著降低肌肉中亚油酸、花生四烯酸、多不饱和脂肪酸的含量，对脂肪代谢相关基因的表达具有显著的抑制作用。在宁乡猪饲粮中添加杜仲提取物可以改善其胴体品质和肉品质。

三、改善饲养和屠宰加工环境

（一）改善饲养环境

1. 提供适宜的环境温度

除了营养因素，饲养环境也是影响猪肉品质的重要因素。温度是影响猪肉品质的一个重要环境因素，过高或过低的温度都会使生猪产生应激，进而使肉质变差。猪舍内的小气候是养猪生产中的主要环境条件，其中猪舍的温度和湿度是主要的环境影响因素，直接影响肉猪的增重、饲料利用率和经济效益。因此，土猪养殖也要为土猪提供适宜的环境温度和湿度，以缓解热应激和冷应激造成的肌肉脂肪含量和皮下脂肪含量增加、屠宰率下降。

2. 提供适宜的猪舍面积和运动场地

适宜的猪舍面积和运动场地可以减少因饲养密度过大、活动空间受限而造成的拥挤应激。有研究表明，发生拥挤应激时，动物耗氧量是正常时的 10 倍左右，产热是正常时的 5 倍左右，同时会导致多种酶类发生变性，磷酸肌酸和 ATP 水平下降，糖酵解加强，乳酸大量蓄积，不仅可发生 PSE 肉（苍白、柔软和渗水肉），还会引起猪背肌坏死以及乳酸堆积，降低猪肉品质。土猪养殖一定要保证猪的适当运动，保证猪有一定的运动量。有条件的养殖场可采用放牧与圈养相结合的饲养模式，无放牧条件的猪场，可加大舍外运动场地，使猪在运动场地上充分活动。

3. 采用科学的管理方法

科学的饲养管理也会对猪肉品质产生影响。对猪的管理方法不当极易引起应激，土猪养殖首先要保证猪舍设计合理，注意控温、通风，防止拥挤，防止噪声和骚扰。此外，要保证猪舍内外的卫生，确保舍内外干净、不潮湿，并按规定做好舍内外的消毒。

4. 采用科学的饲养方式

土猪饲养方式有多种，研究表明，不同的饲养方式对猪肉品质具有一定的影响。夏继桥等（2018）以 30 头去势松辽黑公猪为研究对象，将其随机分为两组，饲养方式分为圈养和放养，试验 75 天后进行屠宰，比较两组的肉质指标差异，结果表明：放养组中肌内脂肪含量明显提高（$P<0.05$），高达 4.03%，剪切力值显著降低 2.84%（$P<0.05$），同时日增重显著增加（$P<0.05$），料重比显著降低（$P<0.05$），研究认为，放养改善了松辽黑猪的福利，增加了活动空间，对猪肉品质具有改善作用。传统方式饲养土猪，在冬季为了保温取暖，常采用稻草或秸秆渣等垫在舍内。发酵床养猪在一定程度上讲，也相似于传统的垫草养猪。发酵床垫料对猪肉品质也具有影响，李建等（2018）研究表明，木屑发酵床（垫料基质为木屑）、酒糟发酵床（垫料基质为 50%酒糟＋50%木屑）以及菌糠发酵床（垫料基质为 50%菌糠＋50%木屑）均可有效提高猪肉的肌内脂肪含量、多不饱和脂肪酸（亚油酸）含量，重金属含量均符合国家标准，同时改善了猪的生产性能，表明垫料的使用有利于改善猪肉品质。可见，在土猪养殖生产中，利用合理的饲养方式以及优化所处的环境，可改善土猪的福利，进而生产出优质的土猪肉。

5. 采用发酵饲料及乳酸菌制剂饲喂生长育肥猪

研究表明，发酵饲料可改善生长育肥猪的生长性能、猪肉品质，可提高土猪养殖效益，有条件的土猪场可采用发酵饲料饲养生长育肥猪。饲喂发酵饲料可以改变土猪胃肠道微生物的组成，从而改善猪肉品质，最为常见的微生物组成的变化是肠道中乳酸菌的增加。肠道内乳酸菌的增加，可以竞争性抑制肠道病原微生物和其他微生物的生长，如沙门氏菌和大肠杆菌等。高印（2016）发现，仔猪饲粮中添加6％的发酵苹果渣，能够显著降低肠道内大肠杆菌等有害菌的数量，明显提高芽孢杆菌和乳酸杆菌等有益菌的含量，从而改善肠道微生物生态平衡，同时显著提高小肠绒毛高度（VH），降低十二指肠和空肠的隐窝深度（CD），提高十二指肠和空肠的 VH/CD 值。饲喂发酵饲料还可以显著降低胃肠道 pH，而胃肠道是抑制病原微生物生长的重要屏障，较低的 pH 可以强化该抑制作用。肠道内大肠杆菌及其他病原微生物含量减少，可降低其降解所产生的粪臭素，最终使猪肉的膻味降低。乳酸菌发酵代谢可产生大量的风味物质，包括丁二酮以及各种风味氨基酸。饲喂发酵饲料可增加肠道内乳酸菌及各种风味氨基酸的含量，这些风味物质经肠道吸收进入门脉循环在肌肉内被沉积和利用，提升了肌肉的品质和风味。乔艳明等（2016）发现饲喂添加多菌种复合发酵饲料的猪，猪肉中氨基酸的比例相对于对照组提高了12.6％，不饱和脂肪酸的含量提高了 6.2％，且饱和脂肪酸含量最低。另外，饲喂发酵饲料可显著改善猪肉的理化性质，如肉色、嫩度等。胡新旭等（2015）发现添加20％发酵全价饲料可显著提高猪肉的 pH、红度值和肌内脂肪含量，降低滴水损失及剪切力值。

6. 提倡福利养猪

福利养猪是人类对猪的生存的一个文明要求，在土猪养殖生产中，为了保证猪肉品质，应减少抓捕、急剧吆喝、驱赶、拥挤、斗架等引起的应激刺激，可减少发生 PSE 肉。

7. 肉猪屠宰前调控营养

有研究表明，肉猪在屠宰前 5 周饲以蛋白质缺乏性日粮，可以增加肌内脂肪（IMF）水平，胴体 IMF 可提高 2％。宰前 5 天额外添加 0.5％的色氨酸，PSF 肉发生概率可从 9％降至 6％。日粮组成中减少玉米、小麦的比例，适当添加维生素 E（日粮中添加维生素 E 200 毫克/千克），可以提高肉中维生素 E 水平，改善肉的氧化稳定性。为了最大限度地发挥维生素 E 的作用，在屠宰前 4 周添加较为合适。

（二）改善运输和屠宰环境

1. 改善运输环境

运输应激会使猪在运输过程中呼吸和心跳加快，体温上升，精神先高度兴奋不安，后呈抑制状态，而且采食量和免疫力下降，甚至会突然死亡。所以运输时要考虑工具、装车方式、密度、垫料、温度、运输时间、距离、气候等因素，尽量减少应激。

2. 采用适当的屠宰方式

采用适当的屠宰方式，可减少宰前应激及宰后刺激（如电击）对肉风味的影响。上市肉猪宰前的 24～48 小时应激对白条肉的经济性能影响巨大，包括活体重量损耗、出肉率降低、猪肉的质量失常产生 PSE 肉和 DFD 肉、肌肉的脂肪含量降低等。一般宰前要停食、静养和充分饮水，减少宰前驱赶、运输和装卸应激过强或时间过长及高温。研究表明，屠宰前的肉猪静候 2～24 小时可使其对屠宰前的应激因素有一个熟悉过程，对于提高肉品风味具有一定的价值。在屠宰过程中进行淋浴可以保证猪体的清洁，同时由于淋浴可以降温，从而降低宰前应激，减少 PSE 肉发生的概率。推荐淋浴时间以 1～1.5 小时为佳，但当环境温度低于 5℃时禁止淋浴。屠宰的致晕方式对猪肉品质也具有较大影响，电击致死猪时，尽量减少应激，可减少劣质肉的产生。研究表明，屠宰电晕时采用 110 伏符合生猪的福利要求，对肉质具有改善作用；采取平躺放血可提高腰、腿肉 pH 值，也能够降低 PSE 肉的发生；在 58～63℃水中，烫毛时间 3～6 分钟有利于维持胴体的良好外观和肉质，降低肌糖原酵解和蛋白质变性；剥皮去毛同样能提高肉色与系水力；宰后胴体迅速降温可提高肉色和硬度，减少肌肉分解，使 pH 值升高、PSE 肉减少。因此，为减少应激诱因，在屠宰过程中，提倡剥皮法，且屠宰过程要迅速，应在 30～45 分钟内完成，然后迅速在 15℃下预冷，再在 5℃下冷却，减少 PSE 肉的产生。

第三节　提高土猪养殖生产效率的技术措施

一、选择适宜的优良土猪种

（一）选择经过风土驯化适宜饲养的优良土猪种

所谓风土驯化，是指迁移到异地的动植物的遗传性状发生改变并逐渐适应不同于原产地自然条件的现象。我国养猪历史悠久，几千年来，在这些复杂的生态环境作用下和我国劳动人民的精心培育下，逐渐形成了丰富多样的中国地方猪种资源。研究发现，已列入省级以上"畜禽品种志"和正式出版物的地方猪种达 114 个，列入国家级保护名录的品种有 34 个，品种内还有许多地方类群或地方品系。我国地方土猪种，由于世世代代长期生活在当地的自然条件下，就形成了对当地环境的良好适应性。因此，土猪养殖生产经营者，一定要选择经过风土驯化的适宜饲养的优良土猪种。南方地区的养殖生产者最好选择南方地区的土猪种，尽量不要选择北方地区的土猪种饲养。同样，北方地区的养殖生产者尽量饲养北方地区的土猪种。因自然风土驯化是一个长期渐进的过程，北方地区的土猪种大都皮厚毛密而长，抗寒能力强，引进到南方地区饲养后，对高温高湿的自然条件一般是很难适应的，从而会影响其生长发育。而南方地区的土猪种大部分皮薄毛稀，抗寒能力差，引进到北方地方饲养后，如果保温条件达不到，一般难以适应寒冷的自然条件，从而影响其生长发育，还会发病死亡。

（二）选择适应市场需求及消费者公认的优良土猪种

猪的经济类型可分为脂肪型、腌肉型和鲜肉型。这是人们根据市场对瘦肉和脂肪的需求差异及不同地区养猪饲料的特点，经过长期不同方向的选育而形成的，也是品种向专门化方向发展的产物。如我国的金华猪，主产于浙江省金华地区的义乌、东阳和金华，历史上金华猪产区农作物以水稻为主，也产大麦、黑豆和玉米等杂粮作物，青绿多汁饲料较丰富。当地劳动人民在历史上习惯以黑豆、大麦和胡萝卜等优质饲料喂猪，为金华猪的形成提供了良好的饲料条件。同时当地盛行腌制火腿，故重视猪肉的品质，经长期选育，逐渐形成了优良猪种。金华猪具有许多优良性状，尤其是肉质较好，适于腌制火腿和腌肉。目前，国内公认的猪产品品牌是"金华火腿"。虽然金华猪已推广到浙江省二十多个县（市）和省外部分地区，然而，金华猪只有在金华地区饲养才能生产出"金华火腿"，因饲养金华猪特殊的生态环境、饲料及饲养方式等，外地养殖者很难达到这样的条件，加上"金华火腿"原产地在金华，超出金华地区而生产"金华火腿"是难以成功的。还有最适合做回锅肉的是四川土猪成华猪。成华猪一身黑毛，头方、颈粗、腿短、背宽宽、屁股大。回锅肉须两次下锅，这就要求肉质不能太瘦，不然二次煸炒出锅时肉质可能越来越硬。而成华猪肉质很肥，肌内脂肪含量高，故而做出的回锅肉才能松软可口。因此，在众多川菜大师眼里，做出最正宗的回锅肉须选用四川土猪成华猪。"东坡肉是吃肉的最高境界"，这是被广大"好吃者"奉为圭臬的一个金句。达到最高境界的东坡肉，色泽均匀，肉质酥烂，入口即化，并且丝毫感觉不到油腻。作为杭帮菜的经典，不是用什么猪肉做成东坡肉都能达到此种境界的。在我国美食界广为人知的是，正宗的东坡肉须选用浙江本地的猪种"两头乌"，即闻名遐迩的金华猪，也有"中华熊猫猪"的美誉。再如沙子岭猪肉中脂肪以不饱和脂肪酸为主，尤以亚油酸和亚麻酸含量高。因其营养物质含量高，肉质鲜美，肥而不腻，口感好，具有独特的肉香，所以备受消费者青睐。现今，正宗毛氏红烧肉就是选用湖南湘潭的沙子岭猪。再如，腊肉是中国几千年来的传统美食，至今长盛不衰，受到南北消费者的青睐。何谓腊肉？腊月里用膘肥油厚的大块猪肉腌制的咸肉。腊肉原料必须肥满，肉的表面要有一定厚度的脂肪才能隔绝空气的氧化作用。因此，腌肉的原料必须是脂肪型猪肉，而瘦肉型猪肉是根本腌制不成中国式的腊肉的。毕业于北京大学经济系的陈生以养猪出名，他创办的"壹号土猪"在广州、上海等地开设了数百家专卖店，一年营业额达2个多亿。"壹号土猪"是在广西陆川猪种的基础上，利用我国"四大名猪"之一的太湖猪进行二元杂交选育出来的土猪品种，其胴体瘦肉率达到45%以上，更为突出的是肌内脂肪含量为2%～3%左右，从而有效保证了肉质和口感，在市场竞争中得到消费者的公认。可见，土猪养殖生产者一定要根据所在地区的市场需求及消费者公认的土猪肉来选择土猪饲养。

二、原窝饲养和合理组群

原窝饲养肉猪是根据行为学研究所确定的一条养猪原则。猪属于群居动物，原窝肉猪在哺乳期就已经形成的群居秩序，在生长育肥期仍会保持不变。生长育肥猪群居生活中的睡眠、休息、站立和活动、吃食和饮水、排粪排尿、相互戏逗、咬架与追逐等构成了行为上的互作，这对生长育肥猪的生长速度和饲料转化率均有一定影响。当来源不同的猪合群时，往往会出现咬架、相互攻击、强行夺食、分群躺卧各居一方等现象，这会造成个体间增重的差异，达13%左右。原窝饲养就不会出现这些现象，这对肉猪生产极为有利，在一定程度上对提高生产效率也有一定作用。

土猪圈养舍饲一般小栏饲养8～10头，大栏饲养18～20头，生产中在将个别生长猪调出后，原窝猪7头以上、12头以下都应原窝饲养，不要再重新组群。除因疾病或体重差别过大、体质过弱不宜在原窝内饲养需调整外，一般不应随意变动。当两窝生长猪头数都不多，并有许多相似性，要合群并圈时最好在夜间进行。但在生长猪整齐度稍差，有弱猪和小体重猪的情况下，可把来源、体重、体况和吃食等方面相近的生长猪合群饲养。同一群育肥猪个体间体重差异不能过大，在保育阶段群内体重差异不宜超过2～3千克。组群后也要保持群的稳定，并要加强管理和调教，避免或减少咬斗现象。

三、保证最优的饲养环境条件

土猪生产也可采取舍饲饲养，猪舍内的小气候乃是主要的环境条件。猪舍的小气候主要有舍内的温度、湿度、气流、光照、噪声等舍内生态环境，此外猪舍内氨气、二氧化碳、硫化氢等化学因素和尘埃、微生物等其他因素，都会对肉猪生产造成影响。特别是猪舍的温度和湿度是肉猪生长的主要环境条件，直接影响肉猪的增重速度、饲料利用率和肉猪生产效率。研究表明，适于蛋白质沉积的环境温度是18～20℃，过高或过低的环境温度对脂肪和蛋白质的沉积都不利，而且对脂肪沉积的影响要大于蛋白质。有试验报道，将试验猪分别饲养在10℃和20℃的环境下，前者胴体瘦肉率下降10.6个百分点，背膘厚增加3.4个百分点。如气温超过37.8℃，68千克活重以上育肥猪全都减重，另外在气温低于4.4℃时，育肥猪采食量增加，体力消耗增多，也直接影响到增重的效果。实践证明，获得最高日增重的适宜温度，同样能获得最好的饲料转化率，而且可提高胴体瘦肉率。因此，为生长肉猪群创造最适宜的环境条件，对提高土猪养殖生产效率具有十分重要的作用。

第三章

中国地方猪种类型及典型地方优良猪种

一、中国地方猪种类型简介

（一）华北型

1. 分布地区及生态环境条件

华北型猪种主要分布于秦岭、淮河以北的广大地区，包括华北、东北、新疆、宁夏以及陕西、湖北、江苏、安徽四省的北部地区和四川省广元市附近的部分地区。这些地区大多处于中温带，气候干燥寒冷，日照充分，农作物一般一年两熟，饲料种类也很多，但数量少，饲料中粗料占比大，故对猪的饲养多为放牧饲养或舍饲与放牧相结合的模式。

2. 猪种特点与特征

华北型猪种大多被毛黑色，冬季周身密生棕色绒毛，毛粗长，体躯高大，体长，背腰狭窄，臀斜；头长，嘴呈长筒状；四肢粗壮，肌肉发达；耳大下垂，额间多纵行皱纹。按体格又可分为大型、中型、小型。华北型猪种饲养方式一般采取"吊架子"，生长前期增重稍慢，后期增重快，育肥能力一般，屠宰率在60%～70%。华北型猪种性成熟较晚，母性好，乳头7～8对，窝产仔数12头左右。

3. 主要品种和代表猪种

（1）主要品种　民猪、八眉猪、黄淮海黑猪（其中以淮猪为主，约占65%，包活江苏省的淮北猪、山猪和灶猪，安徽省的定远猪和皖北猪，河南省的淮南猪，河北省的深州猪，山西省的马身猪，山东省的莱芜猪，内蒙古的河套大耳猪）、汉江黑猪（原称陕西黑河猪、安康猪）、新疆猪、内蒙古猪、沂蒙黑猪、酒泉猪（或武威猪）以及陕西省的北山猪和南山猪、河南省的中牟猪和项城猪。

（2）代表猪种　东北民猪、西北的八眉猪、黄淮海黑猪、汉江黑猪和沂蒙黑猪等。

(二) 华南型

1. 分布地区及生态环境条件

华南型猪种主要分布于我国南部的热带和亚热带地区，包括云南省的西南和南部边缘地区以及广东、广西、福建、海南和台湾等地。华南地区气候湿润，雨量充沛，干湿季节分明，气温较高，阳光充足，植物可终年生长，农作物一般一年三熟，青饲料来源广，精料多含碳水化合物，因此养猪数量较多。

2. 猪种特点与特征

华南型猪种被毛稀疏，毛色呈黑色或黑白花色（一般头、臀为黑毛，腹部为白毛，也有棕红色毛的），鬃毛较短，头小皮薄，嘴筒较短，额部多横行皱纹，耳小竖立或向两侧平伸；个体较小，体躯矮短宽圆，但体形较丰满，胸深，背宽下陷，腹大下垂，骨细膘厚（平均4～6厘米），胴体中脂肪含量高，多为脂肪型猪，屠宰率一般在75%，肉质细嫩。由于受温湿性气候的影响，猪的新陈代谢率较旺盛，前期生长速度较快，但当体重超过80千克时增重较慢。华南型猪种性成熟较早，3～4月龄就有配种能力，但繁殖力较低，窝产仔数6～10头，母猪乳头5～7对，母性较好。

3. 主要品种和代表猪种

（1）主要品种　两广小耳猪（包括广西的陆川猪、福绵猪和公馆猪，广东省的黄塘猪、中垌猪、桂墟猪等小耳花猪）、粤东黑猪（包括惠阳黑猪、饶平黑猪）、海南猪、滇南小耳猪、蓝塘猪、五指山猪、香猪、隆林猪、槐猪。

（2）代表猪种　两广小耳猪、香猪、滇南小耳猪、粤东黑猪、海南猪、五指山猪和槐猪等。

(三) 华中型

1. 分布地区及生态环境条件

华中型猪种主要分布于长江南岸到北回归线之间的大巴山和武陵山以东的广大地区，大致与自然区划的华中区相一致，地处南亚热带，包括湖南、江西和浙江南部，福建、广东和广西的北部，安徽和贵州的局部地区。华中地区气候温热湿润，沃野千里，农业发达，是我国粮棉主要产区，农作物一年两熟至三熟，饲料资源也丰富多样，养猪数量多，大多以舍饲为主，饲养管理也比较精细。

2. 猪种特点与特征

华中型猪种被毛稀疏，毛色多为黑白花或两头乌，少数为全黑色，头不大，额部多为横行皱纹，耳中等大而下垂；体躯一般呈圆筒形，背腰较宽且下陷，腹大下垂；体质疏松，骨骼较细，性情较温驯，经济成熟早，生长速度快，肉质细腻，品质优良，屠宰率在 67%～75%。华中型猪种生产性能介于华北型与华南型猪种之间，性成熟早，繁殖性能中等偏上，窝产仔数在 10～13 头，母猪乳头多为 6～8 对。

3. 主要品种和代表猪种

（1）主要品种　宁乡猪、华中两头乌（包括湖南的沙子岭猪，湖北的通城猪、监利猪等）、湘西黑猪（包括桃源黑猪、浦市黑猪、沅陵猪）、大围子猪、大花白猪（包括广东大花白猪、大花乌猪、金利猪、梅花猪等）、金华猪、龙游乌猪、乐平猪、杭猪、玉江猪、武黑猪以及湖北的清平猪、福州黑猪、江西的萍乡猪、安徽的安庆六白猪、河南的南阳黑猪等。

（2）代表猪种　宁乡猪、金华猪、大花白猪、大围子猪以及分布于湖北、湖南、江西和广西的华中两头乌等。

（四）江海型

1. 分布地区及生态环境条件

江海型猪种分布于华北型与华中型分布区中间的狭长过渡地带，既有少量华北型和华中型猪，又存在大量和两型完全不同、介于二者之间的猪，原称为华北华中过渡型猪，主要分布于汉水和长江中下游沿岸，以及东南沿海地区和台湾西部的沿海平原，属北亚热带地区。该猪种分布地区自然条件较好，气候温和，具有大量的农副产品和充足的青绿饲料，饲养管理比较精细，故养猪业发展较好；加之当地居民对猪肉的量和质都有较高的要求，在猪种的选育上人为干涉较多，猪种间的血缘混杂也较多，因而猪种间的差异也较大。

2. 猪种特点与特征

由于江海型猪种是由华北型猪和华中型猪杂交选育形成，各猪种间差异也较大，体形大小也不相同，自北向南毛色从全黑逐渐过渡到黑白花至全白，但仍以黑色居多。江海型猪额部皱纹较深，多呈菱形或寿字形，耳长大而下垂，皮肤较厚；背腰稍宽，腹大，骨骼粗壮，生长发育较快，但易沉积脂肪。江海型猪最突出的优点是繁殖力很强，乳头 8～9 对，性成熟也早，母猪发情明显，4～5 月龄即有配种受胎的能力，而且受胎率高，平均窝产仔数在 13 头以上，个别母猪窝产仔数甚至超过 20 头，尤以太湖猪最为突出。

3. 主要品种和代表猪种

（1）主要品种　太湖猪（原农业部公告第 2061 号把太湖猪拆分成二花脸猪、梅山猪、米猪、沙乌头猪和嘉兴黑猪）、姜曲海猪、东串猪、虹桥猪、圩猪、阳新猪、台湾猪、江苏的山猪、皖南黑猪、湖南的桃园黑猪等。

（2）代表猪种　太湖猪、阳新猪、姜曲海猪、圩猪及台湾猪等。

（五）西南型

1. 分布地区及生态环境条件

西南型猪种主要分布于四川盆地、云贵大部分地区和湘鄂的西部地区，地处南亚热带，属于亚热带山地气候类型，日照短，湿度大，区内地形复杂，以山地为主，农作物以水稻、大麦和薯类为主，兼种一些经济类作物，加之区内民族众多，各民族历史发展不同，因此区内猪种差异较大，但猪种大多由移民带入，来源比较一致。

2. 猪种特点与特征

西南型猪种可分为盆地型、高原型，无论在外形和生产性能上都有明显差异。盆地型猪种，由于饲料丰富，加之居民对猪肉品质的要求较高，因而形成了早熟、易肥的肉脂兼用型猪种。高原型猪种，由于受气候影响，以放牧为主，形成了肌肉结实的腌肉型猪种。西南型猪种总的来看特点是被毛以黑色和六白居多，个体较大，腿粗短，头大，额部有旋毛和横行皱纹；背腰宽陷，腹大略下垂，肥育能力强，背膘较厚，屠宰率不高；性成熟较早，有些母猪 90 日龄就能配种受孕，繁殖力中等，乳头数 6～7 对，窝产仔数 7～10 头，仔猪初生重较小。

3. 主要品种和代表猪种

（1）主要品种　荣昌猪、内江猪、成华猪、雅南猪、湖川山地猪（包括鄂西黑猪、盆周山地猪）、乌金猪、关岭猪、贵州的白洗猪等。

（2）代表猪种　荣昌猪、内江猪、成华猪、乌金猪和湖川山地猪等。

（六）高原型

1. 分布地区及生态环境条件

高原型猪种主要分布在海拔 3000 米以上的青藏高原，人口稀少，气候高寒干旱，日照时间长，植被稀疏，农作物品种少，饲料资源匮乏，饲养粗放，以放牧为主。

2. 猪种特点与特征

高原型猪种由于受特定的气候和生态条件的影响，使得此型猪与其他类型猪有着很大差别，其性情与外貌均与野猪相似。被毛多为黑色和黑褐色，毛长而密，生有绒毛，鬃毛长而刚粗；体躯较小，结构紧凑；头长，嘴尖也长，耳小直立，背窄微弓，四肢强健，蹄坚实而小，擅长奔跑跳跃，行动敏捷，臀倾斜；心脏等脏器发达，抗寒力强，耐粗饲，适于放牧。高原型猪生长缓慢，一般需饲养至 1.5 岁才到 50 千克屠宰体重，属晚熟类型，脂肪沉淀能力较强，屠宰率低，约 65%，肉味醇香。种猪繁殖力低，乳头 5～6 对，母猪通常 4～5 月龄开始发情，妊娠期也较其他类型猪长约 7 天，窝产仔数平均为 5 头，哺育率也低。

3. 主要品种和代表猪种

（1）主要品种　西藏的藏猪、四川的阿坝猪、云南的迪庆藏猪、甘肃的合作猪和青海的互助猪。

（2）代表猪种　青藏高原的藏猪、甘肃甘南藏族自治州夏河一带高寒地区的合作猪。

二、国家猪种保护名录

原农业部根据《中华人民共和国畜牧法》第十二条规定，依据畜禽遗传资源分布状况，于 2006 年公布了《国家级畜禽遗传资源保护名录》（原农业部公告第 662 号，以下简称《名录》），将 34 个地方猪种列入保护名录中。《名录》实施以来，对于保护我国地方猪种起到了积极作用。原农业部于 2006—2010 年组织实施了第二次全国畜禽遗传资源调查，根据资源状况的变化，于 2014 年 2 月 14 日修订并公布了《国家级畜禽遗传资源保护名录》（原农业部公告第 2061 号），将 42 种地方猪种列入《名录》中。保护的猪种名录如下：八眉猪、大花白猪、马身猪、淮猪、莱芜猪、内江猪、乌金猪（大河猪）、五指山猪、二花脸猪、梅山猪、民猪、两广小花猪（陆川猪）、里岔黑猪、金华猪、荣昌猪、香猪、华中两头乌猪（沙子岭猪、通城猪、监利猪）、清平猪、滇南小耳猪、槐猪、蓝塘猪、藏猪、浦东白猪、撒坝猪、湘西黑猪、大蒲莲猪、巴马香猪、玉江猪（玉山黑猪）、姜曲海猪、粤东黑猪、汉江黑猪、安庆六白猪、莆田黑猪、嵊县花猪、宁乡猪、米猪、皖南黑猪、沙乌头猪、乐平猪、海南猪（屯昌猪）、嘉兴黑猪、大围子猪。

第二节　典型优良地方猪种

一、民猪

1. 起源与产地

民猪是起源于东北三省的一个古老地方猪种，是我国华北型地方猪种的主要代表。早期民猪分大（大民猪）、中（二民猪）、小（荷包猪）三个类型，以中型民猪多见。分布于辽宁、吉林和黑龙江三省的东北民猪与分布在河北省和内蒙古自治区的民猪，在起源、外形和生产性能上相似，1982 年被统称为"民猪"。

2. 体形与外貌

民猪头中等大，面直长，耳大下垂；体躯扁平，背腰狭窄，臀部倾斜，四肢粗壮；全身被毛黑色，毛密而长，猪鬃较多，冬季密生绒毛。

3. 优良特性及评价

民猪具有饲养简单、耐粗饲、抗寒能力强、体质强健、抗病能力强、繁殖能力与母性强、产仔较多、脂肪沉积能力强和肉质好的特点，适于放牧和较粗放的管理。

二、太湖猪

1. 起源与产地

太湖猪为江海型猪种的主要代表，是世界上产仔数最多的猪种，享有"国宝"之誉，主要分布于我国长江下游的江苏省、浙江省、上海市交界的太湖流域，其中包括二花脸猪、梅山猪、枫泾猪、横泾猪、米猪、沙乌头猪和嘉兴黑猪。1974年归并称为太湖猪。

2. 体形与外貌

太湖猪体形中等，被毛稀疏，黑色或青灰色，腹部紫红色，梅山猪、枫泾猪和嘉兴黑猪具有"四白猪"（四肢蹄部白色），也有尾尖为白色。头大额宽，额部和后躯皱褶深密，耳大下垂，形如烤耳叶。四肢粗壮，腹大下垂，臀部稍高。

3. 优良特性及评价

太湖猪是世界上产仔数最多的一个猪种，曾创造一窝产仔42头的记录。同时它还具有耐粗饲、性情温驯、肉质鲜美、杂种优势显著等特点，是提高世界猪种繁殖力和改善肉质的宝贵遗传资源，也是养猪业中用作经济杂交和合成配套系的优良母本，因而受到了国内外养猪界的高度重视。

三、淮猪

1. 起源与分布

淮猪又称老淮猪、黄淮海黑猪，属古老的华北型猪种。2014年4月，原农业部发布公告第2061号《国家级畜禽遗传资源保护名录》，将"黄淮海黑猪"拆分成马身猪、淮猪、莱芜猪。淮猪主要分布于苏北、鲁南、豫北和皖东等地。

2. 体形与外貌

淮猪全身被毛黑色，毛粗长，较密，冬季生褐色绒毛。面额部皱纹浅而少，呈菱形，嘴筒较长而直，耳稍大下垂；体形中等，紧凑，背腰窄平，极少数微凹，腹部较紧，不拖地，臀部斜削，四肢较高、粗壮，稍卧系（趾骨与地面稍平行）。

3. 优良特性及评价

淮猪具有性成熟早、产仔数多、对当地环境的适应性强、抗寒耐粗饲、母性好、杂交优势明显、肉质鲜美等优点，是我国新淮猪、沂蒙黑猪等培育猪种的亲本，也是今后培育新品种的良好育种素材。

四、宁乡猪

1. 起源与分布

宁乡猪俗称"造钟猪",是我国较古老的优良地方品种之一,原产于湖南省宁乡市的流沙河、草冲一带,又称流沙河猪、草冲猪,是中国四大名猪种(金华猪、荣昌猪、太湖猪、宁乡猪)之一,已有上千年的繁衍历史。宁乡猪主要产地是湖南省宁乡市,原产地与中心产区均为流沙河、草冲两个乡镇。除湖南省的益阳、娄底、邵阳、湘潭等地级市均有较多数量的分布外,湖北、广西、江西、贵州、重庆、四川等地也都有分布。

2. 体形与外貌

宁乡猪体形中等,体躯矮短圆肥,呈圆筒状。背腰平直,腹大下垂,但不拖地,臀部斜尻。四肢粗短,大腿欠丰满,前肢挺直,后肢弯曲,多有卧系,撒蹄,群众称为"猴子脚板"。两耳较小下垂,呈八字形。颈粗短,有垂肉。被毛短而稀,成年公猪鬃毛粗长,毛色特征为黑白花,分为三种,即乌云盖雪(体躯上部为黑色,下部为白色,有的在颈部有一道宽窄不等的白色环带,称为"银颈圈")、大黑花(头尾黑毛,四肢白毛,体躯中上部黑白相间,形成两三块大黑花)、小散花(在体躯中部散布数目不一的小黑花,又称"金钱花""烂布花")。尾根低大,尾尖扁平,俗称"泥鳅尾"。头中等大小,额部有形状和深浅不一的横行皱纹。按头型分狮子头、福字头、阉鸡头三种类型,其中狮子头型已经较少。

3. 优良特性及评价

宁乡猪具有生长快、早熟易肥、蓄脂力强、肉质细嫩、肉味鲜美香甜、肌肉中夹有脂肪、肥而不腻等优点,享誉中外,而且宁乡猪具有体态漂亮、繁育能力强和性情温驯、适应性强等特点,在华北、东北、西北、华南等地饲养,均具有较强的适应性,与外种猪杂交具有明显的杂种优势,最高优势率达19.12%。宁乡猪杂交组合具有较高的生长速度和胴体品质,有望在未来利用地方猪种资源培育和开发适应市场的品牌猪的进程中发挥重要作用。

五、八眉猪

1. 起源与分布

八眉猪属华北型猪种,又称西猪。据史料记载,早在五六千年以前,西安半坡村人就驯养了该猪种,可见这是西北地区一个古老的地方猪种。其中心产区为陕西泾河流域、甘肃陇东和宁夏的固原地区,主要分布于陕西、甘肃、宁夏、青海等地。2014年2月,八眉猪再次被列入《国家级畜禽遗传资源保护名录》。

2. 体形与外貌

八眉猪体格中等,头较长,耳大下垂,额有纵行倒"八"字纹,故名"八眉"

猪。被毛黑色，背腰狭长，腹大下垂，四肢结实，后肢有不严重的卧系。乳头6～7对。按体形及生产特点可分为大八眉、二八眉和小伙猪三大类型。大八眉体形较大，生长慢，成熟晚，已不适应生产需要，数量逐渐减少；二八眉猪为大八眉猪与小伙猪的中间类型，生产性能较高，属中熟型；小伙猪体形较小、紧凑，四肢较短，皮薄骨细，早熟易肥，适合农村饲养，占八眉猪总数的80%左右。

3. 优良特性及评价

八眉猪具有耐粗饲、耐寒、抗逆性好、能够适应贫瘠多变的饲养管理条件、早熟易肥、肉质好、繁殖性能优良、产仔数高、母性强等特点。

六、荣昌猪

1. 起源与分布

荣昌猪为西南型主要猪种，也是我国著名的地方猪种之一，因原产于重庆市荣昌区而得名。主产于荣昌区和隆昌市，后扩大到永川、泸州、泸县、合江、大足、宜宾及重庆等地。据近年调查，荣昌猪在重庆市各区（县）及四川、云南、贵州等西南地区都有分布。

2. 体形与外貌

荣昌猪体形较大，结构匀称，毛稀，鬃毛洁白、粗长、刚韧，誉载国内外，每头猪能产毛250～300克，净毛率在90%以上，头大小适中，面微凹，额面有皱纹、旋毛，耳中等大小而下垂。体躯较长，发育匀称，背腰微凹，腹大而深，臀部稍倾斜，四肢细致而坚实，乳头6～7对。绝大部分全身被毛除两眼四周或头部有大小不等的黑斑外，其余均为白色，少数在尾根及体躯出现黑斑，按毛色特征分为"单边罩"（单眼周黑色，其余白色）、"金架眼"（仅限眼周黑色，其余白色）、"小黑眼"（窄于眼周至耳根中线范围黑色，其余白色）、"大黑眼"（宽于或等于眼周至耳根中线且不到耳根范围黑色，其余白色）、"小黑头"（眼周扩展至耳根黑色，其余白色）、"飞花"（眼周黑色，中躯独立黑斑，其余白色）、"头尾黑"（眼周、尾根部黑色，其余白色）、"铁嘴"（眼周、鼻端黑色，其余白色）、"洋眼"（全身白色）。

3. 优良特性及评价

荣昌猪具有肉质好、适应性强、瘦肉率较高、配合力好、鬃质优良等特点，受到全国养猪业的青睐，尤其在经济条件较差的地区。荣昌猪耐粗饲、发情明显、配种容易、杂种仔猪生长发育快，深受养殖户喜爱，在生产上作为第一母本被广泛应用。但亦存在前胸狭窄、后腿欠丰满、卧系、个体间差异大、毛色遗传不够稳定等缺点。

七、金华猪

1. 起源与产地

金华猪属华中型猪种，中国四大猪种之一，产于浙江省金华地区的义乌、东阳和金华三市，产区农作物以水稻为主，产大麦、黑豆和玉米等杂粮作物，青绿饲料亦较丰富。当地劳动人民在历史上习惯以黑豆、大麦和胡萝卜等优质饲料喂猪，为金华猪的形成提供了良好的饲养条件。同时产区盛行腌制火腿，对猪种质量和肉脂品质十分重视，金华猪就是在这特定的环境条件及饮食文化下，经过长期的选育和较好的饲养管理而逐渐形成与发展的优良猪种。新中国成立以后，金华猪被推广到了浙江二十多个县、市和省外部分地区。

2. 体形与外貌

金华猪体形中等偏小，耳中等大，颈粗短，背微凹，腹大，微下垂，臀部倾斜，四肢细短，蹄结实，呈玉色，毛疏，皮薄，骨细，乳头 8 对左右。金华猪的毛色遗传性能比较稳定，以中间白、两头乌为特征，纯正的毛色在头顶部和臀部为黑皮黑毛，其余均为白皮白毛，在黑白交界处有黑皮白毛、呈带状的晕。按头型分为"寿字头"和"老鼠头"两种类型。"寿字头"型个体较大，生长较快，头短，额有粗深皱纹，背稍宽，四肢粗壮，分布于金华、义乌等地。"老鼠头"型个体较小，头长，额部皱纹较浅或无皱纹，耳较小，背较窄，四肢高而细，生长缓慢，分布于东阳等地。

3. 优良特性及评价

金华猪具有许多优良性状，尤以肉脂品质较好。以金华猪为母本与长白猪、大白猪、中约克夏猪、杜洛克猪等杂交，肌内脂肪表现出较好的杂种优势，其中"约×金"杂种猪的肉质较为理想。

八、中国香猪

1. 起源与产地

香猪是小型猪，因其沉脂力强、边长边肥、早熟易肥、肉脂优异、双月断奶仔猪宰食有乳腥味、肥猪开膛后腹腔内不臭，被誉为香猪。香猪也称"珍珠猪"，苗族称"别玉"，壮族叫"牡汗"。根据香猪产地及毛、皮颜色不同，已通过鉴定的香猪分为从江香猪、巫不香猪、环江香猪、剑白香猪、贵州白香猪、久仰香猪和巴马香猪等 7 种类型。香猪在我国地方猪种分类中，属华南型猪种。

2. 体形与外貌

香猪体躯矮小，被毛多全黑，也有"六白"，头较直，耳小而薄，略向两侧平伸或稍下垂；背腰宽而微凹，腹大、丰圆、触地；后躯较丰满，四肢短细，后肢多卧系。

3. 繁殖力

香猪性成熟早，小公猪 18 日龄时有嬉爬行为，30 日龄有精液射出，120 日龄开始配种利用；青年母猪初情期在 93 日龄左右，发情周期 21 天，发情持续期

6.25 天；后备母猪 6 月龄即可配种，窝产仔数 7~10 头，初生个体重 0.81 千克以下，初生窝重 6~7 千克；乳头 5~6 对，平均泌乳力 21.06 千克；60 日龄是香猪的传统断奶日龄，断奶仔猪数为 5~8 头，断奶个体重 7 千克左右。

4. 生长发育与育肥性能

香猪在幼龄阶段生长缓慢，6 月龄体重 22.75~29.68 千克；成年母猪体重平均 35.41 千克（体长 80.79 厘米，胸围 73.02 厘米，体高 43.72 厘米），成年公猪（当地农民传统培育）体重平均 11.74 千克（体长 49.81 厘米，胸围 41.83 厘米，体高 28.58 厘米）；香猪 3~8 月龄平均日增重 186.17 克，6~7 月龄屠宰较为适宜。6 月龄猪的屠宰率为 64.46%；皮厚 0.36 厘米，背膘厚 2.02 厘米，瘦肉率 45.75%。

5. 优良特性及评价

因香猪素有"一家煮肉香四邻，九里之遥闻其味"的美誉，且猪体形小，早熟易肥，肉质香嫩。关于香猪的加工有数百年的历史，在 20 世纪 30 年代《宜北县志》中就有记载，另据贵州《黎平府志》记载，自清朝始，香猪就被加工为"腊仔猪""烤乳猪"，以"城河香猪"商标远销两广及港澳等地，扬名海外。再因香猪长期在封闭的林区生息繁衍，逐渐形成了近交不退化、基因纯合的小型猪种，其母性好，护仔力强，易饲养。从数百年至今，香猪均在牧草繁茂、野生饲草料丰富的生态条件下，以青料为主食，饲养方式以草坡、山地、林下放牧饲养为主，舍饲为辅。中国农业大学王连纯、解春亭和陈清明教授等 1985 年 4 月考察从江香猪时，总结香猪具有"一小（体形矮小）、二香（肉嫩味香）、三纯（基因纯合）、四清（纯净无污染）"四大特点。

第四章

土猪的繁殖与配种技术

第一节　种猪的生殖器官与生殖生理

一、公猪生殖器官与生殖生理

（一）公猪生殖器官的组成与功能

公猪生殖器官由睾丸、附睾、输精管、尿生殖道、副性腺（包括精囊腺、前列腺和尿道球腺）、阴茎及包皮等组成。其功能主要是产生精液、排出精液以及与母猪交配。

（二）公猪的生殖生理

1. 公猪的性成熟与性行为

小公猪生长发育到一定阶段，睾丸中产出成熟的精子，此时称为性成熟。性成熟的时间受猪的品种、年龄、营养情况等影响。在正常饲养条件下，我国地方猪种在 3～4 月龄、体重 25～30 千克时达到性成熟。公猪达到性成熟，只表明生殖器官开始具有正常的生殖功能，此时的公猪还不能参加配种。过早地使用刚刚性成熟的公猪配种，不仅影响其生殖器官的正常生长发育，还会影响其自身的生长发育，缩短使用年限，降低种用价值。

公猪性成熟后，在神经和激素的相互作用下，表现喜欢接近母猪，有性欲冲动和交配等方面的反射，这些反射称为性行为。性行为的出现，是由一些刺激性因素的作用所引起，视觉、嗅觉、触觉等感官刺激，通过神经传导系统传入大脑性兴奋中枢，引起一系列的行为变化。母猪腕腺可分泌一种特殊物质，对公猪的性行为有刺激作用。公猪的性行为主要表现为交配行为，交配要经过一系列的反射动作才能完成，而这些动作是按一定的先后次序出现的。性行为由求偶、爬跨、抽动反射和交配结束等过程组成。

2. 影响公猪性行为的因素

在种猪生产中，常常遇到公猪性行为不强的问题，其原因除了品种差异、年龄太大、生殖内分泌机能紊乱等原因外，还与以下因素有关：

（1）环境因素　公猪的性欲一般在春季强、夏季弱。夏季气温高、湿度大，不仅影响公猪性行为，且对精液品质有影响。特别是炎热的夏天，30℃以上较长时间的持续高温对公猪性行为有抑制作用，表现为爬跨次数减少，射精持续期缩短。

（2）管理和使用　一般讲，足够的光线和运动，以及合理的饲养管理与使用，对增强公猪的性行为有利，反之可抑制公猪的性行为。

（3）体形大小　公猪与交配母猪体形不一致，可引起公猪性行为异常，主要表现为攻击行为或恐惧行为，不利于交配行为的顺利进行，易引起交配失配。

（4）群居环境　小公猪自断奶后单栏饲养，对性行为形成十分不利，交配能力显著减弱。但将性行为受影响的成年公猪靠近发情母猪舍4周后，其性机能恢复正常。成年公猪单栏饲养，但与发情母猪舍靠得很近时，求偶行为与交配行为均增强。此外，配种前用发情母猪对公猪进行适当的性刺激，或让欲交配的公猪观看其他公猪的交配活动，或让公猪进行空跨一两次等，都可增强公猪的性行为。

3. 公猪的适配年龄

种公猪应在体成熟后开始配种利用，地方猪种公猪一般在8月龄左右、体重70～80千克时开始配种。

二、母猪的生殖器官与生殖生理

（一）母猪生殖器官的组成与功能

母猪的生殖器官由卵巢、输卵管、子宫角、子宫、阴道、阴唇等组成。其功能主要为产生卵子、排出卵子以及与公猪交配。

（二）母猪的生殖生理

1. 初情期

初情期指母猪初次发情和排卵的时期，也是指母猪开始具有繁殖能力的时期，但此时的生殖器官仍在继续生长发育。初情期前的母猪由于卵巢中没有黄体产生而缺少孕酮分泌，因为发情前需要少量孕酮与雌激素协调作用才能引起母猪发情，因此，初情期母猪往往是安静发情，即只排卵而不表现发情体征。母猪初情期到来的早晚与品种、饲养水平、生活条件和公猪效应等因素有关，但最主要的有两个：一个是遗传因素，主要表现在品种上，一般体形较小的品种较体形较大的品种到达初情期的年龄早；二是管理方案，如果一群后备母猪在接近初情期时与一头性成熟的公猪接触，则可以使初情期提前。此外，营养状况、饲养方式、猪群大小和季节等都会对初情期有影响，一般春季和夏季比秋季或冬季母猪初情期来得早，我国的地方猪种初情期普遍早于引进猪种与培育猪种，因此在管理上要有所区别。一般国内猪种平均 97 日龄达到初情期。青年母猪初情期出现时还不适宜配种，因为其生殖器官尚未发育成熟，如果此时配种，则受胎率低，产仔少，并影响母猪以后时生产性能。

2. 性成熟期

性成熟期指母猪初情期以后的一段时间，此时生殖器官已发育成熟，具备了正常的繁殖能力。但此时母猪身体发育还未成熟，故一般情况下也不适宜配种，以免影响母猪和胎儿的生长发育。据研究，国内猪种在第一情期发情配种，受胎率只有 20％，但自第二情期开始几乎所有母猪均可配种受胎，国内地方猪种的性成熟期平均为 130 日龄。

3. 性行为

母猪的性行为主要表现为发情行为。母猪发情开始时，表现不安，有时鸣叫，阴部微充血、肿胀、食欲稍减退，以后阴门充血，肿胀明显，并显湿润，喜爬跨别的猪，同时亦愿意接受别的猪（尤其是公猪）的爬跨，表现出明显的交配欲。

（三）母猪的适配年龄

母猪的适配年龄应根据其生长发育情况而定，一般开始配种时的体重应不低于其成年群体平均体重的 70％。适宜配种时间为：地方猪种 6 月龄左右，体重 60～70 千克。

第二节　母猪的发情规律、鉴定方法及适时配种

一、母猪的发情规律

（一）发情周期

小母猪在达到性成熟后，就出现周期性发期，即卵巢内规律性的卵泡成熟和排卵，并周期性地重复这个过程。而且母猪在发情期内，除内生殖器官发生一系列生理变化外，其身体外部征候也很明显，主要表现在行为和体态的变化，如不爱吃食、鸣叫不安、爬墙拱门、爬跨其他猪等，而且外阴部发生红肿，用力按压母猪腰部和臀部时静止不动，两耳直立，尾向上举，有接受公猪爬跨的意愿。母猪上一次发情开始到下一次发情开始的这段时间，称为一个发情周期，一般为 18～25 天，平均为 21 天。母猪的一个发情周期有四个阶段，即发情前期、发情期、发情后期、休情期。发情期不同，母猪有不同的表现。

1. 发情前期

发情前期母猪行为不安，食欲减退，外阴部逐渐红肿，阴道湿润并有少量黏液，对公猪声音和气味表示好感，但不允许过分接近。此期可持续 2～3 天，但不宜配种。

2. 发情期

发情期是母猪性周期的高潮阶段，从接受公猪爬跨时开始到拒绝接受公猪爬跨时为止，可持续 2～5 天，并分为三个阶段：

（1）接受爬跨期　此期母猪外阴肿胀达到高峰，阴道黏膜潮红，从阴道内流出水一样的黏液，但黏稠度很小。此期持续 8～10 小时，母猪开始接受公猪爬跨与交配，但尚不十分稳定。

（2）适配期　母猪外阴肿胀开始消退并出现皱纹，黏膜呈红色，阴道分泌物变得小而黏稠，阴门有裂缝，母猪主动接近公猪，并允许公猪爬跨。按压母猪背部时不动，两耳直立，精神集中，即所谓的"呆立反射"，此时是配种的最佳时期。

（3）最后配种期　外阴肿胀消退，黏膜光泽逐渐恢复正常，黏液减少或不见。

3. 发情后期

发情后期又叫恢复期，母猪发情表现完全消失，外阴部恢复正常，压背反射消失，生殖器官和精神状态逐渐恢复正常。母猪不允许公猪接近，拒绝公猪爬跨。

4. 休情期

休情期又叫间情期，从这次发情消失到下次发情出现，母猪精神保持安静状态，并逐步过渡到下一个发情周期。

（二）发情持续期

母猪发情开始至发情结束所持续的时间即母猪的发情持续期，也是从母猪呈现压背站立不动或接受公猪爬跨开始算起，到拒绝压背或公猪爬跨为止，是集中表现发情特征的阶段。母猪的发情持续时间，因猪的品种、年龄而有所不同，因而适宜配种的时间亦不一样，一般地方品种母猪发情持续时间长，可达 3～5 天。从年龄来看，老龄母猪发情持续时间短，幼龄母猪发情持续时间长，壮年母猪发情持续时间中等。而且不同类型母猪发情持续时间也有差别，初配母猪的发情期持续时间比经产母猪稍短，发情表现不如经产母猪明显。另外，经产断奶母猪之间发情期持续时间也有较大差别。经产母猪断奶后出现发情时间、发情持续时间与排卵时间之间具有一定的关系。母猪断奶后出现发情时间越早，发情期持续时间越长，排卵出现时间越迟；母猪断奶后出现发情时间越迟，发情期持续时间越短，排卵出现时间越早。一般来说，经产母猪发情持续时间短的不超过 20 小时，长的可达 100 小时左右，但 70% 左右为 4～48 小时。在土猪生产中，可根据母猪发情持续期的长短来确定配种时间。

二、母猪的发情鉴定方法

所谓发情鉴定是指通过观察母猪外部表现、阴道变化及对公猪的性欲反应等，来判定母猪是否发情和发情程度的方法。其意义在于：判断母猪的发情阶段，预测排卵时间；确定适宜配种期，及时进行配种或人工授精，提高受胎率。母猪的发情鉴定方法较多，生产中常用的是外部观察法和公猪试情法。

（一）外部观察法

此法简单、有效，是土猪场生产中最常用的也是最主要的母猪发情鉴定方法。土猪场饲养员或配种员每天需要进行两次发情观察，上午和下午各一次，并根据以下发情特征进行鉴别，做到适时配种。

1. 神经症状

母猪开始发情时，对周围环境十分敏感，常常表现不安、两耳耸立、东张西望、食欲下降、嚎叫、拱地拱门、爬圈、追人追猪等。

2. 外阴部变化

母猪发情时，外阴部充血肿胀，到了发情中期卵巢开始排卵时，外阴部充血红肿程度有所减退，变成紫红色，并出现皱纹，多带有浓稠黏液，此时阴门有裂缝，是配种的最佳时期。

3. 静立反应

用手按压母猪的腰椎部，母猪两耳直立或有扇动行为，多数母猪四肢叉开，呆立不动，弓腰或稍向人靠近。出现明显的"静立反应"，也是适宜配种期。

（二）公猪试情法

所谓公猪试情法，就是母猪在发情时，通过其对公猪爬跨的反应程度来判断其发情阶段。其方法是将公猪赶到母猪圈内，若发情母猪见到公猪时，表现呆立，两耳竖直，注视公猪，接受公猪爬跨时站立不动，则此时是母猪的最佳配种期，但此时要及时将试情公猪赶下，以免误配。

三、母猪的适时配种

（一）适时配种的生殖依据

生产实践已证实，母猪配种时间准确，可提高其受胎率和产仔数。但是母猪的配种时间取决于排卵时间，由于母猪在发情期即将结束的时候排卵，因此应在发情期及时配种。其原因是猪交配后，精子、卵子必须在输卵管上三分之一处结合才能受精。由于精子运动，大约经过2～3小时才能到达受精部位，精子在母猪生殖道内只能存活15～20小时，而卵子排出后在生殖道内有受精能力的时间为8～10小时，所以，精子和卵子都在生命力比较旺盛的时候，在受精部位（即输卵管上三分之一处）相遇结合才能受精。若过早交配，当卵子出现在受精部位时，精子部分已经死亡或衰老，达不到受精的目的；若交配过晚，精子达不到受精部位，而卵子已经排下来，在受精部位不能相遇，同样达不到受精的目的。可见，过早或过晚配种都会影响受胎率和产仔数。

（二）适时配种的实践经验

由于在生产上因母猪发情开始时间很难掌握，到底什么时候配种为适时，一般多凭实践经验来观察确定。

1. 阴门抽褶和出现"止动反射"

一般在母猪发情后第二天，见阴门肿胀达到高峰后，刚见抽褶时配种为宜。此外，在早上巡视母猪时进行观察，发情母猪一般有早醒、早起并爬跨其他母猪及拱门或翻圈等行为，配种人员到圈里按压母猪臀部，如母猪站立不动，有时两耳扇动，出现"呆立反射"时配种为宜。

2. 发情母猪主动接近试情公猪

试情时赶公猪从母猪圈前经过，若母猪发情充分，即会主动上前并有求偶的表现，此时配种较适宜。

3. 断奶后发情母猪配种时间的确定

对于断奶后 7 天之内的发情母猪，观察到母猪发情后在 8～24 小时内进行首次配种为宜，然后在第二天上午和第三天上午再各配一次；而对于断奶后 7 天以上的发情母猪，观察到母猪发情后应立刻进行首次配种，然后隔 12 小时左右再配一次。一般情况下，每头母猪每个发情期配种两次即可，有少数发情期持续时间长的母猪，需进行第三次配种。

4. 根据母猪年龄确定配种时间

在适时配种时还要考虑母猪的年龄，一般老龄发情母猪要早配，青年发情母猪要晚配，即采取"老配早，小配晚，不老不少配中间"的办法。

第三节　猪的配种技术

一、猪的配种方式和方法

（一）自然交配

自然交配也称本交，是公、母猪性成熟后本能的交配行为，也是土猪生产中常用的传统繁殖方法。将公、母猪放在一起，任其进行交配，达到繁殖的目的。生产上猪的配种方法可分为单次配种、重复配种、双重配种和多次配种。

1. 单次配种

单次配种指在母猪的一个发情期内只用1头种公猪交配1次。这种配种方法在适时配种的情况下，也能获得较高的受胎率，但在难以掌握最适宜配种时间交配的情况下，会降低受胎率和产仔数。

2. 重复配种

重复配种指在母猪的一个发情期内，用同一头种公猪先后配种两次，即在第一次配种后间隔8～12小时再配种1次，这样可以提高母猪受胎率和产仔数。

3. 双重配种

在母猪的一个发情期内，用不同品种的2头公猪或同一品种但血缘关系较远的2头公猪先后间隔10～15分钟，各与母猪配种一次。这种配种方法不仅受胎率高，而且产仔数多。

4. 多次配种

在母猪的一个发情期内隔一段时间，连续采用双重配种的方法或重复配种的方法配几次。这种配种方法可提高母猪多怀胎、多产仔的效果。

（二）人工辅助交配

这种方法是在人工辅助的情况下配种。具体做法是：让母猪站在适当位置，辅助人员在公猪爬跨母猪时，一手将母猪尾巴拉向一侧，另一手牵引公猪包皮将阴茎导向母猪阴户，然后根据公猪肛门附近肌肉伸缩情况，判断公猪是否射精。当公猪射完精离开母猪后，用手拍压母猪腰部，可防止精液倒流。这种方法往往在本交中也要采用。此外，当公猪与交配母猪体格大小不一致时，一般要采取一些辅助措施。当公猪小、母猪大时，要为公猪准备一个斜面垫板，或把母猪赶到斜坡上，让公猪站在高处交配，称为"顺坡爬"；当公猪大、母猪小时，应准备配种交配架或让公猪站在斜坡上的低处交配，称为"就高上"。人工辅助交配在生产实践中对初次参加配种的青年公猪尤为重要。由于初次参加配种的青年公猪性欲旺盛，往往出现多次爬跨而不能使阴茎插入阴道的情况，造成公、母猪体力消耗很大，甚至由于母猪无法支撑而导致配种失败。因此，对青年公猪初次配种时实施人工辅助交配尤为重要。

（三）人工授精

猪的人工授精又称人工配种，是人为地采集公猪精液，经过精液品质检查、稀释、保存等一系列处理后，再将合格的精液输入发情母猪的生殖道内使其受胎的配种方法。

二、猪的人工授精技术

(一) 采精方法

1. 采精室的设计

采精室是收集公猪精液的地方。采精室适宜温度为15～25℃，最低不宜低于10℃，有条件的土猪场采精室可安装空调来保持采精时的适宜温度。采精室与实验室之间应安装传递口，不能安装门。考虑到采精员的安全，一般在采精区外80～100厘米处，设安全区用安全栏隔开，方法是用直径12～16厘米的钢管埋入地下，使其高出地面75厘米，两根钢管间的间距为28厘米，并安装一个栅栏门。

2. 假母猪的设计

假母猪是用来供公猪爬跨采精的器械，可用木材制作，也可购买钢制假母猪商品。

3. 采精操作技术

公猪精液的获得，一般有两种方法，即假阴道采精法和徒手采精法。假阴道采精法适合寒冷地区采用，目前最常用的是后一种方法。

徒手采精法也叫手握法，其原理是模仿母猪子宫对公猪螺旋阴茎龟头的约束力而引起公猪射精。徒手采精法的操作步骤如下：

第一步，采精员一手戴双层手套（内层为对精子无毒的聚乙烯手套，外层为一次性塑料薄膜手套），另一手持37℃保温集精杯用于收集精液。

第二步，饲养人员将待采精的公猪赶进采精室（栏），用0.1%高锰酸钾溶液清洗其腹部和包皮，再用湿水清洗干净。

第三步，采精员挤出公猪包皮积尿，并按摩公猪包皮部，刺激公猪爬跨假母猪。

第四步，公猪爬跨假母猪并逐步伸出阴茎，此时采精员脱去外层手套，然后左手推成空拳，手心向下，于公猪阴茎伸出的同时导入空拳内，立即紧紧握住阴茎头部，不让其来回抽动，使龟头微露于拳心之外约2厘米，用手指由松到紧、带弹性、有节奏地压迫阴茎，并摩擦龟头部，激发公猪的性欲，公猪的阴茎即开始做螺旋式的伸缩抽送。此时，采精人员握拳要做到既不使公猪阴茎滑掉，又不握得过紧，以满足公猪的交配感觉要求，直到公猪的阴茎向外伸展开时公猪开始射精。公猪射精时，采精员拳心要有节奏地收缩。

第五步，用4层纱布过滤收集精液于保温集精杯内。

公猪的射精过程可分为三个阶段：第一阶段射出少量白色胶状液体，不含精子，不收集；第二阶段射出的是乳白色浓度高的精液，为收集精液；第三阶段射出含精子较少的稀薄精液，也可不收集。公猪射精时间为1～5分钟不等，当公猪（第一次）射精停止时，可按上述办法再次压迫阴茎及摩擦龟头，公猪可第二次、第三次射精，直至射完精为止。正常情况下1头公猪1次射精量为150～250毫升，但射精量与公猪年龄、个体大小、品种、采精技巧和采精频率有关。

第六步，采精结束后，先将过滤纱布丢弃，然后用盖子盖住集精杯，迅速送到精液处理室。

良好的采精操作程序是保障公猪健康和精液生产的基础。实践证明，训练有素的采精员进行科学合理的采精，不仅每次采集的精液量大，精液品质好，而且可使精液保存的时间延长，还可使种公猪的利用年限延长。

4. 采精注意事项

① 采精员要用拇指和食指抓住阴茎的螺旋体部分。采精员无论用左手或右手，当握住公猪的阴茎时，都要注意用食指和拇指抓住阴茎的螺旋体部分，其余三个手指予以配合，要随着阴茎的抽动而有节律地捏动，给予公猪刺激产生快感而射精。

② 采精员要戴双层手套。采精时采精员握阴茎的那只手一般要戴双层手套，最好是聚乙烯制品的手套，对精子杀伤作用较小。当将公猪包皮内的尿液挤出后，将外层手套去掉，以免污染精液或感染公猪的阴茎。

③ 注意手握阴茎的力度。采精时，采精员手握阴茎的力度太大或太小都不行。用力太小，阴茎容易脱掉，采不到精液；用力太大，一是容易损伤阴茎，二是公猪很难射出精液。采精时，公猪一旦开始射精，手应立即停止捏动，而只是握住阴茎，见公猪射完精后，手应马上捏动，以刺激公猪再次射精。

④ 弃去前面较稀和最后射出的精液。当公猪射精时，一般前面射出的较稀的部分精清应弃去不要。由于尿生殖道是尿液和精液的共同通道，公猪最初射出的精液中会有尿生殖道中残留的尿液，其中含有大量的微生物和危害精子的机体代谢物质，而且最初射出的精液中主要是副性腺分泌物，几乎不含精子，因此不要收集这部分精液。当射出乳白色的液体时即为浓精液，就要用集精杯收集起来。公猪在射精的过程中，都会再次或多次射出较稀的精清和最后射出的较为稀薄的部分，这部分精液都应弃去不要。精液品质好坏的评价标准是在相同的取舍方法下所得精子的密度和活力的高低，精液量只是其中一个标准。

⑤ 防止包皮液混入精液。公猪具有发达的包皮囊，其中积有不少于50毫升的发酵尿液和分泌物，包皮液对精子的危害性极大。当采精员用手按摩包皮囊时，应尽可能挤净包皮液，并用消毒过的纸巾擦净包皮口。

⑥ 集精杯上面套的4层过滤用的纱布，使用前不能用水洗，若用水洗则要烘干后再用。

⑦ 采精员应耐心细致，确保自身和公猪的安全，一旦公猪出现攻击行为，采精员应立即逃至安全区内。

⑧ 固定每次采精的时间。应在上午公猪采食后 2 小时采精，饥饿状态时和刚喂饱时不能采精，最好固定每次采精的时间。采精频率也要固定，成年公猪每周 2～3 次，青年公猪（1 岁左右）每周 1～2 次。

⑨ 对公猪实施奖励。公猪射精的过程少则 1～5 分钟，多则 5～10 分钟，采精员要耐心操作。采精结束后要让公猪自然爬下假猪台，对于那些采精后不下来而又不射精的公猪，不要让其形成习惯，应将其赶下假猪台。对采精后的公猪最好实施奖励，饲喂 1～2 枚鸡蛋，使公猪形成条件反射，以利于后续的采精。

（二）精液品质的检查

1. 精液品质检查的目的和方法及基本操作原则

精液品质的好坏直接影响公猪的繁殖力，因此，进行精液品质检查的目的是鉴定精液的质量，一方面以此来判定种公猪生殖功能状态和采精技术的成败，了解公猪精液品质的优劣，以及确定其配种负担能力，检验公猪的饲养水平，同时也是对公猪生殖器官机能和采精操作技术质量的判定；另一方面以此来决定人工授精时精液的取舍，以及确定输精的头份、稀释的倍数等。现行评定精液品质的方法有外观检查法、显微镜检查法、生物化学检查法和精子生活力检查法四种，而在实际应用上又分为常规检查和定期检查。不论采取哪一种检查方法，必须遵守精液检查基本操作原则，一是采得的精液立即置于 30℃左右的恒温容器中，防止低温打击，并标记来源；二是检查要迅速、准确，取样要有代表性（摇匀）。

2. 常规检查

精液的常规检查是指每次采精后都必须检查的项目，包括射精量、色泽、气味、浑浊度、pH、精子活力、精子密度等。

（1）色泽 色泽也称为颜色，正常猪精液为淡乳白色或浅灰白色，精液越浓，精子数越多。如果精液颜色异常则属不正常现象，说明生殖器官有疾病，颜色异常的精液应废弃，并立即停止采精，查明原因及时对公猪进行治疗。

（2）射精量 由于公猪精液中含有胶状物质，需先用 4～6 层的消毒纱布过滤，然后倒入一个有刻度的量杯中计量。后备公猪每次的射精量一般为 150～200 毫升，成年公猪一般为 200～300 毫升。射精量的多少因品种、品系、年龄、采精间隔、气候和饲养管理水平等的不同而有差别，尤以不同品种公猪之间差异较为突出。因此，在相同的采精方法下，应以精子密度、精子活力为主进行评价，而射精量只是其中一个标准。

（3）气味 新鲜猪精液略带腥味，这是由前列腺中的蛋白质、磷脂所引起的，有异常气味的精液应废弃。

（4）云雾状程度 云雾状程度也称为浑浊度，由于精子运动翻腾如云雾状，精液浑浊度越大，云雾状越显著，乳白色程度越深，精子密度和活力越高。因此，据精液浑浊度可估测精子密度和活力的高低。家畜中牛、羊的精液精子密度大，放在玻璃容器中观察精液呈上下翻滚状态，云雾状程度很明显，这是精子运动活跃的表现。云雾状明显可用"＋＋＋"表示，"＋＋"表示较为明显，"＋"表示不明显。猪的精子密度小，可用"＋"表示。

（5）pH 测定　新鲜猪精液 pH 为 7.4～7.5，pH 偏低的精液品质较好，偏高则受精力、生活力和保存效果降低。采精后，将 1 滴精液滴于试纸上，与标准色标对照来确定，或用 pH 计测定其酸碱度。

（6）精子活力　又称精子活率，是指精液中呈直线前进运动的精子数占总精子数的百分比。精子活力与受精能力关系密切，是评定精液品质的主要指标，因此，每次采精后及输精前，都要进行精子活力的检查，以确定精液能否使用。常用的方法是通过光学显微镜进行精子的视觉评定，在显微镜下放大 200～400 倍，对精液样品进行观察。

① 检查方法　检查方法有平板压片法和悬滴法两种。

a. 平板压片法　取一滴精液于载玻片上，盖上盖玻片，以溢满但不外流为标准，放在镜下观察。此法简单，操作方便，但精液易干燥，检查应迅速。

b. 悬滴法　取一滴精液于盖玻片上，然后将盖玻片反过来盖于载玻片的凹窝中，做成悬滴检查标本，放在 37～38℃恒温台或保温箱内，400 倍显微镜下观察。

② 评定　精子的运动方式在显微镜下观察有三种：一是直线运动，即精子按直线方向向前运动，精子前进运动时以尾部的弯曲传出有节奏的横波，这些横波自尾部前端或中段开始，向后传达至尾端，对精子周围液体产生压力，而使精子向前运动；二是转圈运动，即精子沿圆周做转圈运动；三是原地摆动，头部左右摆动，失去前进运动的能力。只有做直线运动的精子，才具有受精能力，才是有效精子。检查时，一般采用十级评分制，若视野中 100％为直线运动则评为 1.0，90％为直线运动则评为 0.9，依此类推。若有条件可在显微镜上配置一套摄像显示仪，将精子放大到电脑屏幕上进行观察。一般新鲜精液中精子的活力为 0.7～0.8，应用于人工授精的精子活力要求不能低于 0.6。检查精子活力，一是要使样品始终在 37℃的恒温下，否则检查的结果不准确；二是检查用的显微镜的倍数不宜过高，倍数过高时视野中看到的精子数量少，评定的结果不准确。

（7）精子密度　也称精子浓度，指单位容积（1 毫升）的精液中含有的精子数。精子密度的大小直接关系到精液的稀释倍数和输精剂量的有效精子数，也是评定精液品质的重要指标之一。测定精子密度的方法有目测法、血细胞计数法和光电比色法。

① 目测法　也称为估测法，本方法常与精子（原精）活力检查同时进行，在显微镜下根据精子的稠密和稀疏程度，划分为"密、中、稀"三级。猪精子密度一般较稀，平均每毫升有 1 亿～2 亿个精子，所以每毫升精液中精子数在 3 亿个以上

为密，2亿个左右为中，1亿个左右为稀。这一方法受检查者的主观因素影响，误差较大，但对于直观的评估，操作方法简便，尤其适用于人工授精现场的观察，有一定的参考意义。

② 血细胞计数法　用血细胞计数法可以准确测定每毫升精液中所含的精子数量。先准备显微镜、血细胞计数板等，基本操作步骤如下：

a. 在显微镜下找到血细胞计数板上的计算室　计算室为一正方形，高度为0.1毫米，边长1毫米，由25个中方格组成，每一个中方格分为16个小方格。寻找方格时，先用低倍镜看到整个格的全貌，然后用高倍镜进行计算。

b. 稀释精液　用3‰食盐溶液对精液进行稀释，同时杀死精子，便于精子数目的观察。用白细胞吸管（10或20倍）稀释，抽吸后充分混合均匀，弃去管尖端的精液2~3滴，然后把一小滴精液充入计算室。

c. 镜检　把计算室置于400倍显微镜下对精子进行计数，在25个中方格中选取有代表性的5个（四角和中央）计数，然后推算出1毫升精液内的精子数。简化的计算方法是5个大方格的精子数×50000×稀释倍数，即为所测得的精子数。

为保证检查结果的准确性，在操作时要注意：一是滴入计算室的精液不能过多，否则会使计算室高度增加；二是检查方格时，要以精子头部为准，为避免重复和漏掉，对于头部压线的精子采取"上计下不计，左计右不计"的办法；三是为了减少误差，应连续检查两次，求其平均值，如两次检查结果差异较大，必须做第三次检查。

③ 光电比色法　此法快速、准确、操作简单，现世界各国普遍将其应用于牛、羊的精子密度测定。其原理是根据精液透光性的强弱，精子密度越大，透光性越差。目前将被测样本的透光度输入电脑，即可显示其精子密度。根据光电比色原理，目前已开发出一种精子密度仪，市场上有售，检查精子密度十分方便。

3. 定期检查

精液的定期检查，指不必每次采精后都检查的项目，有的可每月检查1次，有的每季度检查1次即可。定期检查主要检查以下项目：

（1）精子存活时间和存活指数　精子存活时间是指精子在体外的总生存时间，存活指数是指平均存活时间，是精子活率下降速度的标志。精子存活时间越长，存活指数越大，精子生活力越强，精液品质越好，所用的稀释液处理和保存方法越佳。这两项指标与受精能力密切相关，是评定精液品质和处理效果的一项重要指标。

检查方法：将采出的精液经过镜检后，按1∶（2~3）的比例稀释，取出10毫升分装在2个试管内，用软木塞塞紧，再用纱布包好放在0~5℃的冰箱中，也可在37~38℃的条件下进行检查，直到无活动精子为止。所有间隔时间累加后减去最后两次间隔时间的一半即为精子的存活时间，其公式为：精子存活时间（小时）

＝检查间隔时间的总和－最末 2 次检查间隔时间的一半。存活指数是指相邻两次检查的间隔时间与平均活力的积之和。

一般优质精液用良好的稀释液保存，在 0～5℃条件下保存时间应在 24～48 小时，在 37～38℃条件下保存时间应在 4～6 小时。

（2）美蓝褪色试验 美蓝是一种氧化还原指示剂，用来测定精子呼吸能力和精液中所含去氢酶的活性，氧化时为蓝色，可被还原为无色。精子在美蓝溶液中，由于精液中去氢酶在呼吸时氧化脱氧，美蓝获氢离子后使蓝色还原为无色。根据美蓝褪色时间可测知精液中存活精子数量的多少，判定精子的活率大小和密度高低。

测定方法：取含有 0.01％美蓝的生理盐水与等量的原精液混合，置于载玻片上，然后用内径 0.8～1.0 毫米、长 6～8 厘米的毛玻璃管吸取，使液柱高达 1.5～2 厘米，然后放在白纸上，在 18～25℃的温度下观察并计时。猪精液褪色时间在 10 分钟或 7 分钟为品质良好；褪色时间在 10～30 分钟或 8～12 分钟为中等；30 分钟或 12 分钟以上为品质较差。

（三）精液的稀释

1. 精液稀释时间

猪的精液如果不经稀释，在体外最多保存 30 分钟，精子活力很快下降而且很快失去受精能力。精液的稀释就是在精液中加入适宜精子存活并保持其受精能力的稀释液，扩大精液容量，提高种公猪一次射精量的可配母猪数，而且降低精液能量消耗，延长精子寿命，也便于精子的保存和运输。

2. 精液稀释液的主要成分

（1）营养物质 用于提供营养以补充精子生存和运动所消耗的能量。能被精子利用的营养物质主要有果糖、葡萄糖等单糖以及卵黄和奶类（鲜奶、脱脂乳和纯奶粉等）。

（2）保护性物质

① 缓冲物质 其作用是保持精液适当的 pH，利于精子存活。常用的缓冲物质有柠檬酸钠、酒石酸钾钠、磷酸氢二钠、磷酸二氢钾等，以及近些年来应用的三羟甲基氨基甲烷、乙二胺四乙酸二钠（EDTA-2Na）等。这些物质是一种螯合剂，能与钙及其他金属离子结合，起缓冲作用；还能使卵黄颗粒分散，有利于精子的运动。

② 抗菌物质 在精液稀释液中加入一定剂量的抗生素，以利于抑制细菌的生长。常用的抗生素有青霉素、链霉素以及氨苯磺胺等。

③ 抗冻物质 在精液的低温和冷冻保存过程中需进行降温处理，精子易受冷刺激，常发生休克，造成不可逆的死亡，所以加入一些抗冻物质有利于精子的生存。常用的抗冻物质为甘油、乙二醇、二甲基亚砜（DMSO）等，此外卵黄、奶类

也具保护作用。

④ 非电解物质　副性腺中钙离子、镁离子等强电解质含量较高，这些强电解质能促进精子早衰，使精液的保存时间缩短，因此，需向精液中加入非电解物质或弱电解质，改变和中和副性腺分泌物的电离程度，以防止精子凝集和补充精子能源，如糖类、磷酸盐类等。

（3）其他添加剂　主要用于改善精子外环境的理化特性，以及母猪生殖道的生理机能，有利于提高受精机会，促进合子发育。

① 酶类　如过氧化氢酶能分解精子代谢过程中产生的过氧化氢，消除其危害，维持精子活力；β-淀粉酶可促进精子获能，提高受胎率。

② 激素类　如催产素、前列腺素 E 型等可促进生殖道蠕动，有利于精子向受精部位运动而提高受精率。

③ 维生素类　如维生素 B_1、维生素 B_2、维生素 B_{12}、维生素 C 和维生素 E等，能改善精子活力。

④ 其他　二氧化碳、植物汁液等有调节稀释液 pH 的作用；乙烯二醇、亚磷酸钾等有保护精子的作用；三磷酸腺苷（ATP）、精氨酸等有提高精子保存后活力的作用。

3. 稀释液的种类和配制方法

根据稀释液的用途和性质，可将稀释液分为以下 4 类：

（1）现用稀释液　用于采精后立即稀释精液，目的是扩大精液量，以增加配种母猪数。此类稀释液常以简单的高渗糖类或奶类配制而成，也可用生理盐水作为稀释液。

① 葡萄糖液　葡萄糖 6 克，蒸馏水 100 毫升，青霉素 10 万单位，链霉素 100毫克。配制方法：按量称取葡萄糖后，用 100 毫升蒸馏水溶化，灭菌后冷却，再加入青霉素和链霉素混匀即可。

② 鲜奶稀释液　将新鲜牛奶用 3～4 层纱布过滤，装在锥形瓶或烧杯内，放在水浴锅中煮沸消毒 10～15 分钟后取出，冷却后除去浮在上面的油皮，重复 2 次后即可使用。

（2）常温（15～20℃）保存稀释液　适宜在 15～20℃ 条件下短期保存的稀释液，此类稀释液以糖类和弱酸盐为主，pH 偏低。

① 葡-柠液　葡萄糖 5 克，二水柠檬酸钠 0.5 克，蒸馏水 100 毫升，青霉素 10万单位，链霉素 100 毫克。

② 葡-柠-EDTA 液　葡萄糖 5 克，二水柠檬酸钠 0.3 克，乙二胺四乙酸二钠（EDTA-2Na）0.1 克，蒸馏水 100 毫升，青霉素 10 万单位，链霉素 100 毫克。

目前市场上有商品化的猪精液常温保存稀释药品，一般为粉剂，按说明书要求加入蒸馏水即可。商品化稀释药品的好处在于商家大量配制，可减少误差，方便猪场使用，成本也不高。

（3）低温保存稀释液　适用于精液在 0～5℃ 条件下的低温保存，具有以卵黄液和奶类为主的抗冷休克物质。

（4）冷冻保存稀释液　适用于精液的冷冻保存，其稀释液成分较为复杂，具有糖类、卵黄液，还有甘油或二甲基亚砜等抗冻剂。

4. 配制稀释液时应注意的事项

（1）一切用具应干净并消毒处理　配制稀释液使用的一切用具应洗涤干净并消毒，用前还必须用稀释液冲洗方能使用。

（2）现用现配　配制稀释液原则上是现用现配，如隔日使用或短期保存（7天），必须严格灭菌、密封，放在 0～5℃ 冰箱中保存。

（3）使用蒸馏水或离子水要求　所用蒸馏水或离子水要求新鲜，pH 呈中性。

（4）使用药品要求　药品最好用分析纯，称量药品必须准确，充分溶解并过滤；经过滤密封后进行消毒（隔水煮沸或蒸汽消毒 30 分钟），加热应缓慢。

（5）使用奶类要求　使用奶类要新鲜，鲜奶要过滤后在水浴中灭菌（92～95℃）10 分钟，去奶皮后方可使用。

（6）使用卵黄要求　卵黄要取自新鲜鸡蛋，先将外壳洗净消毒，破壳后用吸管吸取纯卵黄。在室温下加入稀释液，充分混合后使用。

（7）使用抗生素、酶类、激素和维生素等要求　添加抗生素、酶类、激素和维生素等，必须在稀释液冷至室温条件下，按用量准确加入。氨苯磺胺应先溶于少量蒸馏水，单独加热到 80℃，溶解后再加入稀释液。

5. 精液的稀释方法和稀释倍数

（1）精液的稀释方法

① 精液的稀释环境要求　精液稀释应在洁净、无菌的环境下进行，避免精子受到阳光或其他强光的直接照射，尽量减少精液与空气接触，杜绝精子直接接触水和有害、有毒的化学物质。精液处理室内严禁吸烟和使用挥发性有害气体（如苯、乙醚、乙醇、汽油和香精等）。

② 精液的稀释规程　新采集的精液应迅速放入 30℃ 保温瓶，当室温低于 20℃ 时，要注意因冷刺激导致的精子休克。精液采出后稀释越快越好，一般在半小时之内完成为宜。稀释液与精液的温度必须调整一致，一般将两者置入 30℃ 保温瓶或恒温水浴锅内片刻，做同温处理。精液在稀释前首先检查精子活力和密度，然后确定稀释倍数。稀释时，将稀释液沿精液瓶壁缓慢加入，并轻轻摇动，使之混合均匀。切忌剧烈震荡，且一定要注意，不能将原精倒入稀释液中。如做高倍稀释（20倍以上），要分两步进行，预防精子环境突然改变，造成稀释打击。先加入稀释液总量的 1/3～1/2，混合均匀后再加入剩余的稀释液。稀释后再进行精子活力和密度的检查，若活力与稀释前一样，则可进行保存和分装。

（2）精液的稀释倍数　精液的稀释倍数决定于每次输精的有效精子数、稀释液的种类以及稀释倍数对精子保存时间的影响。一般稀释 2～4 倍或按每毫升稀释精液含 1 亿活动精子为标准进行稀释。精液的稀释倍数过大，对精子存活不利且严重影响受胎率；稀释倍数过小，不能充分发挥精液的利用率，所以，应准确计算精液的稀释倍数，如活力≥0.7 的精液，一般按每个输精量含 40 亿个精子、输精量为 80～90 毫升确定稀释倍数。如某头公猪一次采精量是 200 毫升，活力是 0.8，密度为 2 亿个/毫升，要求每个输精量含 40 亿个精子，输精量为 80 毫升，则总精子数为 200 毫升×2 亿个/毫升＝400 亿个，输精份数为 400 亿÷40 亿＝10 份，加入稀释液的量为 80 毫升×10－200 毫升＝600 毫升。

（四）精液的保存和分装

1. 精液的保存

（1）常温保存　将精液保存在一定变动幅度（15～25℃）的室温下，称为常温保存或室温保存。一般将稀释的精液分装后密封，用纱布或毛巾包好，置于 15～25℃环境下避光存放，春、秋季可放置于室内，夏季也可置于地窖或有空调控制温度的房间内。常温保存主要是利用一定范围的酸性环境抑制精子的活动，减少其能量消耗，使精子保持在可逆性的静止状态而不丧失受精能力，达到保存精子的目的。由于不同酸类物质对精子产生的抑制区域和保护效果不同，一般认为有机酸较无机酸好。但常温保存精液也有利于微生物的生长繁殖，因此必须加入抗生素。此外，还要加入必要的营养物质（如单糖）并隔离空气等，以利于精液的常温保存。常温保存精液时，也可把精液置于 22～25℃的室温下，1 小时后（或用几层毛巾包被好后）直接置于 17℃保温箱中。保存过程要求：每 12 小时将精液混匀一次，防止精子沉淀而引起死亡；每天检查精液保温箱温度并进行记录，若出现停电应全面检查贮存的精液质量。尽量减少精液保温箱的开关次数，以免对精子造成打击而致精子死亡。目前规模猪场普遍采用此保存法保存精液。此外还可采用隔水降温方法保存，将贮精瓶直接置于室内、地窖和自来水中保存。一般地下水、自来水和河水的温度在 15～20℃这个范围内，可采用循环流动的方式控制温度相对恒定，保存精液。生产实践证明，此法效果良好，设备简单，易于普及推广。

（2）低温保存　精液低温保存的分装与常温保存相同，保存的温度是 0～5℃。一般将稀释并分装好的精液置于冰箱或广口保温瓶中，在保存期间要保持温度恒定，不可过高或过低。精液低温保存操作时注意严格遵守逐步降温的操作规程，具体做法是：精液从 30℃降至 0～5℃时，按每分钟下降 0.2℃左右的速率，用 1～2 小时完成降温过程。但在生产实践中，为了提高工作效率，都采用直接降温法，即将分装有稀释精液的瓶或袋，包以数层纱布或棉花，再装入塑料袋内，而后直接放入冰箱（0～5℃）或装有冰块的广口保温瓶中，也可吊入水井深水中保存。在没有冰箱或无冰源时，可用食盐 10 克溶解在 1500 毫升冷水中，再加氯化铵 400 克，配好后及时装入广口瓶使用，温度可达 2℃，每隔一天添加一次氯化铵和少许食盐以继续保温；也可用尿素 60 克溶于 1000 毫升水中，温度可降至 5℃。低温保存的精液在输精前一定要进行升温处理，一般将存放精液的试管或小瓶直接浸入 30℃温水中即可。

精子保存还要注意的是，不同的稀释液适用于不同的保存时间。保存 1 天内即行输精的可使用葡-柠-EDTA 液，中效稀释液可保存 4～6 天，如蔗糖奶粉液等，长效稀释液可保存 7～13 天。但无论用何种稀释液保存精液，均应尽快用完，保存时每隔 12 个小时轻轻翻动 1 次，可防止精子死亡。

（3）冷冻保存　利用液氮（－196℃）、干冰（－79℃）作冷源，对精液进行特殊处理，保存在超低温下，达到长期保存的目的。但猪的冷冻精液保存尚在试验改进中，就目前的技术而言，还不可能大规模地应用于生产。存在的问题：一是目前猪冷冻精液的受胎率比鲜精或常温保存的精液平均低 10％～30％，生产上难以接受；二是猪每头份输精液中需大量的精子（3 亿～6 亿个），而目前的冷冻精液制作技术，无论是颗粒、细管，还是安瓿，都无法达到这样的剂量，塑料袋法虽可增加剂量，但冷冻的效果不理想。

2. 精液的分装

常温保存的精液首先要进行分装，分装方式有瓶装和袋装两种。装精液用的瓶和袋均为对精子无毒害作用的塑料制品。一般精液瓶上有刻度，最高刻度为 100 毫升，精液袋一般为 80 毫升。精液分装前先检查精子活力，若无明显下降，可按每头份 80～100 毫升进行分装，含 20 亿～30 亿个有效精子。一头种公猪在采精正常情况下，其精液稀释后可分装 10～15 瓶（袋）。分装好后将精液瓶（袋）加盖密封，封口时尽量排出瓶（袋）中空气，要逐个粘贴标签，标明种公猪的品种、耳号及采精日期与时间。

（五）输精技术

1. 输精前的准备

（1）接受输精母猪的消毒　保定接受输精的发情母猪，用 0.1％高锰酸钾溶液清洁外阴、尾根和臀部周围，再用温水或生理盐水浸湿毛巾，擦干外阴部。

（2）输精员的消毒　输精员清洗双手并用 75％酒精棉球消毒，待酒精挥发干后才可操作输精。

（3）精液的准备　新鲜精液经稀释后进行品质检查，符合标准方可使用；常温和低温保存的精液需升温到 35℃，经显微镜检测活力不低于 0.6，方可使用；冷冻保存的精液经解冻后精子活力不低于 0.3，方可用于输精。

（4）输精管的选择　输精管有多次性和一次性两种。

多次性输精管为一种特别的胶管，其前端模仿公猪的阴茎龟头，后端有一手柄，因头部无膨大部分或螺旋部分，输精时易倒流，而且每次使用均需清洗消毒，加上容易传染子宫炎，虽然可重复使用，成本低，但隐患较大，土猪场最好不要使用。

一次性输精管有螺旋头型和海绵头型两种，前者适用于后备母猪的输精，后者适用于经产母猪的输精。海绵头型输精管也有后备母猪专用的。一次性输精管使用方便，不用清洗，可降低子宫炎的发生率，目前已成为土猪场的首选。但选择海绵头输精管时，一要注意海绵头的牢固性，不牢固的则容易脱落到母猪子宫内；二要注意海绵头内输精管的深度，一般以 0.5 厘米为好。

2. 适宜的输精时间和次数

根据发情母猪的排卵时间，并计算进入母猪生殖道内精子获能和具有受精能力的时间来决定最佳输精时间。母猪发情后一般 24～30 小时开始排卵，但真正排卵是在发情开始，接受公猪爬跨后的 40 小时。发情持续时间短的母猪排卵较早，持续时间长的排卵较晚。母猪排出的卵子在输卵管内保持受精能力的时间为 8～12 小时，交配后的精子到达输卵管上端要 2～5 小时，精子在母猪生殖道内保持受精能力的时间为 25～30 小时，因此，输精时间以排卵之前 6 小时为宜。但在实际工作中很难确切地掌握这个时间，常通过发情鉴定来判定适宜的输精时间，即母猪在发情高潮过后的稳定时期，接受"压背"试验时或从发情开始后第二天输精为宜。以外部观察法和试情法进行发情鉴定不易确定排卵时间时，常在一个发情期内两次输精，其间隔时间为 12～18 小时。在实际情况下，对断奶后 3～6 天发情的经产母猪，出现呆立反应后 6～12 小时进行第一次输精；后备母猪和断奶后 7 天以上发情的母猪，出现呆立反应时立即进行输精。在 1 个发情期中，母猪以输精 1～2 次为宜，如果输精 2 次或 2 次以上，每次输精的间隔时间为 12～18 小时。输精次数主要根据母猪发情持续时间的长短而定。

3. 输精量和精子数

常温和低温保存的精液输精量为 30～40 毫升，有效精子数 20 亿～50 亿个；冷冻保存的精液输精量为 20～30 毫升，有效精子数 10 亿～20 亿个。

4. 输精方法

输精方法有注射法和自流法两种。母猪阴道和子宫颈接合处无明显界限，一般采用输精管插入法输精。从密封袋中取出没受任何污染的一次性输精管（手不应接触输精管前 2/3 部分），在其前端涂上精液或人工授精专用润滑胶或凡士林作为润滑液。输精时让母猪自由站立，输精员站（或蹲）于母猪后侧，用手将母猪阴唇分开，将输精管呈 45°角向上插入母猪生殖道内，插进 10 厘米后再水平推进，并抽送 2～3 次，直至不能前进为止，当感到阻力时，证明输精管已到达子宫颈口，再逆时针旋转输精管，同时前后移动，直到感觉输精管前端被锁定、轻轻回拉不动为止，可判断输精管已进入子宫内，然后向外拉一点。用注射法输精，先用注射器吸入精液，接上输精管，输精员左手稳定注射器，右手将输精管插入母猪阴道，插入深度：初产母猪15～20厘米，经产母猪25～30厘米。然后左手拉住尾巴，右手持注射器，按压注射器柄，借助压力或推力缓慢注入精液，精液便流入子宫。当有阻力或精液倒流时，再抽送输精管，旋转并注入精液。也有学者提出，不能用注射器抽取精液通过输精器直接向母猪子宫内推注精液，而应该通过仿生输精让母猪子宫收缩产生的负压自然将精液吸入子宫深处，目前把这种输精法称为自流法。注射时，输精员最好用左（右）脚踏在母猪腰背部，并将输精管左右轻微旋转，用右手食指按摩阴核，增加母猪快感，刺激阴道和子宫的收缩，避免精液外流，输完精液后，把输精管向前或左右轻轻转动2分钟，然后轻轻拉出输精管。一般输精时间3～5分钟，输精完毕后继续按压母猪背部防止精液倒流。自流式输精应将输精器倒举至高于母猪的地方，使精液自动流入，但必须控制输精瓶的高低来调节输精时间。输完精后，不要急于拔出输精管，先将精液瓶取下，将输精管后端一小段打折封闭，这样既可防止空气进入，又能防止精液倒流，最后让输精管慢慢滑落。

第五章

土猪的常用饲料及饲料配合技术

一、能量饲料

能量饲料是指干物质中粗纤维含量低于18％和粗蛋白质含量低于20％的谷实类、糠麸类、草籽树实类、块根块茎类、瓜果类及油脂类饲料等。

（一）谷实类饲料

1. 玉米

（1）玉米的营养成分　玉米也是土猪生产中最主要的一种能量饲料，具有很好的适口性和消化性。由于含淀粉多，消化率高，每千克干物质含代谢能13.9兆焦，粗纤维含量较少，且脂肪含量可达3.5％～4.5％，是大麦或小麦的2倍，所以玉米的可利用能高，是谷实类饲料中最好的能量饲料，常作为衡量某些能量饲料能量价值的基础。

玉米粗蛋白质含量低，一般占饲料的8.6％，蛋白质中氨基酸组成不平衡，特别是赖氨酸、蛋氨酸及色氨酸含量低。玉米维生素A和维生素E的含量高，但几乎不含有维生素D、维生素K。水溶性维生素中以维生素B_1较多，维生素B_2及烟酸较少。玉米中还含有β-胡萝卜素、叶黄素等，主要是黄玉米含有较多的胡萝卜素及维生素E。玉米中80％的矿物质存在于胚芽中，其中钙仅为0.02％，磷为0.25％，且大部分为难以吸收的植酸态磷。

（2）使用玉米配合饲料时要注意的问题　玉米在饲料配方中使用量最大，一般都在50％以上，但饲用过多会使肉猪、种猪的脂肪加厚，降低瘦肉率和种猪的繁殖力。实质上由于玉米的蛋白质含量低、品质差，常量元素和微量元素及维生素等含量也很低，均不能满足猪的营养需要。尽管玉米主要用以提供能量，而且提供的蛋白质占配合饲料中总蛋白质的 1/3 左右，但由于玉米中的赖氨酸和色氨酸含量低，因此，玉米并非优质的蛋白质来源，故在配合饲料中要注意这些氨基酸的平衡，特别要注意补充赖氨酸等必需氨基酸。

2. 大麦

（1）大麦的营养成分　　大麦也是土猪喜欢吃的一种饲料，通常饲用的大麦系指带壳的皮大麦。大麦代谢能水平低，约为 11.51 兆焦/千克，适口性好；大麦的粗蛋白质含量高于玉米（11%～14%），蛋白质品质也比玉米好，其赖氨酸为谷实中含量较高者（0.42%～0.44%），异亮氨酸与色氨酸也比玉米高，但利用率比玉米差。大麦的营养成分大致为：水分 11.6%，粗蛋白质 11.5%，粗脂肪 2.0%，粗纤维 6.0%，粗灰分 3.0%，钙 0.05%，磷 0.4%。

大麦中碳水化合物主要是淀粉、纤维素、半纤维素和水溶性物质。大麦中脂肪的主要成分是不饱和脂肪酸，即亚油酸和次亚油酸。大麦富含 B 族维生素，也含有少量生物素和叶酸，但脂溶性维生素很少，维生素 B_{12} 也少。大麦粗脂肪含量较玉米低，消化能也低于玉米，但钙含量较高，铁、铜、锰、锌、硒较玉米高，维生素中生物素、胆碱及烟酸含量较玉米高。大麦中含有一种胰蛋白酶抑制因子和两种胰凝乳酶抑制因子，前者含量很低，后者可被胃蛋酶分解，故对动物均有营养的负效应。

（2）饲喂大麦要注意的问题

① 饲喂对象和用量　　饲用大麦时宜将其磨成中等细度或制成颗粒，可提高饲料利用率和增重速度 14% 左右。大麦不宜喂仔猪，但若是裸大麦或脱壳、压片以及蒸煮处理后的大麦，则可取代部分玉米喂仔猪。大麦是土猪育肥后期较理想的饲料，用大麦喂育肥猪可获得色白、硬度大的脂肪，减少不饱和脂肪酸含量，改善肉的品质和风味，增加胴体瘦肉率。金华猪传统的饲养方式就是以大麦饲料为主，从而产出了闻名于世的"金华火腿"。以大麦喂育肥猪，日增重与玉米效果相当，但饲料转化率不如玉米，其相对饲养价值为玉米的 90%，故用大麦取代玉米不宜超过 50%，或在饲料中用量以不超过 25% 为宜。

② 添加复合酶制剂　　大麦，特别是有壳大麦能值偏低，粗纤维含量高，尤其是大麦含有较多的抗营养因子，可溶性非淀粉多糖（SNSP），主要是 β-葡聚糖，它在消化道中能使食糜黏度增加，进而影响三大营养物质（脂肪、碳水化合物和蛋白质）的消化吸收，这是限制其在单胃动物饲料中应用的重要因素。许多研究者提出了一些消除大麦中 SNSP、提高大麦营养价值的方法，并取得了一些进展，其中尤以大麦饲粮中添加酶制剂 β-葡聚糖酶和木聚糖酶的方法最有效、最简便。研究和生产已证明，在以大麦为能量饲料的饲粮中，添加以 β-葡聚糖酶为主的复合酶制剂，能消除抗营养因子 β-葡聚糖的影响，降低食糜黏度，还能提高饲粮养分消化率。

③ **防止霉菌感染**　大麦常有许多由霉菌感染的病害，最主要的是麦角病，这些霉菌的孢子会侵害生长中的谷粒，形成一个较大的黑色菌团，其中含有各种有毒的生物碱，这些生物碱对种猪、仔猪有极高的毒性。因此，饲喂大麦一定要注意其品质和霉变。

3. 小麦

（1）**小麦的营养特点**　小麦的化学成分在很大程度上受到小麦品种、土壤类型、环境状况等影响。小麦籽粒的化学成分，尤其是蛋白质含量相差较大，最低为9.9%，最高为17.6%，大部分在12%～14%之间，高于玉米。小麦的能量（14.6兆焦/千克）、粗纤维含量（2.2%）与玉米相近，粗脂肪含量（1.6%～2.7%）低于玉米。小麦含有多种氨基酸，且氨基酸组成比其他谷实类完全，尤其是赖氨酸含量高，B族维生素丰富。其缺点是缺乏维生素A、维生素D。而且小麦内含有较多的非淀粉多糖，黏性大，粉料中用量过大会导致黏嘴、适口性降低。非淀粉多糖主要包括纤维素、戊聚糖、果胶多糖、阿拉伯聚糖等。非淀粉多糖又分为可溶性和不溶性两类。不溶性成分主要是纤维素和木质素，对小麦营养影响不大，水溶性成分主要是戊聚糖，被认为是小麦中的主要抗营养因子，其抗营养作用主要与其黏性及对消化道生理、形态和微生物区系的影响有关。

（2）**小麦作为土猪饲料原料需要考虑的问题**

① **抗营养因子问题**　小麦中的主要抗营养因子是非淀粉多糖中的戊聚糖（主要是阿拉伯木聚糖），含量为6.6%，而玉米为4.2%；小麦中含 β-葡聚糖0.7%，而玉米中不含 β-葡聚糖。由于猪机体不分泌葡聚糖酶，猪采食富含 β-葡聚糖的饲料后，β-葡聚糖溶于水形成黏性物质，可提高肠内容物的黏度，阻碍酶的进入和降低机体的消化能力，也阻碍营养的吸收，降低食物通过消化道的速度，从而使猪采食量下降。

② **配方调整问题**　小麦与玉米的营养成分存在一定的差异，因此在实际生产中，要对小麦饲粮的配方进行适当调整，适当添加小麦专用复合酶制剂，这样才能提高饲料转化率。生产实践中调整方法有两种：一种方法是重新调整配方，根据饲喂猪的营养需要，可利用配方软件进行全面调整。调整时在配方中适当增加1～2个粗蛋白质的指标，可以适当降低磷酸氢钙、赖氨酸、苏氨酸等的添加量，甚至可以不添加苏氨酸。但是，在选用小麦饲粮时必须使用合适的小麦专用复合酶制剂以降低抗营养作用，增强饲喂效果，小麦可以占到全价饲粮的30%～40%，能够获得与玉米同样的饲喂效果。另一种方法是直接用小麦替代玉米，但要注意小麦氨基酸的不平衡性。小麦的蛋白质中赖氨酸含量较高，用小麦替代玉米作为猪的能量饲料时，饲粮中豆粕的用量可降低，但并不等于不需要豆粕。有试验表明，猪饲料全部采用小麦，不加豆粕，会产生比其他饲料组合更坏的生产效果，如能添加赖氨酸2.7克/吨可显著提高增重和饲料报酬，但要获

得更好的生产成绩，小麦饲粮中必须同时加入赖氨酸和合成苏氨酸，或用豆粕来替代这些必需的赖氨酸和苏氨酸。由于现阶段合成苏氨酸价格高，小麦饲粮需加豆粕以弥补必需氨基酸的不足，但还要添加小麦专用复合酶制剂。总之，小麦在谷类饲料中，蛋白质含量仅次于大麦，其含有必需氨基酸，但赖氨酸、含硫氨基酸、色氨酸等含量均较低，小麦有效能值仅次于玉米，所含磷中一半是植酸磷，以上营养平衡问题均需在制定配方时注意。

③ 霉菌毒素　初夏的冷湿天气易使小麦发生穗枯病（或叫结痂病）。这种病是由真菌引起的，能产生呕吐毒素。呕吐毒素是一种霉菌毒素，它能显著降低被污染饲料的采食量。发生此病的小麦粒通常皱缩，麦粒芯呈粉红或淡红色。穗枯病真菌感染的小麦不能喂体重 20 千克以下的仔猪及妊娠和泌乳母猪。此外，小麦籽粒易受霉菌毒素（如呕吐毒素和玉米赤毒烯酮）的污染，在 21～29℃ 的贮存温度下，当小麦含水量超过 20％ 时就会发生感染。而且小麦贮存时，若水分超过 14％，会因籽粒呼吸作用旺盛而降低质量，甚至会发热变质失去饲用价值。生产中饲喂生猪，小麦中呕吐毒素的含量不能超过 5 毫克/千克，饲粮中感染的小麦也不能超过 20％。

④ 适宜用量　小麦在猪饲粮中的适宜用量决定于猪的年龄、生理阶段、生产性能、饲粮组成、饲养水平等因素。年龄较小的猪饲粮中小麦的用量宜少，生长猪饲粮中小麦用量宜少，育肥猪饲粮中小麦用量可多些，哺乳母猪饲粮中小麦用量宜少。小麦替代玉米的一般比例为：小猪 10％～20％，中猪 20％～40％，育肥猪 40％～60％，妊娠母猪 20％～30％。生产中要注意的是，小麦替代玉米时要逐渐加量替换，不能一次性换完。在换料过程中，应由小比例逐渐增大，大约 7～10 天完成换料过程，否则猪会因突然换料而引发应激，造成不必要的损失。

4. 高粱

（1）高粱的营养成分　高粱的籽实是一种重要的能量饲料，主要成分为淀粉，含量为 68.5％，粗纤维含量较少，为 1.93％，可消化养分高。粗蛋白质含量为 13.99％，但质量较差。高粱中矿物质以磷、镁、钾含量较多，含钙量少，磷有 40％～75％ 为植酸磷，生物利用率低。高粱中胡萝卜素及维生素 D 的含量少，B 族维生素含量与玉米相当，烟酸、泛酸及生物素含量多于玉米，但烟酸以结合型存在，故不能被利用。

（2）高粱的饲用价值　高粱代谢能水平因品种而异，壳少的籽实，代谢能水平与玉米相近，是很好的能量饲料。高粱与优质蛋白配合喂猪，营养价值与玉米没有本质差别，一般相当于玉米营养价值的 95％～97％。饲用高粱代替玉米喂猪，若补充缺乏养分，喂法合理，可获得良好效果，猪的胴体瘦肉率比喂玉米的高。有关试验表明，高粱在猪饲粮中取代部分玉米，生长期的猪以 25％ 及 50％ 的高粱取代玉米，日增重及饲料利用率均优于全玉米组；但高粱完全取代玉米时，饲料利用率及生长速度均有所下降。

（3）饲喂高粱要注意的问题　高粱含有单宁，味苦，适口性差。高粱中的单宁属抗营养因子，含量达 0.4%，褐色高粱单宁含量高达 1%～2%。单宁对猪的生长有一定抑制作用。饲料中若含 0.5% 的单宁，就会影响适口性。此外，饲料中单宁还可降低蛋白质和氨基酸的利用率，增加血液中的胆固醇含量（与脂肪吸收有关）。高粱中的单宁主要存在于壳部，色深者含量高，所以在猪饲粮配合中，色深者只能加到 10%～15%，色浅者只能加到 15%～20%。若能除去单宁，则可加到 70%。此外，使用单宁含量高的高粱时，还应注意添加维生素 A、赖氨酸、蛋氨酸、胆碱和必需脂肪酸等。

5. 燕麦

（1）燕麦的营养成分　燕麦的麦壳占的比重较大，壳约占籽实重量的 1/2～1/3，营养价值因壳的厚度及脱壳程度而异。燕麦含粗纤维较高（9.1%～13.2%），因此消化能值低；淀粉含量 33%～43%，较其他谷实类少，但燕麦油脂含量较其他谷实类高，约 4.5%，脂肪主要分布于胚部，脂肪中 40%～47% 为亚麻油酸，油酸占 34%～39%，硬脂酸占 10%～18%，因此燕麦去壳后容易酸败、发芽，故不耐贮存。燕麦粗蛋白质含量较高（10.1%～16.0%），赖氨酸含量较玉米高，故燕麦蛋白质的生物学价值比玉米高。燕麦 B 族维生素含量丰富，但烟酸含量比其他谷实类低，脂溶性维生素及矿物质含量较低。

（2）燕麦的饲用价值　燕麦的容积大，适口性差，粗纤维的消化率低。但去壳燕麦质地疏松，适口性好，燕麦中的燕麦蛋白能发生刺激作用，可促进机体健康，因此，去壳燕麦可用于哺乳仔猪的开食料和补料，适口性和营养价值较高。此外，燕麦的乙醚浸出物中含有抑制胃酸分泌的物质，可防止猪胃溃疡病的发生。燕麦必须磨碎才能喂猪，细磨和中磨比粗磨要好，也可压成薄片或压皱饲喂，饲喂全脱壳燕麦比部分脱壳燕麦和不脱壳燕麦能提高 18%～49% 的增重，饲料报酬提高 16%～77%。由于燕麦的粗纤维含量高、能值低，因此不宜作为猪的主要能量饲料来源，可以喂种猪和生长猪，对育肥猪的用量也不宜过高，以防软脂发生。妊娠母猪和哺乳母猪用量不得超过 40% 和 15%，肉猪以低于 20% 为宜。

（二）糠麸类

1. 米糠

（1）米糠的营养成分　米糠的粗蛋白质含量高于玉米，约为 13%，氨基酸的含量与一般谷物相似或稍高于谷物，赖氨酸含量（0.7%～0.73%）高于玉米和小麦麸。米糠的脂肪含量高，但变化大（11.9%～22.4%），平均达 14%，且大多数为不饱和脂肪酸，其中油酸及亚油酸占 79.2%。米糠的粗纤维含量不高，质地疏松，容重较轻。米糠中无氮浸出物含量不高，一般在 50% 以下。有的米糠含脂率接近于大豆，消化能含量较高，可用于补充部分能量。米糠的消化能在糠麸类饲料中最高，消化能（猪）为 12.64 兆焦/千克。因此，米糠的有效能值较高，其因显然与米糠粗脂肪含量高达 10%～18%有关。脱脂米糠能值下降，但脱脂米糠除粗脂肪比米糠大大降低外，粗蛋白质、粗纤维、氨基酸等均比米糠高。米糠中含有丰富的磷、铁、锰，但缺钙、铜，而且米糠所含矿物质中钙多磷少，钙磷比例极不平衡（1：20），但 80%以上的磷为植酸磷，利用率低。米糠中富含 B 族维生素和维生素 E，但缺乏维生素 A 和维生素 D。

（2）饲喂米糠要注意的问题

① 注意酸败发热和霉变　由于米糠脂肪含量高，而且多为不饱和脂肪酸，又由于米糠中含有脂肪分解酶和氧化酶，加上微生物的作用，米糠很容易酸败发热和霉变。一般新鲜米糠放置 4 周即有 60%的油脂变质，酸败变质的米糠适口性差，能引起猪食后严重腹泻甚至死亡等，因此米糠一定要在新鲜时饲喂。生产中贮存可采取降低温度或添加抗氧化剂来延缓米糠中油脂氧化酸败的速度，但一般抗化剂效果不佳。特别是夏季天热时，米糠更易酸败变质，因此，米糠宜经榨油制成米糠饼（粕）再作饲用。米糠经脱脂或加热后可破坏其中的酶，从而避免酸败。

② 注意用量　新鲜米糠对猪适口性好，但喂量过多会产生软脂肪，降低胴体品质。新鲜米糠在生长猪饲粮中可用到 10%～12%，但在育肥猪饲粮中不能过量饲用，用量以 15%以下为宜，不得超过 20%，脱脂米糠的适口性比米糠好，且不会影响胴体品质，经加热破坏其胰蛋白酶抑制因子后可增加用量。仔猪应避免使用米糠，因易引起下痢。

2. 小麦麸和次粉

（1）小麦麸和次粉的营养成分　小麦麸习惯上称为麸皮，麸皮的营养成分因小麦的品种不同而差异较大，一般硬冬小麦麸皮含粗蛋白质较高，软春小麦麸皮含粗蛋白质较低；红小麦制成的红麸皮比白小麦制成的麸皮的粗蛋白质含量高；此外，小麦的筛余含量、小麦麸的混入量以及粉碎阶段不同都会影响麸皮的营养成分。小麦麸的成分差异也较大，主要受品种、制粉工艺、面粉加工精度等因素影响。次粉的营养成分也随精面粉的出粉率和出麸率的不同而变化较大。因此，选用麦麸和次粉时应注意营养质量。

小麦麸和次粉的粗蛋白质含量均较高，两者接近，一般为 15%左右，氨基酸组成较佳，但蛋氨酸含量少。小麦麸的粗纤维含量高于次粉，因此消化能值明显低于次粉，但二者所含蛋白质品质较玉米或小麦为佳。与原粮相比，小麦麸中无氮浸出物（60%左右）较少，但粗纤维达到 10%，甚至更高，正因如此，小麦麸中有效能值较低，如消化能（猪）为 9.37 兆焦/千克。小麦麸中矿物质元素较多，所含矿物质中钙少（0.1%～0.2%）磷多（0.9%～1.4%），钙磷比例（约 1：8）极不平衡，但其中磷多为植酸磷（75%），利用率不高。而有研究表明，小麦麸中存在较高活性的植酸酶。另外，小麦麸中铁、锰、锌较多。由于麦粒中 B 族维生素集中在糊粉层和胚中，故小麦麸中 B 族维生素和维生素 E 含量较高，如含核黄素在 3.5 毫克/千克，硫胺素 8.9 毫克/千克，但缺乏维生素 A 和维生素 D。此外，小麦麸容积大，具有轻泻性，可通便润肠，是母猪饲粮的良好原料。

（2）饲喂小麦麸和次粉要注意的问题

① 与其他饲粮合理搭配　由于小麦麸质地疏松，容积大，含有适量的粗纤维和硫酸盐类，有轻泻作用，加之能值低，因此不宜作为猪的主料使用，而应与玉米、高粱、大麦等谷实类饲料搭配饲喂。

② 用量合理　由于麦麸能值低，粗纤维含量高，容积大，还具有缓泻与通便的功能，因此用量不宜过多，一般生长育肥猪日粮中不宜超过 20%，适宜添加量在 10% 左右；母猪妊娠期和分娩前后使用 10%～25% 的小麦麸，可预防便秘。

③ 注意补钙　麸皮中矿物质的最大缺陷是钙少磷多，如果长期给猪单喂麸皮，很容易造成严重缺钙，因此要合理补钙。

④ 次粉喂猪用量不宜过大　次粉喂猪的效果优于小麦麸，次粉中因有较多的淀粉，是颗粒料很好的黏结剂，但在粉料中用量大时，有黏嘴现象，故只适用于作颗粒料的原料。

（三）块根块茎类

1. 甘薯及甘薯干

（1）甘薯及甘薯干的营养成分　甘薯的蛋白质含量低（4.2%），仅为玉米的一半；所有必需氨基酸含量都比玉米低，但鲜甘薯的胡萝卜素含量丰富，按干物质计为 32.2 毫克/千克，高于黄玉米 5 倍；矿物质含量少，且随地区与产地不同而有很大差异。经测定，一般新鲜甘薯含水分 68%，粗蛋白质 1.35%，粗脂肪 0.24%，粗纤维 0.55%，粗灰分 0.67%；经晒制的甘薯干含水分 13%，粗蛋白质 4%，粗脂肪 0.8%，粗纤维 2.8%，粗灰分 3.33%，钙 0.31%，磷 0.10%。

（2）甘薯喂猪要注意的问题　甘薯含有胰蛋白酶抑制因子，不利于蛋白质在猪体内的消化利用，但经加热后可去除。由于甘薯淀粉含量高（70% 以上），喂猪适口性好，但是营养价值不如玉米，因此不宜多喂，一般喂肉猪可取代 1/4 的玉米或占饲粮的 15% 较为适宜，并根据饲粮营养平衡适当增减（注意蛋白质与氨基酸的不足），对仔猪以少用或不用为宜。有试验表明，在同一饲喂水平下，甘薯熟喂生长育肥猪比生喂的采食量、日增重均有所增加，饲料利用率约提高 10%～17%，总能消化率也稍有提高。但要注意染有黑斑病的甘薯不能喂猪。此外，当用甘薯干作为配合饲料的主要能量饲料时，必须补充优质蛋白质和必需氨基酸，只可取代 1/4 的玉米或占日粮的 15% 以下，如用量太高，会随用量的增加而使饲养效果变差。

2. 木薯及木薯干

（1）木薯及木薯干的营养成分　木薯产量较高，但木薯单产随品种、土壤、施肥和栽培条件不同差异较大，一般每公顷可产鲜木薯 7500～10500 千克，鲜木薯含水量在 54%～64%，平均为 60%，一般 4 千克鲜木薯可得 1 千克木薯干。木薯干的主要营养特点：含水量在 9%～14%，无氮浸出物含量高（77.7%～83.7%），其中 80% 为淀粉，消化利用率高，粗蛋白质和粗脂肪含量都很低，分别为 2.5%～3.8% 及 0.5%～1.3%，粗纤维为 2.5%～3.2%，消化能为 13.1 兆焦/千克，属能量饲料。木薯干钙多磷少，蛋白质含量低，几乎所有氨基酸含量远不能满足猪的需要。

（2）饲喂木薯要注意的问题　木薯块根中含亚麻苦苷和百脉根苷这两种生氰葡萄糖苷，在常温 β-糖苷酶的作用下，可产生具有毒性的氢氰酸。鲜木薯块根中氢氰酸含量变动范围在 15～400 毫克/千克，皮层部比薯肉的含量高 4～5 倍，因此在实际应用中应注意皮层部分的去毒处理。未去毒的木薯喂猪易引起猪腹泻、中毒，母猪的死胎率增加，泌乳量下降。木薯在喂前削皮煮熟后在水中浸泡 1～2 天，或生薯切片后在自流水中浸泡 3～5 天，即使是鲜茎叶鲜喂时也要在水中浸泡 2～3 天，以防中毒。木薯经晒干或加工处理后可大大减少氢氰酸的含量，一般而言，鲜木薯块根经日晒 2～4 天后氢氰酸含量约降低一半；在 75℃ 下烘干 7～8 小时可降低 60% 以上，在水中煮沸 15 分钟可降低 95% 以上。

3. 马铃薯

（1）马铃薯的饲用价值　马铃薯属高能量饲料，营养丰富，消化率高，2 吨马铃薯相当于 600 多千克玉米。据我国对其营养成分的测定，马铃薯块茎的水分含量较高，为 79.5%（水分变动范围为 63%～87%），粗蛋白质 2.3%，粗纤维 0.9%，无氮浸出物 15.9%，粗灰分 1.3%。马铃薯块茎最大的优点是赖氨酸含量高，为玉米、大麦的 2 倍。猪对马铃薯的干物质和无氮浸出物的消化率很高，分别为 94% 和 96%，喂猪效果很好，属于很好的能量饲料。目前一些地区的农户一直用马铃薯搭配其他饲料来养猪。

（2）饲喂马铃薯要注意的问题　马铃薯中含有一种有毒物质——龙葵素（茄碱），尤其是出芽苞的马铃薯含量较高。正常成熟的马铃薯中，100 克鲜重含龙葵素 2～10 毫克，若该毒素超过 20 毫克，有致猪中毒的危险。生马铃薯的适口性差，有轻泻作用，直接喂猪消化率低，熟喂效果佳，而且蒸煮去水后可降低龙葵素毒性，并能提高适口性和消化利用率，在同等营养水平下，煮熟饲喂可提高增重 30% 左右。马铃薯的茎叶因含少量龙葵素，对口感有一定影响，故以和其他青绿多汁饲料混合饲喂较好。此外，马铃薯块茎在长期贮藏中，见光变绿色或出芽时其龙葵素含量剧增，在喂前必须将芽苞除去，以免中毒。

二、蛋白质饲料

根据国际饲料命名及分类原则，蛋白质饲料是指绝对干物质中粗蛋白质含量大于或等于20%、粗纤维含量低于18%的豆类、饼粕类、动物性饲料等饲料原料的总称。

（一）动物性蛋白质饲料

1. 鱼粉

（1）鱼粉的营养价值和作用　鱼粉是一种优质的动物性蛋白质饲料，其氨基酸谱与谷物有良好的互补性，猪对其消化率也很高，并且还被认为含有未知促生长因子，常用作评价动物性蛋白质饲料原料的参比标准。但鱼粉的营养价值因鱼种、加工方法和贮存条件不同而有很大差异。鱼粉含水量平均为10%，蛋白质含量40%～70%不等，其中进口鱼粉一般在60%以上，国产鱼粉在50%左右。鱼粉最大特点是氨基酸含量很高，而且比例平衡，氨基酸的组成适于同其他饲料配伍，加上鱼粉的消化能含量较高（12.47～13.05兆焦/千克），钙、磷含量丰富，硒和锌较多，与其他饲料原料配合，可提高饲料的饲用价值，满足猪的营养需要。鱼粉中赖氨酸、蛋氨酸含量高，而精氨酸含量却很低，其中进口鱼粉赖氨酸可达5%以上，国产鱼粉约在3.0%～3.5%。鱼粉粗脂肪含量5%～12%，平均8%左右，海鱼的脂肪中含有高度不饱和脂肪酸，具有特殊的营养生理作用。鱼粉中钙、磷含量丰富，而且所有的磷都为可利用磷，其中钙含量为5%～7%，磷为2.5%～3.5%，鱼粉中粗灰分含量越高，表明其中鱼骨越多，鱼肉越少。微量元素中，铁含量最高，可达1500～2000毫克/千克，其次是锌，达100毫克/千克以上，硒为3～5毫克/千克。鱼粉中盐分和碘含量高，其中盐分含量为3%～5%。鱼粉在加工过程中大部分脂溶性维生素被破坏，但B族维生素，尤其是维生素B_{12}、维生素B_2含量高。此外，鱼粉中还含有未知生长因子。

（2）使用鱼粉要注意的有关问题

① 质量　鱼粉以全鱼粉质量最好，普通鱼粉次之，粗鱼粉最差。由于国产鱼粉除了湿法生产外，还用蒸干法、滚烘法和晒干法。蒸干法生产鱼粉只能脱去20%～40%的脂肪，故含脂肪较高（12%左右），品质较蒸煮压榨法生产的鱼粉差；而且用生鱼干粉碎加工制成的生鱼粉，含抗营养因子，猪的日增重和饲料报酬显著低于加热处理过的熟鱼干粉。滚烘法不脱脂，而且加了辅料，鱼粉蛋白质含量较低而杂质也较多。晒干法生产因需防腐，一般用盐渍工艺，因此含盐分较高，又由于没经过高温杀菌，相对而言，安全性没有保障。国外生产鱼粉大多采用浸提工艺，方法是将捕捞的海鱼先烘干再粗粉碎，接着在高温高压作用下用有机溶剂进行萃取（脱脂），再经粉碎而成。由此可见，鱼粉因生产加工方法和工艺不同而使质量差别较大。此外，原料鱼的新鲜度对鱼粉质量也有很大影响。国外生产鱼粉往往在捕捞

船上就加工成鱼粉，原料新鲜一致，因此质量好而稳定，这也是进口鱼粉质量好于国产鱼粉的原因。当然，国家进出口管理部门近几年对进口鱼粉质量的严格控制，也是进口鱼粉质量稳定的原因之一。而国产鱼粉多数是回港后加工而成，加上鱼品种杂和生产工艺也不够先进，因此质量次于进口鱼粉。不过也有一些国产鱼粉的质量不次于进口鱼粉，用户只需挑选和检测便可知。此外，不同鱼加工的鱼粉，其营养成分也有一定差别，如鲈鱼鱼粉粗蛋白质含量为57%，鲱鱼粉72%；以高油鱼生产的鱼粉，脂肪含量可达11%，而以低油鱼白鲑生产的鱼粉脂肪含量只有3%左右。低脂鱼粉价格较高，因此，养猪生产和一些饲料生产厂家用的多为脂肪含量较高的普通鱼粉。

② 病原微生物　鱼粉中存在对人和动物有较强致病力的病原微生物，如沙门氏菌、志贺氏菌、肺炎克雷伯菌、阴沟肠杆菌等，在进口鱼粉中检出率较高；存在安全隐患的病原微生物还有芽孢杆菌、非发酵菌等。此外，以腐败变质的鱼生产的鱼粉或霉变的鱼粉都可产生病原微生物，猪食后可致病或致死。

③ 毒素　鱼粉中的毒素较多，主要有组胺、肌胃糜烂素、黄曲霉毒素、肉毒梭菌毒素等。以不新鲜鱼生产的鱼粉挥发性盐基氮和组胺含量较高，劣质的鱼粉组胺含量在0.3%以上，当猪摄入组胺超过100毫克时，即可引起过敏性食物中毒；而肌胃糜烂素是组胺的衍生物，在加工鱼粉过程中当温度超过120℃时，其在鱼粉中含量上升，它的致病能力是组胺的100倍，鱼粉用量高时可使猪中毒乃至死亡；黄曲霉毒素、肉毒梭菌毒素均是鱼粉生产过程控制不严、贮藏不当被污染或腐败变质而产生的。鱼粉在贮藏过程中，质量都会下降，如加抗氧化剂能减缓此过程，并可防止鱼粉腐败变质。

④ 重金属　鱼粉中毒性较强的重金属是镉和汞。镉在猪机体中蓄积可引起肝、肾慢性中毒，并能引起骨质疏松等；鱼粉中的甲基汞易被猪吸收，汞毒性强，能够引起以神经和肾脏为主的多系统和脏器损害。重金属在进口鱼粉中检出率较高。

⑤ 脂肪氧化　检测鱼粉的酸价和过氧化值是衡量鱼粉脂肪氧化透明度和鱼粉新鲜度的重要指标，数值越低表示越新鲜。鱼粉脂肪氧化产生游离脂肪酸，再进一步产生醛、酮、酸等物质，也导致蛋氨酸和色氨酸被破坏，从而影响鱼粉的适口性和饲用价值，也对猪产生一系列不良影响。如用腐败变质的鱼粉或霉变的鱼粉饲喂猪后可致发病而死亡。

⑥ 盐分　不少国产鱼粉的盐分含量都在6%～8%，用这样的鱼粉配制饲粮，比例超过6%即容易出现饲料产品盐分含量超标，而导致猪食盐中毒。因此，应重视鱼粉盐分含量的检测。一般进口鱼粉含盐量约2%，国产鱼粉含盐量应小于5%。

⑦ 停用期　当鱼粉在育肥猪的饲料中用到6%以上时，屠宰前（出栏前）应有2周的停用期，以免猪肉，尤其是加工火腿的猪肉和腌肉带有不良鱼腥味而影响胴体品质或产品质量。

⑧ 掺假　鱼粉掺假主要是为提高劣质鱼粉粗蛋白质含量而掺入一些有害物质，

如掺入三聚氰胺、尿素和劣质皮革粉等。

2. 奶粉

（1）奶粉制品的来源、种类和要求　奶粉是牛奶经脱水（一般为喷雾干燥法）加工制成的干粉状产品，包括全脂奶粉、脱脂奶粉、部分脱脂奶粉和调制奶粉。产品名称应标明具体的动物品种来源和产品类型，如全脂牛奶粉、脱脂牛乳粉。产品须由有资质的奶制品生产企业提供。强制性标识要求是蛋白质和脂肪。

（2）使用奶粉的作用　母乳是哺乳动物完美的食品，乳及乳制品是包括人类在内的哺乳动物可以从自然界摄取的单一食物中营养最丰富、最接近完美的食物。牛乳的成分十分复杂，含有上百种化学成分，主要包括蛋白质、脂肪、乳糖、矿物质、维生素等几大类。牛乳中含有的 20 多种氨基酸中有人体必需的 8 种氨基酸，其蛋白质是全价蛋白质，消化率达 98％。乳脂肪中含较高的花生四烯酸、亚油酸等不饱和脂肪酸，其消化率在 95％以上。乳脂肪组成中，水溶性、挥发性脂肪含量很高，因此乳脂肪风味良好，易于消化。乳糖是哺乳动物乳腺中分泌的特有化合物，乳糖为 D-葡萄糖与 D-半乳糖以 1,4 糖苷键结合的双糖，含有醛基，属还原糖。乳糖水解产生的半乳糖是形成脑神经中重要成分的主要来源，对初生婴儿生长发育有着很重要作用。而且乳糖与钙的吸收有密切关系，牛乳及其乳制品是人类钙质最好的来源之一。由此可见，由于乳中含有多种活性成分，对于幼龄动物的肠道发育、免疫机能的形成和发育、早期的生长具有不可替代的作用。因此，奶粉及乳清制品目前已广泛地应用于仔猪饲粮中，其作用与效果也是显而易见的。虽然任何年龄的猪都可饲喂奶粉，但由于奶粉价格较高，实际生产中只有在高档乳猪料中，尤其是超早期断奶的代乳料中才会使用。当仔猪体重达到 15 千克以上时，奶粉与鱼粉和豆粕（饼）的饲喂效果差别已不明显，这时就没有必要再用乳制品了。

（二）植物性蛋白质饲料

1. 大豆与膨化大豆

（1）大豆的特点及抗营养因子对仔猪的影响　大豆中粗蛋白质（35％～40％）和粗脂肪（14％～19％）含量均较其他豆类高，但粗纤维含量不高（15％左右），故消化能值高，达 15.82～17.40 兆焦/千克。大豆蛋白质中氨基酸组成良好，其中赖氨酸含量高（约 6.5％），与动物性蛋白质中的赖氨酸含量相近，因此，主要用作仔猪蛋白质饲料。但是大豆中蛋氨酸和胱氨酸含量少，特别是生大豆中存在多种抗营养因子，如胰蛋白酶抑制因子、大豆抗原蛋白、凝集素、脲酶、皂苷和寡糖等。生大豆遇水，在适当 pH 和温度条件下会产生脲酶，可将大豆中含氮化合物迅速分解成氨，引起氨中毒。因而用生大豆直接饲喂仔猪，容易引起仔猪消化功能障碍，以及肠道过敏、损伤，进而导致仔猪腹泻，故大豆不宜生喂，通过加热可使脲酶等抗营养因子失去活性，因此，在任何情况下，大豆都应熟饲。大量研究发现，生大豆经过膨化加工等工艺处理后饲喂仔猪，可以有效降低大豆中的抗营养因子和有害微生物含量，特别是通过物理作用能去除抗原蛋白，提高大豆蛋白质和脂肪的消化率，从而充分发挥大豆的营养功能。

（2）膨化大豆的加工方法及对大豆抗营养因子的影响　膨化加工是一种高温、高压、高剪切力的瞬时加工工艺。膨化处理的原理是在一定温度下，通过螺旋轴转动给予一定的压力，使原料从喷嘴喷出，原料因压力瞬间下降而被膨化，抗营养因子随之失活。胰蛋白酶抑制因子（TI）和凝集素都是蛋白质，由于加热处理可使蛋白质变性，从而使其失去生物活性，挤压膨化通过加热和剪切力双重因素使抗营养因子失活。大量研究表明，膨化加工可降低大豆中脲酶（UA）、抗胰蛋白酶（TLA）的活性。与其他大豆产品比较，膨化大豆中大豆抗原蛋白少，抗胰蛋白酶活性低，可改善仔猪肠道形态，减少仔猪过敏反应，提高营养物质的消化率等；而且膨化处理使大豆细胞壁破裂，增加其营养利用价值，尤其是提高了油脂的利用率。膨化大豆所含的油脂，不仅消化率高，而且还含有丰富的磷脂、维生素E，可满足仔猪营养需要，促进小肠脂类消化吸收。由此可见，膨化大豆是仔猪优质的蛋白质来源。

2. 大豆饼（粕）

（1）大豆饼（粕）的特点与营养价值　大豆饼（粕）是以大豆为原料取油后的副产品。由于制油工艺不同，以压榨法生产的称豆饼，以溶剂提取法生产的称豆粕。由于大豆饼（粕）粗蛋白质含量高，一般在40%～50%，必需氨基酸含量高，且组成合理，赖氨酸与精氨酸的比例约为100∶130，比例较为恰当，赖氨酸含量在饼粕类中最高，为2.4%～2.8%，色氨酸与苏氨酸含量也很高，与谷实类饲料配合可起到互补作用，因此，大豆饼（粕）是世界上使用最广泛的植物性蛋白质饲料。

（2）大豆饼（粕）的饲用价值及在猪饲料中的用量　大豆饼（粕）消化能为13.18～14.65兆焦/千克，适口性好，含有生长猪所需的平衡氨基酸，除蛋氨酸含量稍低外，没有特别的限制性氨基酸，并能被哺乳仔猪（2～21日龄）外所有年龄的猪很好地消化，其用量可达日粮的30%。大豆饼（粕）在猪饲粮中用量为：仔猪10%～25%，生长猪5%～20%，育肥猪5%～16%，妊娠母猪4%～12%，种公猪和哺乳母猪10%～12%。在生长迅速的生长猪的玉米-豆粕型饲粮中，最好再适量补充动物蛋白质饲料或合成氨基酸。

3. 菜籽饼（粕）与双低菜籽饼（粕）

（1）双低菜籽饼（粕）的营养特性与饲用价值

① 蛋白质含量高，氨基酸组成合理　双低菜籽饼（粕）是由低硫苷、低芥酸（含量低于2%）的油菜籽榨油后的蛋白质饲料。双低菜籽饼（粕）中粗蛋白质含量为38%～40%，高于普通菜籽饼（粕）（37%），略低于大豆粕（43%）。从氨基酸组成来看，双低菜籽饼（粕）的赖氨酸含量为2.1%～2.6%，显著高于普通菜

籽饼（粕）中的赖氨酸含量（1.2％～1.3％），略低于大豆饼（粕）（2.82％）。

② 钙、磷含量丰富　双低菜籽饼（粕）中钙、磷含量是大豆饼（粕）的2倍，钙含量为0.55％～0.63％，总磷0.94％～1.11％，其中0.24％～0.31％为有效磷，远高于其他植物性饲料，是一种非常宝贵的有效磷来源。

（2）双低油菜籽饼（粕）在猪饲料中的添加量和应用效果　由于菜籽饼（粕）中有抗营养因子存在，使得菜籽饼（粕）在猪饲粮中的应用受到了一定的限制。生产中一般在体重8千克以下的哺乳仔猪饲粮中基本上不用，8～20千克体重仔猪饲粮中也限用5％以内。菜籽饼（粕）在生长育肥期的猪饲粮中用量一般不要超过18％，而且长期饲喂菜籽饼（粕）可能会产生毒性积蓄作用，时间越长，影响越明显，因此，菜籽饼（粕）长期使用时应适当降低配合比例。在使用菜籽饼（粕）解毒剂或菜籽饼（粕）专用添加剂的情况下，其用量可达20％～22％，对生长育肥猪生产性能无显著影响。卢福旺等（1993）试验结果表明，从6月龄后备母猪开始至第2胎分娩后20天的母猪饲粮中，随着菜籽粕用量（0.3％、7％、11％）的提高，仔猪初生重、产仔数有减少趋势；而母猪发情周期有延长趋势；20日龄、60日龄仔猪平均体重菜籽粕组显著低于豆粕组，其中3％菜籽粕组仔猪60日龄平均体重高于7％菜籽粕组和11％菜籽粕组。因此，一些动物营养学家比较保守地认为，菜籽饼（粕）在母猪饲粮中的用量以不高于3％为好；但对种公猪不推荐使用菜籽饼（粕），以免影响其繁殖力。

4. 花生饼（粕）

（1）花生饼（粕）的营养价值　花生饼（花生仁饼）是指脱壳或部分脱壳（含壳率≤30％）的花生经压榨取油后的副产品。强制性标识要求是粗蛋白质、粗脂肪、粗纤维。花生粕（花生仁粕）是指花生经预压浸提或直接溶剂浸提取油后获得的副产品，或花生饼浸提取油后获得的副产品。强制性标识要求同花生饼。由于带壳花生饼含粗纤维15％以上，饲用价值低，国内一般都是去壳榨油，去壳花生饼含蛋白质、能量比较高。花生饼（粕）的饲用价值仅次于豆饼（粕），蛋白质含量和能量都比较高，粗蛋白质含量略高于豆饼（粕），为42％～48％。但花生饼（粕）的蛋白质含量主要受混进的花生壳的数量影响，以及加工时所受的加热类型和程度影响，在31％～55％的大范围内变化。

（2）花生饼（粕）的饲用价值及在猪日粮中的添加量　花生饼（粕）粗纤维含量低（5.8％～6.2％），适口性好于豆饼（粕），是猪喜欢吃的一种蛋白质饲料。但由于花生饼（粕）赖氨酸含量低，当用作生长猪谷物基础饲粮的唯一蛋白质补充料时，猪的生产性能会显著下降，但与豆饼（粕）配合使用效果较好，而加菜籽饼（粕）效果不理想，如补充赖氨酸或加鱼粉或血粉可获得理想的生产效果。一般来说，以花生饼（粕）代替25％～50％的豆饼（粕），不会显著减少采食量和日增重，只是饲料转化率可能差一点。花生饼（粕）的脂肪酸中含有

53％～78％的油酸，喂量过多会使猪胴体脂肪变软。虽然只要饲粮氨基酸平衡，花生饼（粕）的用量没有严格限制，但在生长育肥猪饲粮中一般用量在10％以内为宜，用量不宜超过15％，否则胴体软化，影响肉质。仔猪、种猪的饲粮用量也以低于10％为宜。

（3）使用花生饼（粕）要注意的问题　花生饼（粕）也含有胰蛋白酶抑制因子，加热（120℃）可除去其活性，但热处理过度会影响蛋白质生物学价值。而且花生饼（粕）不耐贮藏，在贮藏中很容易遭到产黄曲霉毒素的真菌污染。受污染的花生饼（粕）喂猪可引起猪食欲减退，增重速度下降，肝内维生素A的水平下降，另外对种猪的繁殖性能影响也较大，故生有黄曲霉的花生饼（粕）不能使用。一般来讲，生产性能的抑制程度取决于黄曲霉毒素的水平，添加蛋氨酸或甘露寡糖等可消除或部分消除黄曲霉毒素的毒害作用。

5. 芝麻饼（粕）

（1）芝麻饼（粕）的营养特点　芝麻饼（粕）是芝麻籽经压榨取油后的副产品，强制性标识要求是粗蛋白质、粗脂肪、粗纤维；芝麻粕是芝麻籽经预压浸提或直接溶剂浸提取油后的副产品，或芝麻饼浸提取油后的副产品，强制性标识要求是粗蛋白质、粗纤维。芝麻饼（粕）中粗蛋白质含量为40％左右，蛋氨酸含量高（1.22％～2.65％）。芝麻饼（粕）中最贫乏的氨基酸是赖氨酸（0.91％～1.1％），而含硫氨基酸和色氨酸相对丰富，除赖氨酸的消化率稍低外，其余氨基酸的可消化性良好，而且钙、磷含量丰富，钙为1.9％～2.25％，磷为1.25％～1.75％。由于芝麻饼（粕）中蛋氨酸含量高，适当与豆饼（粕）搭配喂猪，能提高蛋白质的利用率。

（2）芝麻饼（粕）的添加量及使用中要注意的问题　芝麻饼（粕）作为谷物基础饲粮的蛋白质补充，虽然蛋氨酸、精氨酸均能满足猪的需要，但氨基酸利用率相对较低，必须与其他含赖氨酸丰富的蛋白质饲料（如豆粕、鱼粉等）混合使用，必要时还要添加赖氨酸。芝麻饼（粕）中抗营养因子主要是植酸（1.4％～5.2％）和草酸盐，有苦涩味道，适口性欠佳，因此，芝麻饼（粕）在猪饲粮中一般以不超过10％为宜，但仔猪和育肥后期猪不宜使用。使用时添加植酸酶等饲用酶制剂，有利于营养物质的利用。

6. 棉籽饼（粕）

（1）棉籽饼（粕）的营养特性与主要营养成分　棉籽饼（棉饼）是棉籽经脱绒、脱壳和压榨取油后的副产品，强制性标识要求是粗蛋白质、粗脂肪、粗纤维。棉籽粕（棉粕）是棉籽经脱绒、脱壳、仁壳分离后，经预压浸提或直接溶剂浸提取油后获得的副产品，或由棉籽饼浸提取油后获得的副产品。强制性标识要求是粗蛋白质、粗纤维。棉籽饼（粕）是一种资源巨大、蛋白质含量较高的蛋白质饲料。棉籽饼（粕）中蛋白质含量为36.3％～47.0％，仅次于豆饼（粕）；蛋白质中包含17

种氨基酸，其中必需氨基酸约占 41%，也较豆饼（粕）略低。棉籽饼（粕）中赖氨酸、蛋氨酸的含量低，但精氨酸的含量高，其中赖氨酸为 1.4%～2.13%，精氨酸为 3.94%～4.98%，而 NRC（1989）推荐的氨基酸理想模式中赖氨酸与精氨酸比为（7.0～6.0）：（3.0～1.0），显然对猪而言棉籽饼（粕）的赖氨酸比例较低。棉籽饼（粕）钙少磷多，其中磷多为植酸磷，钙含量为 0.21%～0.28%，磷为 0.83%～1.1%；另外，棉籽饼（粕）中富含铁、钾、镁和 B 族维生素及维生素 E，粗纤维含量 6%～15%。棉籽饼（粕）中蛋白质、粗纤维及其他一些营养成分含量，受棉籽壳去除程度及饼（粕）中残油量的影响变化较大。此外，棉籽饼（粕）中含有棉酚、环丙烯脂肪酸、植酸、单宁等抗营养因子，其中棉酚的毒性最大，是棉籽粕（饼）利用的主要限制因素。

（2）棉籽饼（粕）在猪饲粮中的使用限制与添加量 普通棉籽饼（粕）在猪饲粮中应限量使用，一般在断奶仔猪料中不超过 3%，生长猪饲粮中不超过 5%，育肥猪饲粮中不超过 6%。在使用脱毒棉籽饼（粕）时，可增加 2～3 个百分点。高振川等（1989）研究用无腺棉籽粕在生长育肥猪饲粮中替代全部的豆粕对猪生产性能的影响。研究表明，在妊娠和哺乳母猪饲粮中使用棉籽饼（粕）提供一半的补充蛋白质饲料，就可以使出生仔猪数、断奶仔猪数、仔猪采食量和体重等减少，母猪在妊娠期增重减少，繁殖周期延长；种公猪饲粮中添加棉籽饼（粕）会使种公猪生殖机能降低，精子数减少，精子活力减弱，影响受精率，从而降低繁殖力。因此，种猪和仔猪饲粮中不推荐使用棉籽饼。

三、矿物质饲料

（一）常量矿物质饲料

1. 含氯和钠饲料

植物性饲料大都含氯和钠的数量较少，相反含钾丰富，而氯和钠又都是猪所需的重要矿物质元素，为了保持生理上的平衡，以植物性饲料为主的养猪生产中常用食盐（氯化钠）来补充。食盐除了具有维持体液渗透压和酸碱平衡的作用外，还可刺激唾液分泌，提高饲料适口性，增强猪的食欲，具有调味剂的作用。

食盐中含氯 60%、钠 39.7%，此外，尚有少量的钙、镁、硫等杂质，碘盐还含有 0.007% 的碘。食用盐为白色细粒，工业用盐为粗粒结晶。工业用盐因含重金属等有害物质，一般不能在饲料中使用。有专门加碘和加硒的饲用食盐，在缺碘、缺硒地区建议使用。一般食盐在猪风干饲粮中的用量以 0.25%～0.5% 为宜，但食盐的补充量与猪的种类和日粮组成有关。补充食盐时，除了直接加入配合饲料中应用外，还可直接将食盐加入饮用水中饮用，但要注意浓度和饮用量。日粮中食盐不足可引起猪食欲下降，采食量降低，生产性能下降，并导致异食癖。食盐过量时，只要有充足的饮水，一般对猪健康无不良影响；但若饮水不足，则可能出现食盐中毒，而且在使用鱼粉、酱油渣等含盐量高的饲料时应特别注意；此外，赖氨酸盐酸盐和氯化胆碱中也含有氯，添加量较大时也应予以注意。存在这种情况均应调整日粮食盐添加量。

2. 含钙和磷饲料

（1）含钙饲料

① 石粉　石粉是用机械方法直接粉碎天然含碳酸钙的石灰石、方解石、白垩岩等而制成的产品，钙含量不低于 35%。石粉是补充钙最廉价、最方便的矿物质饲料。猪用石粉的粒度越细，其吸收性越好，一般猪用石粉粒度为 0.5～0.7 毫米。石粉在配合饲料中的用量一般为 0.5%～2%。品质良好的石粉必须含有 38% 的钙，而镁含量不可超过 0.5%，而且石粉中铅、氟、汞、砷和镉的含量应符合国家卫生标准。砷（以总砷计）的允许量（每千克产品中）≤2.0 毫克；铅（以 Pb 计）的允许量（每千克产品中）≤10 毫克；氟（以 F 计）的允许量（每千克产品中）≤2000 毫克；汞（以 Hg 计）的允许量（每千克产品中）≤0.1 毫克；镉（以 Cd 计）的允许量（每千克产品中）≤0.75 毫克。

② 贝壳粉　为牡蛎、蚌、蛤蜊等去肉烘干后的外壳，经粉碎而成的产品。强制性标识要求是粗灰分、钙。贝壳粉的主要成分为：水分 0.4%、钙 36%、磷 0.07%、镁 0.3%、钾 0.1%、钠 0.21%、氯 0.01%、铁 0.29%、锰 0.01%。品质良好的贝壳粉必须含钙约 38%，而镁的含量不可超过 0.5%。优质的贝壳粉含钙高、杂质少、呈灰白色，杂菌污染少；劣质的贝壳粉肉质未除尽或水分含量高，放置过久便会腐臭发霉，甚至带来传染病。贝壳粉中常掺有砂砾等杂物，使用时应注意检查。

石粉和贝壳粉是猪饲粮中常用的含钙饲料，特别是微量元素预混料中常常使用石粉或贝壳粉作为载体或稀释剂，而且所占比例较大，在配制饲料时应该将其含钙量计算在内。

（2）含磷饲料　含磷饲料主要是磷酸盐。磷酸盐为无机磷饲料，有钙盐和钠盐等，它们是用磷矿石或磷酸制成的，一般为白色粉末或白色结晶粉末。

生产中常用的磷酸盐产品为磷酸氢钙，也叫磷酸二钙，为白色或灰白色的粉末或粒状产品，又分为无水盐（$CaHPO_4$）和二水盐（$CaHPO_4 \cdot 2H_2O$）两种，后者的钙、磷利用率较高。磷酸二钙一般是在干式法磷酸液或精制湿式法磷酸液中加入石灰乳或磷酸钙而制成的。市售产品中除含有无水磷酸二钙外，还含有少量的磷酸一钙及未反应的磷酸钙。磷酸氢钙含磷 18% 以上，钙 1% 以上，钙磷比例约为 3∶2，接近动物需要的平衡比例，是猪用的优质钙、磷补充饲料。使用饲料级磷酸氢钙应注意使用脱氟处理的产品，含氟量及砷、铅重金属不得超过饲料卫生标准中规定的卫生指标标准值。

（二）微量矿物质饲料

1. 含铜饲料

含铜饲料主要来源于硫酸铜、碱式氯化铜、碳酸铜和氧化铜等，生产中常用的是硫酸铜。硫酸铜有三种存在形式，即无水硫酸铜、一水硫酸铜和五水硫酸铜，三者的含铜（Cu）量分别为39.8%、35.8%、25.5%。碱式氯化铜含铜（Cu）量为58.1%。《饲料添加剂安全使用规范》对含铜饲料在猪饲料中的添加量有严格的要求与限制，在配合饲料或全混合日粮中的推荐添加量（以元素计）：硫酸铜为3～6毫克/千克，碱式氯化铜为2.6～5.0毫克/千克。

2. 含铁饲料

含铁饲料主要有硫酸亚铁、碳酸亚铁、氧化铁等，其中硫酸亚铁的生物学效价最好，氧化铁最差。硫酸亚铁有三种形式，即无水硫酸亚铁、一水硫酸亚铁、七水硫酸亚铁，三者的含铁（Fe）量分别为36.8%、32.9%、20.1%。硫酸亚铁的价格十分便宜，生物学利用率较高，但大剂量地添加无机铁剂，可导致猪的氧化应激增加，降低猪的免疫力。而且硫酸亚铁对有些营养物质有破坏作用，在消化吸收过程中常可降低理化性质不稳定的其他微量化合物的生物学效价。《饲料添加剂安全使用规范》规定，含铁饲料在猪配合饲料或全混合日粮中的推荐添加量（以元素计）为40～100毫克/千克，最高限量（以元素计），仔猪（断奶前）250毫克/头·日。

3. 含锌饲料

含锌饲料主要有硫酸锌、氧化锌、蛋氨酸锌络（螯）合物。硫酸锌利用率高，有一水硫酸锌和七水硫酸锌，含锌（Zn）量分别为34.5%、22%。含锌饲料在猪配合饲料或全混合日粮中的推荐添加量（以元素计）为40～80毫克/千克，最高限量（以元素计）仔猪（≤25千克）110毫克/千克，母猪100毫克/千克，其他猪80毫克/千克。虽然高剂量（2000～3000毫克/千克）的氧化锌能有效降低仔猪腹泻发生率，并促进增重，但考虑到高锌的安全性及对环境污染的后果，《饲料添加剂安全使用规范》规定，仔猪断奶后前2周特定阶段，允许在110毫克/千克基础上使用氧化锌或碱式氧化锌至1600毫克/千克（以配合饲料中锌元素计）。

4. 含锰饲料

含锰饲料主要有硫酸锰、氧化锰、氨基酸螯合锰等。常用的含锰饲料是硫酸锰，有两种形式，即一水硫酸锰和五水硫酸锰，含锰量分别为32.5%和22.8%。锰在猪配合饲料或全混合日粮中的推荐添加量（以元素计）为2～20毫克/千克，最高限量（以元素计）为150毫克/千克。

5. 含硒饲料

含硒饲料主要有亚硒酸钠、硒酸钠和酵母硒。亚硒酸钠含硒（以干基计）为44.7%，为白色至粉红色粉末，易溶于水；硒酸钠为白色结晶粉末，含硒（以干基计）为 45.7％。补硒一般以亚硒酸钠形式添加。酵母硒来源于发酵生产，是酵母在含无机硒的培养基中发酵培养，将无机态硒转化成有机态硒，有机态硒含量（以元素计）为 0.1％，产品需标示最大有机硒含量。亚硒酸钠和硒酸钠为剧毒物质，操作人员必须戴防护用具，严格避免接触皮肤或吸入粉尘，工作结束后要洗手。使用前必须有专业人员配合处理，添加量有严格限制，使用时应先制成预混剂形式加入饲料，禁止将纯亚硒酸钠添加到饲料中，加入饲料中应注意用量和混合均匀度。加入添加剂预混料时，产品标签上应标示最大硒含量。无机硒含量不得超过总硒的 2％。含硒饲料在猪配合饲料或全混合日粮中的推荐添加量（以元素计）为 0.1～0.3 毫克/千克，最高限量（以元素计）不得超过 0.5 毫克/千克。

四、青绿多汁饲料

（一）青绿多汁饲料的营养特性

1. 水分含量较高，鲜嫩可口，能量较低

陆生植物饲料，无论是牧草、叶菜类、块根块茎类，其水分含量均为 70％～90％；而水生植物含水量还要高，在 90％以上。由于青绿多汁饲料含有大量水分，具有多汁性与柔嫩性，所以适口性好。但随着植物生长期的延长，水分逐渐减少，干物质中粗纤维含量增加，粗蛋白质含量随之下降。青绿多汁饲料是一种营养相对平衡的饲料，但由于青绿多汁饲料干物质中消化能较低，从而限制了它们在其他方面的潜在营养优势。然而，优良的青绿多汁饲料仍可与一些中等能量饲料相比。新鲜植物热能较低，每千克鲜重的消化能，陆生植物在 1.26～2.51 兆焦，块根类在 3.35～4.18 兆焦，而水生植物仅 418.4～627.6 千焦。除块根类外，其他青绿多汁饲料干物质中粗纤维含量较高，为 18％～30％，其热能也较能量饲料低，为 10 兆焦/千克左右，与麦麸相近。青绿多汁饲料中有机物质消化率在 40％～50％。

2. 蛋白质含量较高，品质好

青绿多汁饲料中蛋白质含量丰富，除块根块茎类中含粗蛋白质 1％左右外，一般禾本科牧草和叶茎类饲料含粗蛋白质为 1.5％～3％，豆科牧草为 3.2％～4.4％，以干物质计，粗蛋白质含量分别为 12％～15％和 18％～24％，比禾本科籽实中粗蛋白质含量还高，如青绿苜蓿干物质中含粗蛋白质 22％左右，为玉米籽实中粗蛋白质含量的 2.25 倍，含氮量约为大豆饼的一半，与豌豆相似。青绿多汁饲料叶片中的叶蛋白能很快转化为乳蛋白，赖氨酸含量较高，可弥补谷物饲料中赖氨酸含量的不足。青绿多汁饲料蛋白质中含氨化物，其中游离氨基酸占 60％～70％，对猪生物利用率较高。生长旺盛期植物氨化物含量高，但随植物生长，粗纤维含量逐渐增加而粗蛋白质含量逐渐减少。

3. 维生素含量丰富，种类多

猪必需的 14 种维生素中，青绿多汁饲料中就含有 13 种，尤其是胡萝卜素，每

千克青绿苜蓿中含 50～80 毫克，豆科牧草高于禾本科饲料。B 族维生素含量除维生素 B_6 含量较低，其他含量均较高。青绿苜蓿中核黄素含量为 4.6 毫克/千克，比玉米籽实高 3 倍，尼克酸 18 毫克/千克，硫胺素 1.5 毫克/千克，均高于玉米籽实。此外，维生素 C、维生素 E、维生素 K 的含量也比较丰富，但缺乏维生素 D。一般来讲，如能保证一定量的青绿多汁饲料喂猪，就能满足猪的维生素需求。

4. 粗纤维含量较低，无氮浸出物含量高

优质青绿多汁饲料纤维素含量低，木质素少，无氮浸出物含量高。青绿多汁饲料干物质中粗纤维含量不超过 30%，叶菜类不超过 15%，无氮浸出物在 40%～50%。粗纤维的含量随着植物生长期的延长而增加，木质素含量也显著增加。木质素增加 1%，有机物质消化率下降 4.7%。因此，应在植物开花或抽穗之间，粗纤维较低时收割青绿多汁饲料。

5. 矿物质的良好来源

青绿多汁饲料矿物质含量为 1.5%～2.5%，其中钙磷比例适宜，较适宜猪的生长需求，而且生物利用率高，是猪钙、磷等矿物质的良好来源，其中豆科牧草含钙更多。青绿多汁饲料矿物质含量因青饲料品种、土肥条件不同而有差异。

(二) 青绿多汁饲料喂猪的效果

1. 青绿多汁饲料喂生长育肥猪，能节约成本，增加效益，改善肉质

很多研究和试验证实，用适量的优质青绿多汁饲料饲喂生长育肥猪，可节省饲料，减少疾病，提高生长性能，降低生产成本，增加收入。金升藻等（2004）用优质牧草加混合精料饲喂生长猪有良好效果，比对照组每日每头多增重 0.045 千克，饲养 90 天每头猪增加收入 34 元，经济效益显著。很多试验表明，优质牧草在一定使用范围内是土猪精饲料的可用替代品，而且效果显著。

2. 青绿多汁饲料喂种母猪，可节省精料，提高母猪的健康水平、繁殖性能与利用年限

辽宁省丹东市种畜场 2002 年对后备母猪在额定配合饲料外，体重 20～60 千克每头每日喂串叶松香草 0.5 千克；60～100 千克每头每日喂精料 1.75 千克、串叶松香草 3 千克；妊娠后期每头每日喂精料 2 千克、串叶松香草 2.5 千克；哺乳母猪每头每日喂精料 5.5 千克、串叶松香草 0.5 千克。试验表明，从后备母猪至哺乳期这一阶段，每头母猪可节省精料 67 千克。该场 2007 年试验表明，母猪喂青绿多汁饲料还能促进母猪发情，而且母猪产仔数和 28 天仔猪断奶成活数分别提高 1.3 头和 1.1 头。

(三) 青绿多汁饲料的种类与选择

1. 青绿多汁饲料的种类

(1) 人工栽培牧草和优质饲料作物　人工栽培牧草有串叶松香草、聚合草、籽

粒苋、苦荬菜、冬牧 70 黑麦草、菊苣、紫花苜蓿、白三叶、油苋草（又称皱果苋）、氨基酸草（又称齿缘苷苣菜）、紫云英、皇竹草（包括新型皇竹草）、杂交猪尾草、台湾甜象草、大叶速生槐等；优质饲料作物有青饲玉米、墨西哥玉米、先锋高丹草、朝牧 1 号稗谷等。

（2）叶菜类与藤蔓类　叶菜类主要有大白菜、空心菜、包菜、萝卜缨、甜草叶、白菜帮、大豆叶、南瓜、红薯、土豆、萝卜、胡萝卜、甘蓝等，其中大多为蔬菜类；藤蔓类主要有红薯藤、竹叶菜、南瓜藤、地瓜秧等。

（3）水生饲料类　主要有水葫芦、水浮莲、水花生、水竹叶、水芹菜等。

（4）野生青饲料类　主要有各类野生藤蔓、树叶、野草、野菜等，其中有很多野草、野菜属中草药，如蒲公英、车前草等。

2. 种草养殖土猪的牧草选择原则与要求

虽然青绿多汁饲料中含有猪体需要的多种营养物质，特别是蛋白质含量比较高，一般禾本科牧草和蔬菜类干物质中含蛋白质 5%～15%，豆科牧草的干物质中含蛋白质 18%～24%，而猪饲料蛋白质含量要求为 18%，故豆科类饲料可满足土猪对蛋白质的营养需要。但是，不同种类的青绿多汁饲料营养特性差别很大，同一类青绿多汁饲料在不同生长阶段，其营养价值也有很大不同。因此，土猪养殖在选择种草养猪模式时，要选择更适于饲喂土猪的牧草品种。一般来说，水生饲料、野生青饲料和野生树叶不适合中小型猪场采用，前者含寄生虫多，后两者产量低且难以采集。

（四）青绿多汁饲料的加工与调制技术

1. 切碎（切短）

青绿多汁饲料喂猪应适当切碎，经切碎后便于采食、咀嚼，也减少浪费，有利于和其他饲料均匀混合。青绿多汁饲料用普通铡草机切碎即可，其长短可依猪的种类、饲料类别及老嫩状况而异，原则上是粗纤维含量越高，猪的年龄越小，则应切得越短，一般以 1～22 厘米为宜。

2. 打浆

青绿多汁饲料打浆后更加细腻，猪更喜欢吃，且有利于消化吸收。打浆还可消除聚合草、籽粒苋等青饲料茎叶表面的毛刺，改善适口性。打浆前应将青绿多汁饲料清洗干净，清除异物，有的还须先切短。一般可采用专用打浆机进行加工，边放青料边加水，料水比为 1：1，成浆后草浆流入贮料池等容器备用。

3. 干燥

牧草自然干燥时，要选择晴朗的天气，将适时刈割的牧草就地薄薄地平铺在地面上暴晒 4～6 小时，使青草内水分迅速减少到 40% 左右，再收回到晒坪上将半干的草用铡草机切碎，然后铺在晒坪上晾晒至干脆，最后用普通粉碎机粉碎即可。

4. 发酵

发酵就是使酵母菌、乳酸菌等有益微生物在适宜的温度下进行繁殖，产生菌体蛋白和其他酵解产物，把青绿多汁饲料变成酸、甜、软、熟、香的饲料，可增进猪的食欲，增加采食量。有研究表明，在生猪养殖过程中使用发酵饲料，使全程饲料转化效率（饲料/增重）由 3.6 降至 3.3，在不增加饲养成本的条件下，在猪用配合饲料中添加 15%～25% 的微生物发酵饲料就可以实现从 20 千克至出栏的无抗生素饲养。虽然自然发酵有利于乳酸菌的定殖，用自然液体发酵饲料比未发酵饲料能够降低饲料和胃中的 pH 值，但目前一些试验证实，接种有益菌的液体发酵饲料比自然发酵饲料具有一定的优势，并有替代抗生素的潜力。向液体饲料中加酸、加酶或接种益生菌发酵提高养分的消化率，真正替代抗生素实现土猪生态绿色饲养，已成为土猪生产的一个发展方向。

5. 青贮

青贮饲料就是将青绿多汁的作物和牧草等在适当含水量（65%～70%）和含糖量条件下贮存在密闭容器中，当 pH 值达到 4 左右时，利用乳酸菌发酵抑制杂菌繁殖可长期保存大部分营养成分而调制的饲料。由于青贮饲料在密闭而且微生物停止活动的条件下贮存，能够最大限度地减少营养物质的损失，并且保持青贮饲料长期不变质。青贮饲料可以保持猪场长年不断青饲料，这是以旺补淡的有效办法。通常是把含水量 65%～70% 的青绿饲料切成 1～2 厘米后，逐层加入青贮窖等容器内压实，在 19～37℃ 条件下青贮 45～60 天即可用于喂猪。

（五）青绿多汁饲料饲喂时要注意的问题

1. 合理搭配利用

青绿多汁饲料营养物质含量丰富，且粗纤维的木质化程度低，这为土猪生产充分利用青绿饲料、降低生产成本提供了有利条件。然而，猪毕竟不是草食家畜，猪的后肠消化吸收粗纤维的能力十分有限，加上青绿多汁饲料的含水量高、能值低，在土猪生产中也要注意，不能指望用青绿多汁饲料来大比例替代精料降低饲养成本，只能通过种植优质青绿饲料，经适当方法调制，按青、精料合理搭配与适当比例添加，饲喂不同猪群，才是提高土猪生产力、降低饲养成本、提高土猪养殖效益的有效途径之一。

2. 按一定比例与饲喂量饲养各类土猪

（1）饲喂方法　一般来讲，中小型土猪场最好喂鲜草或青贮料。饲喂方法很简单，喂法一般有与精料混合喂或在喂料前半小时投喂鲜草。掺草量要由少到多，一般经 2～3 天训饲即可适量添加。草料比例：小猪 0.3：1，中猪 0.5：1，大猪

（1～2）：1。一般把刈割的鲜牧草用铡草机切成 0.5～1 厘米的小段，然后由饲养人员按规定的比例拌料饲喂。

（2）饲喂量　对舍饲圈养的土猪饲喂量一般要求是：小猪可少喂，大猪可多喂；饲料作物可少喂，优质牧草可多喂；老草可少喂，嫩草可多喂；质量差的草要少喂，质量好的草可多喂。各类猪群的饲喂量：后备猪群鲜草日喂量 1.5～2 千克，青贮料日喂量 1～1.5 千克，干草粉日喂量 0.2～0.3 千克；妊娠母猪鲜草日喂量前期 3～5 千克、后期 2～3 千克，青贮料日喂量前期 2～4 千克、后期 1～2 千克，干草粉日喂量前期 0.3～0.4 千克、后期 0.5～0.7 千克；哺乳母猪鲜草日喂量 1～2 千克，青贮料日喂量 0.3～0.5 千克，干草粉日喂量 0.1～0.3 千克；生长育肥猪鲜草喂量一般占精料量的 10%～20%，众多试验表明，添加量超过 20% 对猪的生长性能有影响，青贮料日喂量 5%～10%，干草粉占精料量的 3%～6%；对于哺乳仔猪，鲜草可作为诱食剂和调味剂，一般不在日粮中添加。

3. 注意中毒

（1）防止亚硝酸盐中毒　有些青绿饲料中含有硝酸盐，如在蔬菜、饲用甜菜、萝卜叶、油菜叶、芥菜叶中都含有硝酸盐，硝酸盐本身无毒或毒性很低，这些青绿饲料若长时间堆放易发霉腐败，或在锅里加热，或煮后闷在锅或缸里过夜，在细菌作用下，则会将硝酸盐还原为亚硝酸盐，这时才具有毒性。亚硝酸盐中毒一般表现急性临床症状，发病快，多在 1 天内死亡，严重者可在半小时内死亡。临床症状表现为不安、腹痛、呕吐、流涎、吐白沫、呼吸困难、心跳加快、全身震颤、行走摇晃、后肢麻痹，血液呈酱油色，体温无变化或偏低。发现后及时用 1% 美蓝溶液注射治疗，每千克体重用量为 0.1～0.2 毫升。

（2）防止氢氰酸中毒　青绿饲料中一般不含氢氰酸，但在马铃薯幼芽、木薯、三叶草、南瓜蔓等中含有氰苷配糖体。含氰苷的饲料经过堆放或霜冻枯萎，在植物体内特殊酶的作用下，氰苷会被水解而形成氢氰酸。氢氰酸中毒的主要症状为腹痛或腹胀；呼吸快而困难，呼出气体有苦杏仁味；可视黏膜由红色变为白色或带紫色，瞳孔放大，牙关紧闭；行走或站立不稳，最后卧地不起，四肢划动，呼吸麻痹死亡。发现后可及时注射 1% 亚硝酸钠注射液治疗，每千克用量为 1 毫升；也可用 1%～2% 美蓝溶液，每千克体重 1 毫升。

（3）防止农药中毒　刚喷过农药的青绿饲料及饲料作物，不能刈割用作饲料，等下过雨或隔 1 个月后再刈割饲用，以免引起农药中毒。

（4）定期驱虫　饲喂青绿饲料要定期对猪进行驱虫，尤其是饲喂水生青绿饲料的猪。水生青绿饲料一般有寄生虫附着，为防止寄生虫病的传播和蔓延，要定期对饲喂水生青绿饲料的猪投喂规定的药物进行驱虫。仔猪与种猪一般不要饲喂水生青绿饲料。

五、粗饲料

（一）粗饲料的定义

粗饲料指干物质中粗纤维含量大于或等于18%的饲料。中国饲料分类法中，粗饲料包括干草、农副产品、粗纤维大于等于18%的糟渣、树叶等。

（二）土猪生产中可利用的粗饲料

1. 苜蓿草粉

（1）苜蓿草粉的营养成分及国家标准规定　苜蓿草粉是指适时收割的苜蓿经人工或日晒干燥、粉碎而制成的产品。其不仅为配合饲料工业提供半成品蛋白质补充饲料和维生素饲料，同时也促进了浓缩饲料和全价配合饲料的迅速发展。苜蓿草粉的营养价值受苜蓿收割时间的影响，不同生长期刈割所制得的苜蓿草粉营养成分有较大的变化，通常在现蕾期、初花期和盛花期收获，营养价值高；结荚期及以后收获的，粗纤维含量增加，粗蛋白质含量降低。

初花期以前刈割制成的苜蓿草粉，粗蛋白质含量在20%以上。苜蓿草粉还富含各种维生素、矿物质，其中钙1.6%、磷0.25%、β-胡萝卜素211毫克/千克、维生素A 352国际单位/克、叶黄素423毫克/千克。可见，苜蓿草粉的赖氨酸含量为0.06%～1.38%，比玉米高4～5倍，也是植物性蛋白质的良好来源。

苜蓿草粉的营养价值也受加工方法的影响。苜蓿草粉按调制方法可分为日晒苜蓿草粉和烘干苜蓿草粉。由于日晒后堆垛、贮存过程中容易引起叶片损失，从而降低粗蛋白质含量，而且日晒对β-胡萝卜素的破坏性很大，因此，日晒苜蓿加工的草粉的营养价值不如人工干燥苜蓿加工的草粉。国外多采用人工快速干燥法，把刚刈割的苜蓿，在800～850℃高温烘干机中干燥2～3分钟，水分降到10%～20%，可保持鲜苜蓿养分的90%～95%。由于生产成本问题，国内一般采取日晒苜蓿加工成苜蓿草粉。我国饲料用苜蓿草粉标准规定，感官性状为暗绿色、绿色，无发酵、霉变及异味、异臭；以粗蛋白质、粗纤维、粗灰分为质量控制指标。

（2）苜蓿草粉在猪饲料中的应用效果

① 繁殖母猪饲粮中添加苜蓿草粉的影响与效果　母猪所处的特殊生理阶段，使其具有耐粗饲的特性，以及对维生素A、维生素D、维生素E和钙、磷及赖氨酸需要量较高的特点，而苜蓿草粉的营养特性正好可满足母猪的这些需求。廉红霞等（2014）报道，在妊娠母猪饲粮中添加20%的苜蓿草粉，可显著提高泌乳期母猪的日采食量，减缓了泌乳期母猪背膘厚的下降幅度；同时提高了初生仔猪数、初生活仔猪数、断奶仔猪数、窝重和窝平均日增重。藏为民等（2005）在哺乳母猪饲粮中添加不同比例的苜蓿草粉，结果表明，添加苜蓿草粉缩短了母猪断奶至发情的时间间隔；提高了断奶仔猪成活率、断奶平均个体重；当苜蓿草粉添加量为10%时，

仔猪生长性能最好。目前较为一致的观点是给妊娠母猪饲喂苜蓿有很多好处，如可以提高母猪的繁殖性能、母猪初乳和常乳的乳脂率，有利于初生仔猪的成活，可以减少母猪的异常行为，防止母猪产后便秘和无乳综合征的发生等。

② 仔猪饲粮中添加苜蓿草粉的影响与效果　候生珍等（2005）用不同含量的苜蓿草粉等量代替菜籽粕饲喂仔猪，结果表明，仔猪饲粮中以 2％ 的苜蓿草粉替代菜籽粕饲喂，不会影响仔猪的日增重，且随着苜蓿草粉添加量的增加，仔猪腹泻明显减轻。当苜蓿草粉替代比例增加到 4％ 和 6％ 时，虽然能降低腹泻率，但饲粮中消化能和蛋白质水平降低，会影响仔猪日增重，表明了仔猪饲粮中苜蓿草粉添加量不可过大。

③ 生长育肥猪饲粮中添加苜蓿草粉的影响与效果　近些年来，国内也有不少学者对生长育肥猪饲粮中添加苜蓿草粉的影响与效果进行了研究。徐向阳等（2006）将苜蓿草粉以不同比例添加到生长育肥猪饲粮中，结果发现，添加 5％、10％ 的苜蓿草粉有利于提高生长育肥猪的日增重及饲料转化率，尤其 10％ 组的日增重、日采食量较对照组有极显著改善，饲料转化率较对照组明显提高，并且饲粮中的干物质、粗蛋白质、中性洗涤纤维（NDF）的消化率提高。

2. 糟渣类饲料

（1）糟渣类饲料的来源与营养特性　糟渣类饲料主要包括酒糟、酱油糟、醋糟、啤酒酵母、淀粉工业下脚料、糖蜜、甜菜渣、甜菜粕、甘蔗渣、淀粉渣、菌渣等，其中淀粉工业下脚料一般指马铃薯渣、红薯渣、木薯渣等。菌渣、啤酒酵母等可作为蛋白质饲料；酒糟、甜菜渣、淀粉渣等可作为能量饲料；纤维含量高的甜菜粕、甘蔗渣等可作为反刍动物的饲料；糖蜜可发酵生产赖氨酸；淀粉渣还可用来生产单细胞蛋白。对土猪生产而言，糟渣类饲料中可利用的是蛋白质饲料和能量饲料这两类。

糟渣类饲料大多是提取了原料中的碳水化合物后剩余的多水分的残渣物质，除了水分含量较高（70％～90％）之外，还含有一定的粗纤维、粗蛋白质、粗脂肪等，而无氮浸出物含量较低，其粗蛋白质约占糟渣类物质的 20％～40％，从营养特性上讲，这类饲料在一定程度上属于蛋白质饲料范畴。但糟渣中粗纤维含量较高，多在 10％～20％，尤其甘蔗渣高达 50％～60％，其各种营养物质的消化率与其他原料相似，若按干物质计算，糟渣的能量价值与糠麸相类似。如酒糟的粗蛋白质含量为 13％～22％，而粗纤维含量较高，在 13％～14％；玉米淀粉渣风干样含粗蛋白质约 12％，粗纤维约 11.5％；甜菜渣含粗蛋白质 9.2％～12.6％，而粗纤维 16.7％～23.3％；甘蔗渣约含粗蛋白质 1％～2％，而粗纤维含量高达 50％ 左右，只可用于反刍动物饲料。我国的酱油渣、醋渣资源量大，但由于长期未解决含盐量高等问题，作为土猪饲料时利用率低。由此可见，虽然糟渣类饲料可作为蛋白质饲料和能量饲料的补充料，但由于含水量高及粗纤维含量也大，而且部分糟渣仍含有抗营养因子，简单的加工工艺无法将其去除，如豆渣中含有抗胰蛋白酶。此外，有的糟渣类饲料酸碱度差异大，有的偏酸，有的偏碱，如曲酒糟的 pH 值变化较大。另外，糟渣类饲料物理形状差异大，有片状、粒状、糊状等多种形态，易黏结，糟渣淀粉在烘干时结成团，将使干燥难度加大。由此可见，糟渣含水率高，作为配合饲料的原料，必须具有高效的脱水和烘干设备，并保证营养成分损失少或不受损失，产品不被污染。

（2）土猪生产中可利用的几种糟渣类饲料

① 酒糟　酒糟是酿酒业的副产品，分白酒糟和啤酒糟。由于酒的种类不同，所用原料和酿造技术不同，使得酒糟的营养价值有很大差别，而在使用方法、添加量上要注意一些问题。

用各种粮食酿造的白酒酒糟多为固体酒糟，水分含量较高，在 70% 左右，这类酒糟粗蛋白质含量高，一般在 13%～21%，粗脂肪含量在 4%～10%，粗灰分含量在 8%～21%，无氮浸出物含量在 40% 左右，但粗纤维含量较高，在 20% 以上，是真正的粗饲料，其原因是在酿酒过程中加入了 20%～25% 的稻壳，以利蒸汽通过，并提高出酒率。酿酒业多采用传统的微生物固体发酵工艺，使白酒糟中残留的 B 族维生素含量较为丰富；此外，白酒糟在酿造过程中经过高温蒸渣、微生物糖化、发酵等过程，酒糟质地柔软、清洁卫生、适口性好，是一种比较好的粗饲料。新鲜白酒糟可以直接喂猪，但白酒糟中粗纤维含量偏高，对猪的消化率影响较大；另外，白酒糟酸度也大，并含有一定浓度的乙醇，使用前可在糟内添加 0.5%～1% 的生石灰，用来减少酸味，提高适口性；也可用堆垛等贮藏方法，踏实之后用塑料薄膜封闭，靠自身所含的游离乳酸、醋酸的作用，使鲜白酒糟长期贮藏。为了防止乙醇中毒，鲜白酒糟最好经过贮藏一个月以上再用。白酒糟最好脱水干燥，经粉碎后为粉料，可作为配合饲料的原料之一，生长育肥猪一般用量 10%～15%，妊娠期母猪最好不用，哺乳期母猪用量为 5%～10%，仔猪少用，民间有"仔猪喂糟不长"之说，用量一般在 2%～5%。由于白酒糟具有致便秘性，同时多喂青绿饲料为宜。

啤酒糟是啤酒酿造过程中的下脚料，同时还有麦芽根和啤酒酵母。鲜啤酒糟含水量很高，在 75% 左右，经脱水处理的干啤酒糟含粗蛋白质 22%～27%；粗脂肪高达 6%～8%，其中亚麻油酸 3.4%；无氮浸出物 39%～43%，其中多为五碳多糖，对猪利用率不高。生啤酒糟水分含量高，易变质，可直接新鲜饲喂。由于啤酒糟能量低，仔猪一般不用，生长育肥猪用量一般不超过 5%，妊娠母猪可用到 20%。

② 酱油糟和醋糟　酱油和醋以豆类和大米等为原料酿造而成，其糟类副产品营养丰富。酱油糟含水量 50% 左右，风干酱油糟含水量 10%，消化能 8.74～13.8 兆焦/千克，粗蛋白质 19.7%～31.7%，粗纤维 12.7%～19.3%，但含盐量高，为 5%～7%。醋糟含水量 65%～70%，风干醋糟含水量 10%，粗蛋白质 9.6%～

20.4％，粗纤维 15.1％～28％，消化能 9.87 兆焦/千克，并含丰富的微量元素铁、锌、硒、锰等。这类糟渣含有大量的菌体蛋白，粗蛋白质含量是玉米的数倍，脂肪含量 14％左右，同时含有 B 族维生素、未发酵淀粉、氨基酸、糊精及有机酸等，用作猪饲料，易于消化吸收，成本也低。

此糟类作为饲料，需要注意的是，酱油糟中食盐含量高，用量超过 30％易发生食盐中毒；醋糟中含醋酸高，影响适口性。因此，此糟类饲料均不可单一饲喂，要与能量饲料和饼粕类饲料混合饲喂，猪饲粮中一般用量在 10％以下。

③ 粉渣和豆渣　粉渣是用豌豆、红薯等生产粉丝、粉条后的副产品，干物质中主要成分为无氮浸出物、水溶性维生素、蛋白质和钙，磷含量少，粗纤维含量较原料高，又由于加工过程中大量加水，使水溶性维生素大量流失。鲜粉渣含水量高达 90％以上，又含可溶性糖，经发酵产生有机酸，pH 值一般为 4～4.6，存放时间越长酸度越大，易被腐败菌和霉菌污染而变质，丧失饲用价值。因此，鲜粉渣不宜贮藏。用粉渣喂土猪必须与其他饲料搭配使用，并注意补充蛋白质和矿物质等营养成分。在猪的配合饲粮中，哺乳母猪饲料中不宜加粉渣，尤其是干粉渣，否则猪乳中脂肪变硬，易引起仔猪下痢；仔猪饲料中用量不超过 30％，大猪饲料中用量不超过 50％。霉败的粉渣不可饲喂。

豆渣是大豆加工成豆腐后的副产品，同原料大豆的比例为 1.65∶1，同豆腐的比例为 5∶1。新鲜豆渣含水量 70％～90％，也容易腐败。豆渣饲用价值高，干物质中粗蛋白质和粗脂肪含量高，适口性好，消化率高。但豆渣中也含有抗胰蛋白酶等有害因子，以熟饲为宜。豆渣主要用于育肥猪饲料，因钙、胡萝卜素、尼克酸等缺乏，长期饲用易引起相应的缺乏病，故应与其他饲料搭配使用，在育肥猪饲粮中可配入 30％。鲜豆渣因水分含量高易腐败，要注意新鲜饲喂，生产中可加入 5％～10％的碎秸秆青贮保存。

第二节　土猪饲料的科学配制与配方设计技术

一、土猪饲料配方和配合饲料的概念与土猪饲料的分类

（一）土猪饲料配方和配合饲料的概念

1. 土猪饲料配方与日粮配合

土猪生产中也要根据土猪的营养需要、饲料的营养价值、原料的现状和价格等条件，合理地确定饲料的配合比例，这种饲料的配合比（往往是百分比）即称为饲料配方。在进行饲料加工前，需要进行饲料的配合，而饲料配合时一般须有饲料配方。单一的饲料不能满足土猪的营养需要，按照饲料配方选取不同数量的若干种饲

料和饲料添加剂互相搭配，使其所提供的各种养分符合土猪饲养标准的要求，叫日粮配合。

2. 配合饲料的概念

配合饲料是根据土猪的不同体重、不同生理阶段、不同生产性能的营养需求与饲料的可利用性，结合土猪的生理特点，根据饲养标准及饲料安全要求，按科学配方把不同饲料原料及饲料添加剂以一定比例配合在一起，经特定的饲料加工工艺流程制成的混合均匀的饲料产品。

（二）土猪饲料的分类

1. 按营养成分和用途分类

（1）添加剂预混料　基本原料是各种饲料添加剂，由一种或多种饲料添加剂经一定方法处理后与载体或稀释剂配制而成的混合物，包括微量元素预混料、维生素预混料、复合预混料等。添加剂预混料是经过加工的饲料产品、半成品或中间产品，是全价配合饲料的重要组成部分，虽然只占全价配合饲料的 2%～5%，却是全价配合饲料的核心成分。不同生理阶段和生产性能的土猪所用添加剂预混料的组成成分不同，不能单独饲喂，也不能随意超量使用，以防某些微量成分过量引起中毒。

（2）浓缩饲料　浓缩饲料又称蛋白质补充饲料，是由添加剂预混料、蛋白质饲料、常量矿物质饲料等按不同的比例配合而成，其中蛋白质含量一般为 30%～75%。浓缩饲料是半成品饲料，不能直接饲用，必须按一定比例与能量饲料混合均匀后才可使用。混合的比例根据土猪的生理阶段、生产性能的不同，并依据饲养标准进行配比后方可饲用。一般浓缩饲料占全价配合饲料的 15%～40%。

（3）全价配合饲料　全价配合饲料又称全日粮配合饲料，是根据土猪的不同生理阶段和生产性能及饲养标准，把多种饲料原料和添加剂预混料按一定比例，在饲料加工流程中配制而成的均匀一致、营养价值完全的饲料。全价配合饲料是配合饲料的最终产品，内含能量、蛋白质、维生素、矿物质及香味剂等允许使用的饲料添加剂，在营养上能全面满足现代土猪的营养需要，可直接饲喂。

2. 按形态分类

（1）粉料　粉料的生产工艺简单，加工成本低，易与其他饲料搭配，是一些中小型土猪场自配饲料时使用的一种主要料型。它与颗粒料相比，容易引起土猪挑食，采食时容易造成浪费，且容重相差较大的饲料原料混合而成的粉料易产生分级现象，而且加工粉料时粉尘较大，必须采取安全措施。一般来讲，中小型土猪场采用粉料与水配比后，用湿拌料饲喂土猪效果较好，尤其是用于饲喂母猪，可避免粉尘对猪呼吸道造成一定危害。

（2）颗粒料　颗粒料是以粉料为基础，经过蒸汽调质、环模加压处理、冷却后制成的饲料产品，其形态有圆筒状和角状。颗粒料是全价配合料中的一种主要料型，饲料容量大，适口性好，可增加土猪的采食量，避免挑食，保证了饲料的营养全价性，饲料报酬高，与粉料相比可使生长猪增重提高5％～15％。但颗粒料经加热加压处理后，可使部分维生素、酶等受到一定影响，而且耗能大，成本高，但与粉料相比较卫生，经过加热处理后可消除一些有毒有害物质。

（3）碎粒料　用机械方法将生产好的颗粒料破碎，加工成细度为2～4毫米的碎料，可用作哺乳仔猪的教槽料。

（4）膨化饲料　膨化饲料是把粉状的配合饲料或者是大豆、玉米等，糊化后在通过膨化饲料加工机械的喷嘴时，在10～20秒时间内加热至120～180℃并挤出，使之膨胀发泡成饼干状，再根据需要切成适当的大小。膨化饲料适口性好，容易消化吸收，是哺乳仔猪的良好开食饲料。

3. 按饲喂对象分类

按饲喂对象可把全价配合饲料分为乳猪料、断奶仔猪料、保育猪料、生长猪料、育肥猪料、妊娠母猪料、哺乳母猪料、种公猪料及空怀母猪料和后备种猪料。

二、土猪的饲料配方设计技术与方法

（一）选定合适的饲养标准和饲料营养成分表

1. 猪饲养标准的种类和选择

猪饲养标准是根据大量饲养试验结果和猪生产实践的经验总结，对各种猪所需要的各种营养物质（包括能量、蛋白质、氨基酸、矿质元素、维生素、脂肪酸等）作出的规定，这种系统的营养定额及有关资料统称为饲养标准。猪饲养标准是猪营养需要研究应用于猪饲养实践最权威的表述，反映了猪生存和生产对饲养及营养物质的客观要求，高度概括和总结了营养研究与生产实践的最新进展。因此，猪的饲养标准是进行饲粮配合的基本依据。

一个完整的饲养标准至少包括两部分内容：一是猪的营养需要量，二是猪的饲料营养成分和营养价值表。对每类猪的营养需要量又分别规定了两个标准：一个是日粮标准，规定了每头猪每日要多少风干饲料，其中包括多少能量、蛋白质、氨基酸、矿物质、维生素和脂肪酸等；另一个是饲粮标准，规定了每千克饲粮中应含多少能量、蛋白质、氨基酸、矿物质、维生素和脂肪酸等。在饲料配制加工中，常常是一次配制一定时间或阶段的饲粮，所以往往使用的是饲粮标准，即按照每千克饲粮中含多少营养物质来配制。

猪饲养标准大致可分为两类：一类是国家规定和颁布的饲养标准，称为国家标准。我国农业部在2004年颁布了行业标准——《猪饲养标准》（NY/T 65—

2004），此饲养标准包括肉脂型猪饲养标准和瘦肉型猪饲养标准，其中肉脂型猪饲养标准也是地方品种猪饲养标准。另一类是大型育种公司根据自己培育出的优良品种或品系的特点，制定的符合该品种或品系营养需要的饲养标准，称为专用标准，也包括地方品种猪饲养标准，如《四川猪饲养标准》《南方猪的饲养标准》等。

虽然饲养标准是进行饲粮配合的基本依据，但不同国家所定标准不尽相同，而且不同品种和饲养管理条件都会使营养物质需求与饲养标准发生偏离。况且饲养标准也不是一成不变的，连世界各国公认的美国 NRC 饲养标准也是每过几年就会修订完善一次。因此，要根据所养猪种的遗传类型、生产性能及饲料与饲养条件参考适宜的标准，确定日粮的营养物质含量，设计成饲料配方，并经过饲养实践检验不断完善。生产实践中，在饲料配方设计前，选用不同营养需要标准，必须清楚该标准制定的基础和条件与要设计的饲料配方使用条件的差异，尽可能选择差异小的标准使用。另外，可利用外来猪种与中国地方品种进行杂交，如"二洋一土"杂种猪，瘦肉率超过 56%，属于瘦肉型猪，生长速度快，饲料转化率高，要求较高的日粮营养水平，因此，对引进外来猪种和杂种猪以选用我国猪饲养标准（NY/T 65—2004）中的瘦肉型猪饲养标准较适宜。但饲养的肉脂型猪，就不可用瘦肉型猪饲养标准来配制饲粮，一般要参照我国猪饲养标准（NY/T 65—2004）中的肉脂型猪饲养标准。但不管哪种饲养标准只能作参考，最后还是要根据所涉及猪的具体情况来决定配方营养水平。

2. 饲料营养成分表的科学使用

（1）饲料营养成分表是制定饲料配方的基本依据　饲养标准颁布时一般都附有该类动物的饲料成分及营养价值表，土猪饲养标准也一样。虽然配合饲料的最好方法是先实际分析和测定具体每一批饲料的营养成分，但在生产实践中往往不容易做到，特别是中小型土猪场的自配料加工，所以，很多情况下是参考已颁布的饲料营养成分表。饲料营养成分表中的饲料成分一般是指可在实验室中直接测定的各种营养成分，而其营养价值是指用动物试验测定的饲料中可被动物消化利用的养分数量。

饲料营养成分表中的饲料成分和营养价值是通过对各种饲料的常规成分、氨基酸、矿物质和维生素等成分进行化验分析，经过计算、统计，并在动物的饲喂基础上，对饲料进行营养价值评定之后而综合制定的。它客观地表示了各种饲料的营养成分和营养价值，常同饲养标准配合使用，是制定饲料配方、科学养猪的基本依据，而且还对促进饲料资源的合理利用，提高猪的生产性能、降低饲养生产成本有着重要的作用。在计算饲料配方前，所用原料的各种营养成分在饲料营养成分表中均能查到。但由于饲料原料的产地、品种、加工方法、贮藏时间不同，其中的营养成分含量与表中数据会存在较大差异。因此，具备分析饲粮成分条件的土猪场或饲料加工厂，应对所购进的每批饲料原料做营养成分分析，实测原料中的营养成分含量，没条件的也尽量选用本地区的饲料营养成分表或与本地自然条件相近地区的饲料成分及营养价值表，或者查阅最新版本的中国饲料数据库。饲料原料的品质起码应合乎中等要求，劣质的原料通常是配合饲料品质较差和饲养效果下降的主要原因。

（2）猪常用饲料营养成分表应用时要注意的问题

① 要根据样品说明来选择数据　样品说明反映了饲料的可利用部分（籽实、茎叶、秸秆等），以及主要的加工方法、收获季节、品质等级等。要特别注意所用饲料原料与饲料营养成分表中每种原料的饲料描述是否相同，描述相同时引用表中的数据是可靠的，否则将会有误差甚至很大的误差。因为在我国饲料存在着同名异物的情况，所以在使用饲料营养成分表中数据时，除了饲料名称外，还要注意饲料描述。一般饲料营养成分表中一条饲料描述对应一种饲料和与之对应的成分含量数据。

② 注意饲料营养成分表中所列各种原料的干物质含量　因饲料成分表中各项成分含量是相对于某原料干物质含量而言的，如配料时所用的原料干物质含量与饲料成分表中的干物质含量不同，则相对应的各种成分含量应按实际干物质含量进行折算。由于饲料营养成分表中所列矿物质含量因原料产地的土壤等条件不同，故测试结果数据差异较大。

③ 注意饲料营养成分表中各种营养成分的表述　在设计饲料配方时，必须从饲料营养成分表中查出所选用原料的各种养分含量。查饲料营养成分表时除了注意对饲料原料的描述外，还必须注意其对养分的描述。不同书籍或资料中对同一养分的表述有时不尽相同，如能量，有些书籍或资料同时标出总能、消化能和代谢能值，而有些只标出一部分；矿物质中的磷注意区分总磷、非植酸磷（有效磷）和植酸磷等；同时，有些计量单位也不相同，过去能量用千卡或兆卡，现在则多用国际单位焦耳，即千焦或兆焦。我国饲料成分及营养价值表中，则同时列出两种单位。再如维生素有的用国际单位，有的用毫克或微克，但现在除了维生素 A、维生素 D 的衡量单位仍沿用国际单位（IU）外，其他维生素均以重量单位（毫克/千克或微克/千克）来表示，胆碱在饲养标准中以克为计量单位，而在饲料营养成分表中则以毫克表示。因此，在计算饲料配方时，一定要根据饲养标准的养分描述和计量单位，查出相对应的饲料营养成分数据，然后进一步计算，切勿张冠李戴，否则会造成不应有的误差，甚至还会给饲料生产和土猪生产带来巨大损失。

④ 尽可能选择使用最新的饲料成分及营养价值表　因为新版比旧版更能反映猪营养的最新科学研究成果，主要体现在营养指标的全面性及测定方法和技术手段的更新等方面。

（二）土猪养殖场各类猪群的自配料配制技术

1. 断奶仔猪的自配料配制技术

（1）根据断奶仔猪的生理特点采取营养调控措施　断奶仔猪是指断奶后（一般

28～35 日龄）至 70 日龄左右的仔猪；就体重而言，一般为 6～7 千克到 20 千克左右的仔猪。大多数小型土猪场和少部分中型土猪场实行的是 35 日龄断奶。虽然仔猪断奶时的各种生理机能已基本趋向完善，但是其消化功能还较弱，胃酸分泌还不能完全满足消化需要；而且一系列应激因素会明显地降低仔猪的消化能力和抵抗力。因此，断奶仔猪很容易突发腹泻、水肿病等综合征，且发生后极易死亡。此外，断奶仔猪生长强度很大，对营养的要求很高。如果断奶过渡不良，断奶仔猪会出现能量负平衡，导致体重下降。由此可见，断奶仔猪的生理特点决定了对断奶仔猪的饲料配制有很高的要求。生产实践已证实，对断奶仔猪采取营养调控措施，是解决仔猪断奶后不良生理反应的有效途径。

（2）断奶仔猪的饲料配制要求

① 易消化　由于断奶仔猪的消化器官还没有完全发育成熟，胃酸和消化酶的分泌都不足，因此饲料中最好能添加酸化剂和酶制剂等，配制出易消化吸收的全价配合饲料。

② 防病促生长　断奶仔猪由于对饲料的消化能力差，很容易因消化不良而导致腹泻；有些饲料原料（如豆粕）中有过敏原，能使仔猪肠道因过敏而发生病灶，进而引起腹泻；加上仔猪的免疫系统没有发育完善，抵御病菌和不良卫生条件的能力差，也容易使其发生腹泻和各种疾病。故一般在断奶仔猪饲料中都要添加中草药添加剂和微生态制剂等。还有研究表明，在仔猪饲料中如果大量使用单糖、钾离子、合成氨基酸、小肽，可以降低其肠道内渗透压，减少腹泻。此外，还有硫酸盐类也有这个作用，如硫酸钠，不是因为它有什么特殊的营养作用，而是它能够增加渗透压，促进食量，使限制性营养因素的缺乏症得以减轻。

（3）断奶仔猪的饲料配制方法

① 用预混料配制出营养平衡的自配全价料　预混料中含有仔猪生长发育所必需的维生素、微量元素、氨基酸等营养成分及功能性饲料添加剂，一般根据饲料加工设备的情况，可以选用 4％或 1％仔猪用预混料。1％预混料含有仔猪所需要的维生素、微量元素、氨基酸、保健促生长添加剂等；4％预混料除含有与 1％预混料相同的成分外，还含有钙、磷、食盐等。土猪养殖场购回预混料后，只需按照推荐配方，选用优质原料，经过粉碎、混合，即成全价配合饲料。只要将其合理使用，用预混料配制的自配料就可保证饲料质量，取得良好的效果，但这样配制的饲料配方成本一般较高。另一个问题是，尽管生产销售预混料的厂商都提供推荐使用配方，但在实际生产中却常出现可使用原料不尽一致的情况。因此，需要根据本场的原料自己配制。其方法是，一、可以让预混料厂家技术人员根据土猪场情况和当地原料设计出符合本场仔猪生产的饲料配方；二、可以自己制作配方，但必须是猪场有自己的专业技术人员。制作配方的第一步是选择仔猪适宜的营养标准，确定一定能量与蛋白质组成的配合

料，第二步是将一定量的配合饲料与一定量的预混料均匀混合后制成营养平衡的自配全价料，其核心是配合饲料的配制。自配全价料技术是用配制好的96%的配合饲料与4%的复合预混料均匀混合，但在配制中还可添加其他功能性添加剂，如酶制剂、寡糖或微生态制剂等。

② 尽量配制出断奶仔猪两个阶段的自配全价料　即仔猪1号料和2号料，也可称为保育期仔猪料。1号料作为断奶仔猪过渡料，有条件的土猪场尽量制成颗粒料，主要在仔猪断奶后喂10~14天，此后可以过渡到喂2号料，一直喂到25千克左右。生产中在饲喂方法上，前5天可用一半乳猪料加一半1号料饲喂断奶后的仔猪，5天后可完全用1号料，这样可保证仔猪料变动不大，能促进仔猪采食。实际上1号料与乳猪料接近，含有一定比例的优质动物蛋白，如进口鱼粉、乳清粉、血浆蛋白粉，谷物原料最好热处理一部分，另外还应添加1%~3%的植物油；此外，还要添加中草药添加剂、酶制剂、酸化剂或微生态制剂、香味剂或甜味剂。1号料与乳猪料（教槽料）的区别是豆粕比例适当降低，蛋白质水平降低1~2个百分点，其因是断奶仔猪胃酸不足，乳糖来源断绝，饲料中一些蛋白质及无机阳离子还会与胃酸结合，使胃液pH上升到5.5，一直到8~10周龄仔猪胃液pH才会很少受采食影响而达到成年猪的水平（pH 2~3.5）。断奶仔猪胃液pH过高，使胃蛋白酶活性降低，饲料的消化率降低，并进而破坏肠道的微生态环境，微生物群落结构改变，肠内渗透压升高，使胃液分泌量进一步增加，从而引起仔猪腹泻，即所谓渗透性腹泻。此外，饲料蛋白质可能含有会引起仔猪肠道免疫系统过敏性反应的抗原物质，如大豆中的大豆球蛋白和β-伴大豆球蛋白，这些饲料抗原蛋白可使仔猪发生细胞介导过敏反应，对消化系统甚至全身造成损伤，其中包括肠道损伤，如小肠壁上绒毛萎缩、隐窝增生等，并引起功能上的变化，如双糖酶的活性和数量下降、肠道吸收功能下降。由于肠道受损伤后，会使病原微生物大量繁殖，致使仔猪发生病原性腹泻。因此，在仔猪断奶时，必须采取营养调控措施，即降低蛋白质水平，减少豆粕使用量，使用血浆蛋白粉、乳清粉，并使用功能性添加剂，如酶制剂、酸化剂或微生态制剂，尽可能减少应激因子对仔猪的刺激，使仔猪顺利度过断奶期。在一定程度上，采取营养调控技术措施，防治仔猪断奶腹泻及其他疾病发生，也是自配料的一个优势。

断奶仔猪平稳渡过断奶期2周左右后，食欲旺盛，消化功能已完全能够适应保育期2号料，日龄已达45天以上，2号料中只要求动物蛋白原料可添加一定比例的优质鱼粉，没有必要再配入血浆蛋白粉、乳清粉等高价格原料，谷物也不必要进行热处理，只需粉碎得细一些。植物性蛋白质饲料主要还是豆粕，但此时可搭配一些杂粕降低配方成本，如花生饼粕、芝麻粕，但不应配入菜籽粕、棉籽粕等含有抗营养因子的杂粕。为了增加能量浓度，还可添加1%~3%的植物油。保育后期仔猪的2号料酌情可继续使用酸化剂、酶制剂、香味剂或微生态制剂。2号料可用干粉料饲喂，条件许可时可制成颗粒。

2. 生长育肥猪饲料配制技术

（1）生长育肥猪的饲料配制要求　生长育肥猪实质上分为生长猪（30～60 千克）和育肥猪（60～110 千克）两个阶段，因此在配制自配料时可分为 1 号料（生长猪料）和 2 号料（育肥猪料），而且在配制饲料和使用添加剂上应有区别。由于猪从 25 千克到 110 千克对饲料蛋白质、氨基酸、矿物质、维生素等营养需要量逐渐下降，因此两个阶段的营养水平应有所区别，否则会导致饲料浪费。一般要求 30～60 千克阶段消化能 13.4～13.8 兆焦/千克、粗蛋白质 16.5%～17.5%；60～110 千克阶段消化能 12～13 兆焦/千克、粗白质 13.5%～15%。生长育肥猪自配全价配合饲料的关键是根据生长猪和育肥猪的需要设计两套营养全面、平衡的饲料配方，可以利用计算机饲料配方软件，配出低成本配方，但也需要有动物营养知识和经验的配方技术人员进行配方设计。首先，必须满足生长育肥猪的营养需要，这可依据我国猪的饲养标准或参阅其他饲养标准进行配方设计；其次，对于所用饲料原料的特性必须要了解清楚，虽然生长育肥猪对于饲料的适应能力较强，可以应用各种价格较低的饲料原料，但对大部分饲料原料要限制配入的比例，如粗饲料、棉籽粕、菜籽粕、鱼粉、血粉、油脂等。生长育肥猪饲料中钙的含量要足够，以促进骨骼的正常发育，育肥后期对钙、磷的要求稍低，除了营养水平的最低标准应满足外，生长猪饲料粗纤维含量一般不要超过 6%，粗脂肪一般不超过 8%；育肥猪饲料粗纤维水平应低于 7%，粗脂肪水平不宜超过 10%。饲料添加剂的使用以中草药饲料添加剂为宜，或使用酶制剂、微生态制剂。根据饲料加工设备的情况，可选用浓缩料、4% 或 1% 的生长育肥猪的专用预混料，其中 1% 的预混料含有维生素、微量元素、氨基酸、保健促生长剂等，4% 的预混料除此以外，还含钙、磷和食盐等。

（2）生长育肥猪自配料的配制方法　中小型土猪场的饲料加工设备简单，又没有专业的饲料配方设计人员，可以购买浓缩料，再利用购入或自产的谷物及副产品配制饲料。浓缩料中含有蛋白质、氨基酸、矿物质、维生素、微量元素等，可以配制出生长猪和育肥猪两个阶段的自配料。当浓缩料配方所使用的原料相对便宜时，可直接使用推荐配方，否则要重新进行配方设计。使用浓缩料配制配合饲料时，必须明确浓缩料的蛋白质含量、消化能浓度，之后用两种或三种原料（如玉米、麦麸、次粉）与之配合，可用交叉法可计算出各原料用量。

3. 妊娠母猪自配料配制技术

（1）妊娠母猪自配料的配制要求　母猪怀孕后，内分泌活动增强，物质代谢和能量代谢提高，对营养物质的利用率显著提高，体内的营养蓄积也比妊娠前多，妊娠母猪的营养需要得不到满足，会导致产仔数减少，仔猪初生重较低，存活力下降。在饲料配制中主要对妊娠后期的母猪注重蛋白质和矿物质的供给，以满足胎儿的需要。由于妊娠前期胎儿增长量很少，但到后期，尤其是后 1/3 的时段里，胎儿生长发育较快，对营养的需求量也大，加上母体在妊娠后期子宫的增大变化及泌乳组织激烈发育，产道也增生肥厚，体组织储备脂肪能力也加强，对营养需求量也大。由此可见，妊娠母猪对营养的需要呈前低后高的特点，因此，妊娠前期对营养质量要求较高，尤其是氨基酸、维生素、矿物质等营养要全面，但供给量不能过多；到后期既要求质量又要求数量，但也不能过多供给，以免妊娠母猪体况过肥，导致胎儿体重过大而造成难产，另外还会影响母猪产后采食量和泌乳。生产中对妊娠母猪的饲料配制只实行一个配方，只是在前期实行限量饲喂，后期依体况进行饲喂，有条件的中小型土猪场，必须每日加喂一定量的青绿多汁饲料，使妊娠母猪的膘情在八成为宜。

（2）妊娠母猪的自配料配制方法

①用预混料配制　饲料加工设备条件好和有配方技术人员的土猪场，可以利用1%或4%预混料，加入配合成的能量饲料、蛋白质饲料、矿物质饲料及适量粗饲料等，就成为妊娠母猪全价配合饲料。配合饲料的配方可依据中国猪的饲养标准来设计，蛋白质饲料以豆粕为主，也可加入一定比例的杂粕，但总量不要超过蛋白质饲料的5%；需要注意的是，棉籽饼等具有毒性的杂饼最好不要用，所有原料不能被霉菌污染。粗饲料可适当饲喂，一般可配入麦麸15%～25%，也可用其他粗饲料部分替代，如苜蓿草粉、花生秧、啤酒糟等，有条件的土猪场还要适量添加青绿多汁饲料，这样可使母猪更有饱腹感、安静，不易发生便秘。

②用浓缩料配制　有简单饲料加工设备的中小型土猪场，可以用浓缩料加能量饲料和适量粗饲料（如麦麸等）配制出配合饲料。这样可以大大降低饲料成本，而且能利用一些廉价而优质的粗饲料。要求妊娠前期饲料消化率不低于60%即可，后期饲料消化率应当稍高一些。饲料中浓缩料的比例最好参考厂商的推荐比例，这样可保证矿物质、维生素的浓度。

4. 哺乳期母猪的自配料配制技术

（1）哺乳期母猪的自配料配制要求　母猪在哺乳期的营养需要量大大超过妊娠期，而且营养充足对实现母猪最大生产能力和经济效益至关重要，其因是泌乳期母猪主要营养需要都用于泌乳，其次是恢复体况，为再发情、再配种做好准备。如果营养需要量得不到满足，母猪产奶量降低，影响哺乳仔猪的生长发育，断奶到配种间隔时间延长，从而降低了母猪的繁殖力。因此，哺乳母猪的饲粮必须是全价配合饲料，每千克配合饲料中含14%～16%的可消化粗蛋白质，每千克饲料中要有0.5%的赖氨酸和0.4%的蛋氨酸＋胱氨酸。地方猪种的母猪，也要满足其维生素和微量元素需要。推荐饲料配方：玉米63%、豆粕20%、麦麸5%、鱼粉8%、磷酸氢钙2.5%、食盐0.5%、预混料1%。如用4%复合预混料，可不用磷酸氢钙和食盐，降低鱼粉用量。

（2）哺乳期母猪的自配料配制方法

① 利用预混料 土猪场饲料加工设备条件较好，又有专业配方技术人员，可以利用预混料加蛋白质饲料、能量饲料等配制全价配合饲料。能量饲料主要以玉米等谷物及其副产品为主，蛋白质饲料以豆粕为主，棉籽粕、花生粕等杂粕也可适量添加，但一般不要用菜籽粕，否则影响哺乳母猪的泌乳力。如使用 3%～5% 的优质鱼粉，可提高泌乳量；如再添加 2%～5% 的油脂，对泌乳量的提高更有作用。预混料的使用可根据条件选用 1% 或 4% 泌乳母猪专用预混料，一般按厂商推荐的饲料配方比较适宜。虽然配方成本较高，但能配制出营养丰富且平衡的全价配合饲料。

② 利用浓缩饲料 饲料加工设备条件较差的中小型土猪场，可以利用谷物及其副产品，与母猪专用浓缩饲料配制出泌乳期母猪的自配料。一般用含 38% 蛋白质的浓缩料，在哺乳母猪日粮中配入 25%，另外 75% 由玉米、麦麸、米糠组成。饲料配方尽量采用厂商推荐的饲料配方，如自己设计配方，粗纤维含量应当低于 7%，代谢能浓度不低于 13 兆焦/千克，粗蛋白质水平不能低于 14%，尽量采用中国猪的饲养标准中哺乳母猪的营养需要设计配方。

5. 种公猪的自配料配制技术

（1）种公猪自配料的配制要求 种公猪与其他猪群不同的是，饲料配方要考虑到提高其繁殖力，因此配制的饲料能量含量不能过高。生产中一般对种公猪的营养需要分为配种期和非配种期。种公猪对能量的要求，在配种期可在非配种期的基础上提高 25%，在非配种期，可在维持需要的基础上提高 20%。由于地方种公猪饲养期长，一般在 3～5 年，为了防止过肥，一般要限量饲喂，可适量饲喂青绿多汁饲料，但在配种期必须给予一定数量的日粮。

种公猪的精液中干物质含量的变动范围为 3%～10%，蛋白质是精液中干物质的主要成分，因此，日粮中蛋白质的含量与品质，可直接影响配种公猪的射精量和精液品质。因而对种公猪必须保证蛋白质的需要量及质量，种公猪日粮中蛋白质水平在 17% 左右即可，若日粮中蛋白质品质优良，水平可相应降低。此外，对种公猪的矿物质需求不可忽视，钙、磷对种公猪骨骼的生长、四肢的健壮程度以及性欲、爬跨能力有直接的影响；另外，矿物元素锌对精子的形成起主要作用，在日粮中不可缺乏。种公猪对维生素的需要量与母猪相比并不高，但维生素 E、维生素 C 对种公猪的抗应激能力有重要作用，在日粮中可适量提高添加量，尤其是夏季。

（2）种公猪自配料的配制方法 目前，市场上专用的种公猪预混料和浓缩料较少，生产中一般采用哺乳母猪的浓缩料和预混料来替代。浓缩料一般含 38% 的蛋白质，可在公猪日粮中配入 25%，另外 75% 由玉米、麸皮等组成。如有条件，可在饲料中配入 3%～5% 的优质苜蓿草粉，对改善种公猪的繁殖力、防止便秘及消化道溃疡等有利。如果土猪场饲料加工设备条件好，可用哺乳母猪预混料与能量料、蛋白质饲料配制成全价配合饲料。能量饲料主要是玉米等谷物及其副产品，蛋白质饲料以豆粕为主，但不要使用菜籽粕、棉籽粕等杂粕，尤其是棉籽粕在日粮中不可使用。在种公猪日粮中配入一定比例的优质鱼粉，对提高其繁殖力有很大作用。预混料以使用4％复合预混料为宜。

（三）自配料的加工制作关键技术及控制要点

1. 强化饲料原料的质量意识

自配料加工由于质量检测及化验条件有限，在原料的采购、接受上往往对质量把关不到位。因此，自配料的生产者首先要强化对于饲料原料的质量意识，其最基本的要求是：无论任何原料都必须保证新鲜、不掺假、无发霉、无变质、无有毒有害化学物质掺入。无论是饲料原料还是浓缩料、预混料，任何一个环节出现质量与安全问题，都会影响土猪场的正常生产经营，影响猪群健康，造成不良后果。

2. 浓缩料的选择与使用时要注意的问题和事项

（1）选购浓缩料时应注意的问题

① 正确认识浓缩料的质量　浓缩料的质量优劣决定于其所用原料质量的优劣和配比是否符合不同阶段猪的生长、生产的营养需要。但有些自配料生产者在购买浓缩料时，单纯把浓缩料中有无鱼粉作为鉴别其质量好坏的标准，片面认为有鱼粉的浓缩料质量就好，无鱼粉的质量就差，这是一种认识上的偏见。由于优质鱼粉价格昂贵，目前在一些技术成熟的饲料加工企业，都能研制出无鱼粉饲料配方，况且饲料配方正趋向于无鱼粉化。因此，只要饲粮中含有足够的有效成分即可达到预期的饲喂效果，就可表明此浓缩料质量合格。为了保证选购到质优价廉的浓缩料，最好购买正规饲料厂生产的品牌产品。

② 要根据猪的不同生理特点和生产阶段来选择使用浓缩料　不同的猪种、不同的生长发育阶段和不同生产性能的猪，对各项营养成分的需要量差异极大。因此，自配料的使用者在选购时，要首先了解产品的性能、适用对象等情况，认真阅读和理解产品说明书和标签，然后再结合自己饲养的品种、生产阶段实际情况对号入座，切记不可盲目使用浓缩料。生产实践中，除了种公猪的自配料可以使用哺乳期母猪的浓缩料，其他猪的浓缩料一定要对号入座。

③ 购买浓缩料可用"三看一捏"来判断其质量　根据国家对饲料产品的质量监督管理规定，浓缩料生产必须具备的条件是：一要有注册商标，其标志印在产品说明书或外包装上；二要有产品标准和标签，其内容包括产品名称、饲用对象及日龄、产品登记号或批准文号、产品执行标准、主要原料类别、营养成分分析保证值（通常粗蛋白质含量在30％左右，水分含量在13％以下，还有粗灰分、钙、磷、盐分、氨基酸、维生素等保证值）及主要添加剂名称及其含量、用法与用量、净重、生产日期、保质期、厂址、厂名、电话等；三要有产品合格证，并必须加盖检验人员印章和检验日期；四要有产品说明书，内容包括推荐饲料配方、使用方法、保存方法及注意事项等。生产实践及经验证实，选购浓缩料时可采取"三看一捏"的办

法，可从外观上根据浓缩料产品必须具备的几个条件判断其质量：一看饲料标签和产品合格证，一般在包装袋上的缝口处或者即在包装袋上。购买时要看是否有饲料标签和产品合格证，其内容是否完全可靠，以及外包装袋的新旧程度。若外包装袋和标签陈旧，饲料标签字迹和图形褪色、模糊，说明其产品贮存过久或转运过多，或者是假冒产品，不宜购买。二看生产日期和保质期。购买浓缩料一定要购买新鲜的产品，贮存时间长或过期产品，其营养会有损失，饲喂效果差。因此，购买时一定要看生产日期和保质期。三看产品颜色是否一致。质量合格和无掺假的浓缩料颜色色度一致，劣质产品就会出现色度不一致的情况，其因是有掺假情况。一捏，即选购时，先用手捏缝口内及包装袋的四角，若感觉不松散，有成团或成块现象，可能是贮存过久或水分大或被水淋湿等情况造成，不宜购买。浓缩料的水分含量应低于13％，高于此标准属于不合格产品。此外，还可把包装袋打开，用手抓一把。合格的产品松开手即自然松散，若出现手松开后不散或重握成团现象，说明水分含量过高，易发霉变质，不宜购买。

（2）使用浓缩料时要注意的事项

① 勤购少量买保管好　浓缩料中的蛋白质、维生素、氨基酸等成分，由于贮存时间长，效价会逐渐降低，甚至发霉变质。因此，购买浓缩料时要注意生产日期和保质期，不要一次性购买太多。贮藏时要放在遮光、低温、干燥通风的地方，避免营养物质受到破坏。

② 正确配比使用　浓缩料使用正确与否直接关系到饲养效果的好坏。浓缩料不能直接饲喂，必须加入一定的能量饲料，才可供猪只饲用。使用中要注意的是浓缩料与能量饲料的配比应适宜，这样才能保证配合后的饲料营养平衡，使猪发挥出最佳生产性能。通常情况下，浓缩料产品说明书中推荐的混合比例可参照使用，但推荐的猪只日龄或适用阶段及能量饲料品种与生产实际往往不尽相同，需要自己计算配合比例进行配合。因此，正确配比使用是保证浓缩料取得一定饲养效果的主要技术手段。

③ 混合均匀　在自配料中浓缩料的比例一般不超过35％，占大比例的是能量饲料，浓缩料若与能量饲料混合不均匀，会导致猪吃得少营养不良，吃得多营养过剩。稀释浓缩料时，应采用逐步多次稀释法混合均匀后再用。

④ 不可再加入添加剂　使用浓缩料时不必再加入其他饲料添加剂，一般浓缩料中均含有微量元素、维生素和允许使用的添加剂等，使用时不可再添加。若重复添加，会造成成本增加，甚至导致猪只中毒。若要另外添加必须是其产品中未含有的添加剂。

3. 预混料的选择与使用中要注意的问题和事项

（1）选择使用的预混料要注意其种类和作用

① 微量元素预混料　微量元素预混料指铜、铁、锌、锰等与载体混合而成的

产品，在配合饲料中的用量一般在 0.1％～0.2％。在猪饲料中除注意微量元素的添加量外，还应考虑钙和磷与锌和锰等元素的互作影响，使用中还要注意铜、锌含量，虽然高剂量铜、锌与猪体保健促生长有关，但只适用于 25 千克前的仔猪。因此，使用微量元素预混料要注意其产品适用什么阶段的猪，不要盲目使用。

② 维生素预混料　通常维生素的种类有 15 种，但猪用维生素预混料一般只添加维生素 A、维生素 D、维生素 E、维生素 K、维生素 B_2、维生素 B_{12}、维生素 B_5、维生素 B_3 这 8 种维生素，其余的维生素在土猪基础日粮中一般足够使用而不加。

③ 复合添加剂预混料　复合添加剂预混料指能够按照国家有关饲料产品的标准要求，全面提供猪饲养阶段所需微量元素（4 种或以上）、维生素（8 种或以上），由微量元素、维生素、氨基酸和非营养性添加剂中任何两类或两类以上的组分与载体或稀释剂按一定比例配制的均匀混合物。猪用复合添加剂预混料分 1％～2％ 和 4％～5％ 两种，1％～2％ 的复合添加剂预混料由微量元素预混料、维生素预混料、氨基酸、胆碱等组成；4％～5％ 的复合添加剂预混料是在前一种基础上添加钙磷饲料、食盐等组成的预混料。因此，使用者一定要弄清楚两种复合添加剂预混料的营养含量。

（2）慎重选择需要的预混料　国家对预混料的生产与产品管理相当严格，预混料产品除具备浓缩料的四个条件外，标签上还必须注明生产许可证号。目前，预混料的品种繁多、质量不一，因此，选择使用预混料不能只看价格，更重要的是看质量。一般而言，要选择信誉度高、加工设备好、技术力量强、产品质量稳定的厂家和品牌。选择使用的预混料饲养效果较好，生产者在自配料中不要再换其他品牌和厂家的，不要轻信一些推销员的宣传，以免上当受骗。

（3）严格按规定剂量使用　预混料的添加量是厂商按猪只不同生长发育阶段，依据有关饲养标准而设计的，特别是含钙、磷、食盐的复合预混料，使用时必须按规定的比例添加，也不可将不同厂家的产品混合使用。

（4）合理使用推荐配方　预混料产品的饲料标签或产品包装袋上都有一个推荐饲料配方，这个配方是一个通用配方，能备齐推荐配方中的各种原料的自配料猪场，可按推荐配方配料。也可充分利用当地原料优势，请预混料厂家的技术人员现场指导，设计出新的配方。

4. 饲料原料的称量配料要准确

饲料原料的称量配料是饲料加工工艺的核心环节，配方的正确实施须由称量配料工艺来保证。常用的称量器具分电子秤（适用于规模化饲料加工厂）和磅秤（小型饲料加工厂）。目前，一些土猪场自配料加工采用的也是磅秤，即人工称量配料。自配料的原料称量，一要有符合要求的称量器具，要求具有足够的准确度和稳定性，满足饲料配方所提出的精确配料要求；二要准确称量，配料人员要有高度的责任心，一丝不苟，认真称量，保证各种原料准确无误，并定期检查称量器具的准确程度，发现问题要及时解决。

5. 原料添加顺序要合理

首先加入量大的原料，量越小的原料越应在后面添加，如维生素、矿物质等。量大的原料首先要加入搅拌机中，混合一段时间后再加入量小的微量成分。有的饲料中需加入油等液体原料，在液体原料添加前，所有的干原料一定要混合均匀，然后再加入液体原料，再次进行混合搅拌。

6. 饲料搅拌混合时间要合适

目前，饲料原料经粉碎后，主要采用机械拌和。常用的搅拌机有立式和卧式两种类型。立式搅拌机适用于拌和含水量低于4%的粉状饲料，含水量过高则不易拌和均匀。这种搅拌机所需动力小，价格低，维修方便，在一些中小型土猪场中被普遍使用。这种搅拌机搅拌时间长，一般每批需10～20分钟。卧式搅拌机的搅拌时间为3～7分钟。不管何种搅拌机，确定最佳搅拌时间是十分必要的。搅拌时间应以搅拌均匀为限，搅拌时间不够，饲料搅拌不均匀，影响饲料质量；过久则使饲料混合均匀后又因过度混合而导致分层现象，同样影响混合均匀度。混合均匀度指搅拌机搅拌饲料能达到的均匀程度，一般用变异系数来表示。饲料的变异系数越小，说明饲料搅拌越均匀；反之，则越不均匀。生产成品饲料时，变异系数不能大于10%。

第六章

土猪场的猪舍建筑设计

土猪场猪舍设计的基本原则和要求

一、猪舍设计与建造的基本原则

（一）符合猪的生物学特性和福利条件

猪在进化过程中形成了许多生物学特性，不同的猪种或类型，既有其种属的共性，又有其各自的特性，但对任何一个猪种而言，应首先根据猪对温度、湿度等环境条件的要求设计猪舍。一般猪舍温度最好保持在 $15\sim25℃$，相对湿度在 $45\%\sim75\%$ 为宜，并保证猪舍内空气新鲜、光照充足，能满足猪的基本福利条件。

（二）适应当地的气候及地理条件

我国地域广阔，各地的自然气候及地区条件不同，对猪舍的建造要求也各有差异。一般对夏季气候炎热的地区，主要是考虑防暑降温；而对高燥寒冷的地区，应考虑防寒冷，力求做到冬暖夏凉。

（三）经济适用，成本要低

猪舍的设计和建造要把握两个关键环节，一是要综合考虑各项成本，包括土地、人力、水电、饲料、建筑、污染治理等成本因素以及投资者自身经济实力后，确定最适宜的生产管理流程和饲养模式。只有在此基础上，才能确定猪舍设计的最佳方案，使猪舍的造价在投资者自身能够承受的范围之内，否则超过自身的投资规模，借债建造是不良之策；二是猪舍的设计和建造要与猪场所采用的新材料、新工艺、新技术、新设备相配套，而且运转成本要低。

（四）便于科学地饲养和管理

建造猪舍时首先应根据生产管理流程，精确计算各类猪栏数量，然后计算各类猪舍栋数，最后完成各类猪舍的布局设计。其目的是方便生产操作，降低生产劳动强度，能达到科学饲养和管理的目的。

二、猪舍建筑与设计的基本要求

（一）猪舍的选址条件要求

猪舍选址应在高燥、通风良好之处。由于我国冬季多西北风，故猪舍设计应坐北朝南或南偏东、西 45°以内为宜，可使猪舍冬季多接受阳光照射，夏季少接受太阳辐射，达到冬暖夏凉的目的。

（二）猪舍小气候基本要求

猪舍建造的基本目的是创造适合猪生存、生长、繁殖的环境条件，舍内环境主要指温度、湿度、气流、热辐射、光照、有害气体、噪声等小气候因素，猪舍设计是否合理对这些小气候因素影响极大。在猪舍设计时，保证合适的檐高以及窗地比，使猪舍通风透气和光照充足，必要时还要安装通风设备。为了降低舍内湿度，在建造猪舍时要保持地面平整，还要带有一定坡度，便于排水，达到降低湿度的目的。猪舍内的温度对猪的生长、生存及繁殖影响极大，因此人为地控制温度也必须从猪舍设计上入手。猪舍内的温度控制包括冬季的保温和夏季的降温，在寒冷季节对哺乳仔猪舍和保育猪舍应设计加热和保温设施。猪舍的墙壁设计要求坚固耐用，在冬季温度较低的地方还应具有良好的保温隔热性能。在炎热的夏季，除做好防暑降温工作外，还要加大通风。从以上几个方面可见，猪舍的设计是否合理对猪舍小气候的影响极大。

（三）猪舍建筑的要求

1. 猪舍建筑结构要求

（1）猪舍内设计通道要求　猪舍建筑一般采用单层，在舍内猪栏与猪舍长轴平行排列，饲养规模大的种猪舍多为两列，中间设计一条饲喂走道隔开，两侧靠纵墙各留一条供猪进出猪栏的通道；对以舍饲圈养为主的生长肥猪舍则只设中间一条通道，饲喂与赶猪共用；即使是传统的单列式猪舍也要在北侧方向设置通道。任何猪舍设计通道的目的都是方便饲养管理。

（2）猪舍的空间要求　一般砖混结构猪舍开间多控制在 3～4.5 米，纵长可因地制宜控制在 45～75 米，跨度通常为 9～15 米，过小会增加单位面积的投资成本，过大会影响采光和自然通风。由于南方夏季炎热，舍内净高（地面至天棚或梁底高度）以 2.6～2.8 米为宜。屋面采用人字形坡式，有利于自然通风，要求结构简单、轻便、防水、耐火、保暖及隔热性能好。

（3）墙体、窗户和地面要求　猪舍墙体要求结构简单、坚固、防火、防潮、耐水。公猪舍、母猪舍、产房、保育舍宜采用有窗式猪舍，育成舍、育肥舍可采用开放式猪舍。有窗式猪舍在猪舍侧墙可安装活动窗，温暖季节开窗调节舍温，寒冷季节关闭大部分窗户，形成半封闭状态，以利猪舍保暖。开放式猪舍两边侧墙做 1 米高水泥墙裙，开放部分用各种可升降的保温卷帘，以改变开放部分大小，调节舍内环境。卷帘以特制布料为好，更换也方便，比较耐用。北方地区对开放部分可使用塑料和竹竿等材料做成暖棚。猪舍地面要求坚实、平整、毛面不滑、耐腐蚀、便于清扫，仍以水泥地面为好。地面要有一定坡度，从走道中央到排水沟的坡度为 2%～3%。

2. 猪舍建筑的通风与温度调控设计要求

（1）夏季的通风降温措施　猪舍选址要在高燥、通风良好的位置，朝向以南向或南偏东、西 45°以内为宜，可使猪舍达到冬暖夏凉的效果。猪舍间应有足够的间距，间距尽可能达到檐高的 5 倍。猪舍之间地面要种树和牧草等绿色植物，既可减少地面热辐射，又可为猪提供部分青绿饲料。在土地相对充足的地区，猪场规划中设计种猪舍，应尽可能采用小运动场的单栏饲养，以降低饲养密度，有利于舍内降温。栋与栋之间可设置水泥池，热天轮流放出种猪活动，并在水泥池内洗澡，利用猪体散热，改善猪的福利。夏季由于太阳直射，南北向猪舍的南侧宜搭遮阳棚，棚顶覆盖黑色塑料网膜，以减少阳光照射，达到降温的目的。此外，还可实行水帘降温，这是近几年发展起来的一种猪舍蒸发散热方法。在猪舍的一端安装 2～3 个抽风机，另一端安装水帘，整个猪舍要求能密闭，屋顶装天花板，门窗能紧闭，通过抽风机的作用，使舍外空气先经过冷水湿帘降温后再进入猪舍，舍温可降低 5～8℃，在夏季室外温度 35～36℃时，可使舍内温度保持在 28℃以下，但此类型猪舍建筑投资较大。

（2）猪舍的隔热保暖要求　猪舍在夏季过热的主要原因是猪舍屋面和墙体等外围护结构的隔热性能差，导致室内高温，阳光辐射及猪群自身散发的热量在舍内积聚。屋面及墙体的隔热性能好坏主要取决于所用建材的热阻值和贮热性能，与猪舍结构有关系。猪舍如用石棉瓦盖顶，最好配以加密泡沫板吊顶，使瓦面与舍内有一个空气间隔层，以减缓热传递，保持舍内夏季凉冬季暖。生产实践已证实，猪舍的建筑保暖重点在仔猪舍。哺乳仔猪适宜温度是 30～32℃，冬季寒冷条件下为保证仔猪成活和正常生长发育，必须在哺育栏内设置保温箱，箱内设红外线灯或电热垫板。断奶仔猪转入保育舍后，舍内温度要达到 20～24℃，也必须要求保育舍建造时注意保暖，如窗户能密闭，猪床高出地面 50 厘米左右，采用条状或网状漏缝地板，保持栏内干燥，这是保育猪舍建造的前提。仍达不到温度要求时，可使用热风炉、烟道、热水管道等加温。

第二节 猪舍的建筑与圈舍设计

一、猪舍的类型

（一）按猪舍屋顶形式划分

1. 单坡式猪舍

单坡式猪舍一般跨度较小，屋顶由一面坡构成，结构简单，省料，造价低，投资少，便于施工，通风采光较好，但冬季保温性能较差，适合小型土猪场。

2. 双坡式猪舍

我国大部分猪场建筑都采用双坡式。双坡式即有屋脊，屋顶有两斜坡面。其优点与单坡式基本相同，保温性能好。但造价较高，投资相对较大，而且对建筑材料要求较高，适合各种规模的猪场。

3. 平顶式猪舍

平顶式猪舍的屋顶为平面，一般采用预制板或现浇钢筋混凝土屋面，造价一般较高，适合各种规模的猪场。

（二）按猪栏排列方式划分

1. 单列式猪舍

单列式猪舍中猪栏排成一列（一般在舍内南侧），靠北墙一般设饲喂通道，在舍外南侧可设或不设运动场。该类猪舍的优点是建筑跨度较小，构成简单，猪舍通风和采光良好，建筑材料要求较低，省工、省料、造价低；缺点是建筑利用率低，送料、供水、清粪均采用人工操作。一般中小型土猪场建筑和种猪舍建筑，多采用单列式猪舍，如图 6-1 所示。

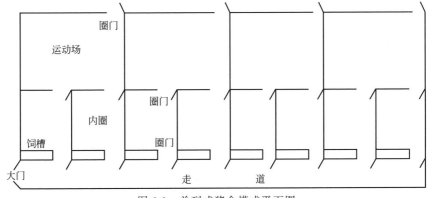

图 6-1 单列式猪舍模式平面图

2. 双列式猪舍

双列式猪舍中将猪栏排成两列，中间设一个饲喂通道，一般没有室外运动场。这种猪舍优点是建筑面积利用率高，便于实现机械化饲养，管理方便，保温性能好；缺点是采光、防潮不如单列式猪舍，若管理不善，舍内易潮湿。育成、育肥猪舍一般采用此种建筑模式，如图 6-2 所示。

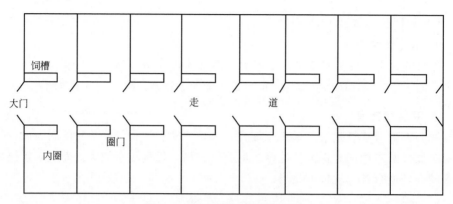

图 6-2　双列式猪舍模式平面图

（三）按猪舍墙壁结构特点和窗户形式划分

1. 开放式猪舍

开放式猪舍有两种结构形式，一种为猪舍三面设墙，南面无墙而完全敞开，用运动场的围墙或围栏圈养猪群；另一种为猪舍无任何围墙，只有屋顶和地面，外加围墙或棚栏围住。这种猪舍通风采光良好，结构简单，造价低，猪群能自由地在运动场活动，但受外界影响大，舍内昼夜温差较大，保温防暑性能较差，较难解决冬季防寒问题，适合夏季气温较高的地区建造。此类猪舍也适合在放养土猪的牧场建造。

2. 半开放式猪舍

半开放式猪舍上有屋顶，猪舍三面有墙，南面设半截墙，冬季如在半截墙上挂草帘、布帘或钉上塑料布，能明显提高其保温性能。半开放式猪舍设运动场或不设运动场均可。此类猪舍由于介于封闭式猪舍和开放式猪舍之间，克服了两者的短处，因此目前在许多小型土猪场被广泛采用。

3. 有窗式猪舍

此类猪舍四面设墙，窗设在纵墙上，窗的大小、结构和数量可根据当地气候条件而定。一般要求寒冷地区猪舍南窗大、北窗小，以利于保温；而对夏季炎热的地区，为了保证夏季有效通风，还在两纵墙上设地窗，或在屋顶设风管等。有窗式猪舍保温隔热性能较好，又能根据不同季节启闭窗扇来调节通风和温度，受舍外气候变化影响小，特别是冬季保温性能好，因此，被一些土猪场广泛应用。

二、猪舍的基本结构和建筑材料的选择

（一）猪舍的基础

猪舍的基础指猪舍的地下部分，主要作用是承载猪舍的自身重量、屋顶积雪重量和墙及屋顶承受的风力。基础材料多为石料、混凝土预制或砖。由于基础需要承受很大的负荷，要求有足够的强度和稳定性，以防止因沉降过大或产生不均沉降而引起猪舍裂缝和倾斜。猪舍基础的埋置深度，要根据猪舍的总荷载、地基承载力、土层的冻胀程度、地下水位及气候条件等情况来确定。基础受潮会引起墙壁及舍内潮湿，因此，修筑基础要注意防潮防水。为防止地下水通过毛细管作用浸湿墙体，在基础墙的底部应设防潮层。基础一般要比墙宽10～15厘米。

（二）猪舍的地面

猪舍的地面是猪采食、躺卧、活动和排泄粪尿的地方，因此猪舍地面要求坚实、平整、不透水，易于清扫、消毒。地面一般应保持2%～3%的坡度，以利于保持地面干燥。由于地面对猪舍的保温及猪的生产性能有很大影响，一般要求地面具有一定的保温性能。石板地面、砖地面和三合土地面保温性能好，但不坚固、易渗水，也不利于清洁和消毒；水泥地面坚固、平整、易于清扫、消毒，但保温性能差；有的猪场部分或全部采用漏缝地板。漏缝地板种类较多，有块状、条状和网格状等，常用的漏缝地板材料有水泥、金属、塑料等，一般是预制成块，然后拼装。目前猪舍的地面多采用水泥地面和漏缝地板。

（三）猪舍的墙壁

猪舍的墙壁是猪舍的主要结构，也是猪舍建筑结构的重要部分。墙壁具有承重、隔离和保温隔热的作用。按墙壁所处的位置可把墙壁分为内墙和外墙，内墙为舍内不与外界接触的墙，外墙是直接与外界接触的墙。按墙壁的长短又可把墙壁分为纵墙和山墙（端墙），沿猪舍长轴方向的墙称为纵墙，两端沿短轴方向的墙称为山墙，猪舍一般为纵墙承重，承重墙的承载力和稳定性必须满足结构设计要求。猪舍墙体的多少、有无主要决定于猪舍的类型和当地的气候条件。猪舍的墙壁要求坚固、耐用、抗震、耐水、防火，结构简单，便于清扫、消毒，并有良好的保温隔热性能和防潮能力。根据不同地区不同地理环境的要求，墙壁使用不同的材料，目前常用的是石料墙壁和砖墙。石料墙壁坚固耐用，但导热性强，保温性能差；砖墙保温性能好，有利防潮，也较坚固耐久，但造价高。为了使墙内表面便于清洁、消毒，地面以上1.2～1.5米高的墙面应设为水泥墙裙，以防冲洗消毒时溅湿墙面和防止猪损坏墙面。墙体的厚度应根据当地的气候条件和所选墙体材料来确定，既要满足墙的保温、坚固、防潮等要求，又要尽量降低成本和投资。

（四）猪舍的门窗

1. 门的标准要求

门是供人和猪出入的地方。双列式猪舍中间过道一端设双扇门，要求宽度不小于 1.5 米，高度为 2 米。单列式猪舍走道门要求宽度不小于 1 米，高度为 1.8～2.0 米。猪舍门一律向外开，门外设坡道，便于手推车出入。对门的设置应避开冬季主导风向，必要时加设门斗。

2. 窗户的标准要求

窗户主要用于采光和通风换气。窗户面积大，则采光多，换气也好，但冬季散热和夏季向舍内传热也较多，不利于冬季保温和夏季防暑，所以窗户面积的大小、数量、形状、位置应根据当地气候条件合理设计。一般要求窗户的大小以采光面积与地面面积之比来计算，育肥猪舍为 1：(15～20)，种猪舍为 1：(8～10)；窗户距地面高 1.1～1.3 米，窗顶距屋檐 0.4 米；两窗间隔距离为其宽度的 2 倍，猪舍的后窗大小无一定标准。为增加通风效果，猪舍可再设地窗，地窗长 50 厘米、高 20 厘米。对半开放式猪舍的半开放部分，可采用半敞式卷帘系统加上防鸟网，有着良好的通风、换气、采光功能，就是在冬季遮盖上塑料也有较好的保温隔热效果。其优点：一是可以减少猪舍工程造价；二是可以通过控制通风口大小，随意调节舍内温度和通风量；三是操作方便，只需 1～2 个减速器就可以控制整幢猪舍的卷帘，可以手动也可以电动。由于半敞式卷帘系统加上防鸟网具有以上几个优点，因此会成为今后猪舍设计的一个方向，而且特别适合南方气候炎热地区使用，目前在南方一些新建规模猪场大都采用这一卷帘系统。

（五）猪舍的屋顶

屋顶是猪舍最上层的屋盖，起遮挡风雨和保温隔热的作用。猪舍的屋顶要求坚固，有一定的承载能力，不漏雨、不透风、保温、耐久、耐火，而且结构简单，造价便宜。屋顶按其形式主要有平屋顶、坡屋顶、拱形屋顶，炎热地区用气楼式和半气楼式屋顶。屋顶的材料也多种多样，根据材料不同有瓦屋顶、水泥预制屋顶、石棉瓦屋顶和钢板瓦屋顶等。屋顶材料的选择，可根据猪舍的类型来确定，我国大多数猪舍选用的是瓦屋顶、石棉瓦屋顶和水泥预制屋顶。但近些年选用彩色钢板瓦屋顶已成为趋势，由于此种屋顶材料经久耐用，维修成本低，且美观大方，已成为今后猪舍设计中首选的屋顶材料。选用此种屋顶材料时，最好内面铺设隔热层，提高猪舍的保温隔热性能。

三、各类猪舍建筑设计的特点与标准要求

（一）猪舍建筑的通用设计标准要求

猪舍建筑的通用设计是指对带有共性的猪舍平面、猪舍开间、猪舍跨度、猪舍内净高、猪舍门窗、雨水沟和排水沟、运动场及消毒池的设计。

1. 猪舍的平面设计

我国土猪舍建筑一般选用单层长形平面设计，猪栏在舍内与猪舍长轴平行排列，猪栏多为一列，靠窗户一边是饲喂通道，饲喂和赶猪共用，这样可最大限度利用猪舍面积，便于管理与操作。但对产房或保育舍一般采用多个单间，实行全进全出，猪栏也是沿多个单间猪舍的长轴排列。

2. 猪舍跨度

猪舍跨度通常按建筑模数选用9～15米跨度。跨度过小会相对增加单位面积投资成本，而跨度过大又会降低自然通风和采光效果。猪舍的跨度一般根据猪舍类型来确定。

3. 猪舍开间

猪舍开间一般控制在3～4米。猪圈面积大小因猪群的大小而异，一般砖混结构的猪圈面积，每间15～20米^2。猪舍开间与猪舍纵向总长度也有一定关系。猪舍纵向总长度应根据场区总平面布置要求，按开间的整数倍数确定，一般把猪舍纵向总长度控制在45～55米较合适。猪舍过长则不便于饲养管理，这是设计猪舍时要注意的问题。

4. 猪舍内净高

猪舍内净高与人和猪都有一定的关系，也能影响猪舍内小气候环境。猪在舍内的活动空间是舍内地面以上1米高的范围内，这一区域的温湿度和空气质量对猪群的影响最大，而人在猪舍内的活动空间是舍内地面以上2米高范围内。由于我国南北气候差异较大，再加上各猪舍采用的通风降温设施不同，因此对猪舍内净高要求不同。一般北方猪舍的舍内净高以2.5～2.8米为宜，南方猪舍的舍内净高以3～3.5米为宜，空间过大不利于冬季采暖保温，过小不利于夏季防暑降温。猪舍采用湿帘负压抽风控温时，为保证通风降温效果，猪舍内还要有吊顶结构，吊顶高度以2.7米为宜。

5. 猪舍排污沟与排水沟

排污与排水是两个不同的管网系统，排水沟指雨水沟，是承接屋檐下雨水的专用沟，它与排污沟不同，两者不能交叉，更不能通用，任何猪场都要做到雨污分流。一般要求雨水沟宽20～25厘米，倾斜度1％，下雨天可将雨水排出场外。

排污管网系统的设计必须在建筑物建造以前规划完成，不能先建猪舍后设计排污管网。排污管网系统一般按地形、坡度、污染治理模式、各类猪舍的功能等不同情况，采用不同的管网设计和布置。在设计排污管网系统时，应把握一个原则，即切实做到三分离——雨污分离、干湿分离、人猪分离，减轻劳动强度，使其操作方便、运行畅通、不易阻塞，并与粪污治理模式相配套。

6. 运动场

土猪养殖场多在猪舍的南北侧设运动场，为生长育肥猪提供运动场地，对断奶母猪舍最好也设运动场，其优点是能让母猪适当运动，有利于断奶母猪相互追逐爬跨，促使母猪发情。有条件的土猪场还要建公猪专用运动场，每天让公猪适当运动，有利于提高公猪的繁殖性能，延长公猪的使用年限。

7. 消毒池

任何猪场都要在大门口设宽度与门相等、有挡雨屋顶、长度不少于 3 米、深度不少于 0.15 米的消毒池，池内放入不少于 0.10 米的有效消毒液。此外，还要在每栋猪舍门口设消毒池，并放入足够浓度的高效低毒消毒液。消毒池内的消毒液每 3～5 天更换一次。进出车辆必须经过消毒池，进出人员必须更衣换鞋，踏过消毒池内的消毒液后方可进入猪舍。

（二）不同猪舍的建筑要求及内部布置

小型猪场可建单坡式猪舍供各类猪群使用，大、中型猪场要按性别、年龄、生产用途等建各种专用猪舍。猪场不管规模大小，都要根据不同性别、不同饲养条件和不同生理阶段的猪对环境、设备的要求来设计猪舍内部结构，并根据猪的生理特点和生物学特性，合理布置猪栏、走道等。总的来说，猪舍的设计与建筑，首先要符合养猪生产管理流程，其次要考虑各自的实际情况，黄河以南地区以防潮隔热和防暑降温为主，黄河以北地区则以防寒保温和防潮防湿为重点。

1. 公猪舍

公猪舍一般为单列半开放式建筑，内设饲喂通道，外有小运动场，以增加公猪的运动量，一圈一头。公猪舍要置于上风向较僻静处。人工授精室、精液检查室应设在公猪舍的一端。公猪栏面积一般为 7～9 米^2（不含运动场），隔栏高度为 1.2～1.4 米，隔栏可用热浸镀锌管，也可用砖建造。舍内地面不能太光滑，坡度为 2%。舍内装饲槽和自动饮水器，必须保证每头公猪每天有 10～13 升的饮水量。公猪舍温度要求在 16～21℃，风速为 0.2 米/秒。

2. 空怀母猪舍

空怀母猪舍可为单列式（可设运动场）。空怀母猪舍应靠近种公猪舍，设在种公猪舍的下风向，使母猪气味不干扰公猪，公猪的气味可以刺激母猪发情。一般中小型土猪场对空怀母猪实行群养，每栏饲养空怀母猪 4～8 头，使其相互刺激促进发情。圈舍面积一般为 7～9 米^2，一头母猪约占面积 2 米^2。有条件的土猪场也可将种公猪舍和空怀母猪舍合为一栋，中间设置配种间隔开。

3. 妊娠母猪舍

妊娠母猪舍可为单列式（设运动场）。妊娠母猪可采用群养（4～6 头），也可单养，两种饲养方式各有利弊。群养妊娠母猪，饲喂时亦可采用隔栏采食，采食时猪进入小隔栏，平时在大栏内自由活动，可减少肢蹄病和难产的发生，延长使用年限，而且猪栏占地面积少，利用率高。但大栏群养时猪之间咬斗的现象较多，易导致死胎和流产。为了解决此问题，可采用妊娠母猪前期分组大栏群饲、妊娠后期采用单体栏的饲养方式。为了防止配种后的前 4 周内发生流产的问题，也可采用单体栏饲养。大栏面积为 7～9 米^2，地面坡度不要大于 2%，地表不能太光滑，以防母猪跌倒造成流产。舍温要求 18～22℃，风速以 0.2 米/秒为宜。

4. 分娩哺乳母猪舍

分娩哺乳母猪舍是猪场建筑的核心部分，其建筑应具备良好的隔热、保温、通风、防暑等性能，还要设置必要的生产设备。分娩哺乳母猪舍可选用有窗封闭式建筑，多为单列式或双列式。因分娩猪适宜温度为 16～20℃，而初生仔猪的适宜温度为 29～32℃。当舍温接近 30℃ 时，母猪会出现热应激，如气喘、厌食、泌乳量下降等；而当舍温偏低时，初生仔猪通常挤靠母猪或相互挤堆来取暖，常有被母猪踩死、压死的现象。而且当舍温偏低时，不但不利于母猪产后生理功能的恢复，还严重影响仔猪的存活和发育。为了解决"母仔难兼顾"问题，分娩哺乳母猪舍应设母猪限位区和仔猪活动栏两部分，仔猪活动栏内一般设置仔猪保温箱和仔猪补料槽。保温箱采用加热地板、红外线灯或热风器等，给仔猪局部取暖。

5. 仔猪保育舍

仔猪保育舍的建筑设计，既要考虑断奶仔猪的生理特点，又要注意经济实用。由于断奶仔猪身体各项机能发育不完全，体温调节能力差，特别怕冷，加上机体抵抗力、免疫力比较低，易感染疾病。因此，在建设仔猪保育舍时，应首先考虑取暖保温，可选用有窗封闭式建筑，在冬季一般应配备供暖设备，以保证仔猪生活的环境温度较为适宜，这是影响断奶仔猪成活率的极重要的因素。仔猪保育舍内温度要求 26～30℃，风速为 0.2 米/秒。仔猪保育舍采用地面或网上圈养，每圈 8～12 头，最好原窝饲养，每窝一圈，这样可减少因陌生而重新建立群内秩序造成的应激。生产实践已证实，采用仔猪保育栏或者是发酵床培育断奶仔猪，可减少仔猪疾病的发生，有利于仔猪健康，提高仔猪成活率。

6. 生长育肥猪舍和后备母猪舍

生长育肥猪舍和后备母猪舍如用舍饲圈养模式均采用大栏地面群养方式，其结构形式基本相同，只是在外形尺寸上因饲养头数和猪体大小的不同而有所变化。生长栏和育肥栏一般原窝饲养，每栏 8～12 头，每头占栏面积 1～1.2 米^2，内配食槽和自动饮水器；后备母猪栏一般每栏饲养 4～5 头，内配食槽和自动饮水器，有条件的土猪场对后备母猪舍可加修运动场，对后备母猪培育有一定好处。为减少猪群周转次数，一般把育成和育肥两个阶段的猪合并成一个阶段饲养。在建筑设计生长育肥猪舍时，要充分考虑冬季防寒、夏季防暑的要求。夏季舍内通风良好，没有阳光直射，舍内温度控制在 28℃ 以下，必要时设置降温设施；冬季舍内温度要在12℃ 以上。生长育肥猪舍多采用单列式，也可加修运动场，让生长育肥猪在运动场活动。建筑选材要具有坚固耐用，防寒、隔热性能好的特性。猪栏一般采用砖、沙、水泥建造，也可用热浸镀锌管建造。对场地面积过小又不能加修运动场，而且饲养规模较大的中型土猪场，生长育肥猪舍可采用双列式。

第七章

土猪的饲养模式与技术

第一节 土猪的舍饲圈养模式与技术

一、土猪舍饲圈养概念与规模确定要考虑的问题

（一）土猪舍饲圈养与规模化饲养的概念

土猪舍饲圈养在中国有近万年的历史，但随着养猪生产的发展，如今的土猪舍饲圈养从各个方面讲已不同于传统的土猪舍饲圈养。现代的土猪舍饲圈养采用先进的科学技术，借助一定的设施和设备，创造适宜土猪需要的饲料供应体系、良好的生活环境条件、配套的健康保健措施，以及福利与生态养殖等；并且能够达到高生产水平、高劳动效率、高经济效益的目的，且具有一定规模。

土猪舍饲圈养必须要有一定的规模，也称为规模化饲养，是养猪生产规模经营的表述，指一个养猪生产单位或养猪场，根据养猪生产者的资金力量、劳动力、养猪技术的掌握程度与经验，以及使用设备等条件，确定适度的饲养规模。

（二）土猪舍饲圈养规模确定要考虑的问题

1. 产品销路

土猪养殖最大的一个问题是产品销路，在一定程度上说，土猪产品销售具有一定的局限性。由于土猪生长速度慢，生长周期长，加上膘厚瘦肉率低，如果土猪肉价低则导致养殖效益差甚至亏损；如果土猪肉价高，一般的消费者不愿购买，市场上卖肉的销售商也不愿卖。土猪肉的市场销售实际情况具有一定的地域性，一般的土猪养殖生产者如果没有产品销售渠道，是难以把几十头或几百头的上市出栏肉猪销售出去的。因此，土猪养殖者首先要考虑土猪产品销路，要对土猪产品市场情况有所了解，并要调查研究市场行情，对今后市场的发展趋势、人们的消费水平和承受能力作出科学论证和预测，再确定饲养规模的大小。有土猪产品销路，可以走规模化生产与经营路线。比如"公司＋农户"或"农户＋养猪专业合作社"模式，挂靠某个猪产品销售大公司或加入养猪合作社后，生产者只考虑养土猪，有大公司或合作社按养殖协议收购土猪产品。

2. 土猪养殖人员对养猪技术掌握的熟练程度

饲养人员能否使土猪种的生产性能得到充分发挥，比如充分利用青绿多汁饲料饲喂，降低饲养成本；技术人员对疫病进行防治，疾病能否得到有效控制与治疗；饲料配制是否科学，能否保证各种猪群的正常生长发育；对母猪及仔猪的管理水平是否有一定的生产经验，能否使仔猪有较高的成活率。如果人员素质还不够高，适度规模应由小到大逐渐过渡。

3. 经营管理水平

规模养殖土猪成败的关键是经营管理，一个规模土猪养殖场业主的经营管理水平高低，与规模土猪养殖的发展有着极大的关系。如果业主经营管理水平还不够高，土猪养殖生产规模应由小到大逐渐过渡。

4. 饲料生产与供应

规模土猪养殖每天需要大量的青绿多汁饲料，才能发挥土猪的种质特征，尤其是对种猪生产有相当大的作用，而且还能节约精料，降低饲养成本。因此，青绿多汁饲料的生产对规模土猪养殖相当重要。此外，精饲料的采购是否有一定的渠道，比如玉米、豆粕等，如果以外购为主，就要有稳定的供货商才行。另外，自己要有饲料加工设备，除了仔猪全价颗粒料以购买成品外，其他猪的饲料应尽量自己加工、自己配制，这样可大大降低饲料成本。

5. 充足的资金保证

规模土猪养殖需要一定规模的资金投入，先期是建猪场、购买种猪或仔猪、设备等，需要一定的资金投入。接着在养殖生产中，要投入一定的资金购买精饲料、兽药等，并对饲养人员等的工资进行支付。养殖规模大，资金投入就大。如果没有一定的资金来源，规模养殖难以进行。

6. 场地环境

主要考虑隔离、防疫、卫生和粪污处理。猪场一定要远离村镇居民居住地，达到一定的隔离距离（最好在3000米），并有围墙和树木屏障隔离。生物防制要科学合理，保证无疫病发生。猪场内外环境应干净卫生，对粪污处理要有相应的设备和方式。场地环境达不到这几个标准，不管规模大小都不允许生产，否则会受到有关部门的处罚。

二、土猪舍饲圈养模式的生产条件

（一）猪场的基础条件

1. 场址的选择要求

应选择地势高燥，远离村镇居民点、其他牧场、动物屠宰场、污水厂、水源取水口等 500 米以上的地方，并远离交通要道。

2. 土地和建筑物的面积要求

以 100 头母猪的猪场为例，以 1：20 的比例生产繁殖，年上市商品猪 2000 头，以每头猪 1 米^2 算，需要猪舍 2000 米^2，加上配套设施面积 25%（饲料仓库、办公室、兽医室等），需 2500 米^2。以土地利用率 1：2 算，需土地 5000 米^2，加上配套土地（以 1：1 计算），均需土地 10000 米^2。

3. 猪舍布局要求

（1）生产区　种猪繁殖区（公、母猪）、分娩区（产房）、保育猪区、育肥猪区。

（2）配套附属区　引种（病猪）隔离舍、兽医及兽药室、人工授精室、饲料加工车间、饲料仓库、门卫消毒更衣室、出猪通道码头等。

（3）粪尿污水处理区　干粪堆放区、尿液处理区、污水污物处理区、沼气池等。

（4）生活和管理区　办公室、食堂、饲养人员和管理人员住房、职工活动室等。

4. 设备设施

（1）基础设施　充足的水源（自来水或深井水）、电源和通信等。

（2）生产设施　分娩母猪栏、保育猪高床漏缝地板、围栏、喷雾消毒器、兽药及器械等。

（二）猪场主要的生产条件

1. 种猪

（1）母猪品种　地方优良品种有太湖猪、东北民猪、监利猪、宁乡猪、荣昌猪、北京黑猪等。生态养猪场应根据当地气候、生产条件、市场需求、饲料供应等情况选择适宜的品种饲养。

（2）公猪　主要以地方品种为主。

（3）饲养种猪数量　以一个生产母猪 100 头的猪场为例，配套公猪 4～5 头，母猪年更新率 25%～30%，公猪年淘汰率 40%～50%；后备猪使用前淘汰率母猪为 10%，公猪为 20%；每年应更新母猪 30 头左右（公猪 4～6 头），分 2～3 次更新，每次更新 10～15 头（公猪 2 头）。

（4）种猪利用年限　母猪平均5年（10胎龄左右），公猪平均3～5年。

（5）公母比　自然交配为1：25，即1头公猪配25头母猪；人工授精为1：（300～500），即1头公猪可配300～500头母猪。规模土猪场可自然交配与人工授精同时应用。

2. 青饲料地

有100头母猪的生态养猪场，有条件的要有青饲料地5～10亩（1亩＝666.67米^2），并配套农田100～300亩或果菜地300～500亩为宜。

（三）资金投入

资金投入规模由饲养规模所决定，中小型规模土猪场的投入资金大致是多少，已在上面有关章节中详细介绍，以供参考。

三、土猪舍饲圈养模式的关键技术

（一）分群分圈饲养

为了有效地利用圈舍和场地，首先应将养殖的土猪按品种、性别、年龄、体重、强弱等进行分群饲养与管理。除成年公猪、妊娠后期母猪及带仔母猪宜单圈饲养外，其他各类猪群一圈喂养多少头，应根据猪舍条件、猪的大小等具体情况而定。一般要求妊娠前期母猪2～3头一圈，断奶后的仔猪以原窝原圈养至转群或育肥结束为宜。若要大群饲养，比如在发酵床上饲养断奶仔猪或保育仔猪，为了避免合群初期仔猪相互咬斗，可采取"留弱不留强""拆多不拆少""夜并昼不并"的办法，即把较弱的仔猪留在原圈不动，把较强的仔猪并进去，并在夜晚进行并群后赶入发酵床的圈舍内。也可对并圈的仔猪喷洒来苏儿等无毒药液，使彼此气味相似而不易辨别，可减少互相咬斗。但在并圈的最初几天，饲养人员要多加看护，以防发生咬伤事故。分群或合群后，经过一段时间的饲养，群内还会发生体重大小和体况不匀的现象，应及时加以调整。

（二）选定饲养方案

为了保证各类猪都能获得生长与生产所需的营养物质，应根据各猪群的生理阶段及体况的具体表现和对猪产品的要求，按饲养标准的规定，保证饲料原料的多样化，并合理搭配各类饲料，分别拟定一个合理配制和使用饲料、保证营养需要的饲养方案。如对断奶后的仔猪，必须按仔猪的营养需要来配制全价配合饲料，一般选择有品牌的仔猪全价配合饲料饲喂7～10天，可保证仔猪断奶关顺利通过并进入保育期。对保育期后的生长育肥猪，也要根据育肥猪的出栏上市时间、体重要求及饲料条件的不同，拟定不同的育肥方案，以获得高日增重和背膘厚度不同的胴体。如对于舍饲加放养的生长育肥猪，在舍饲中也要按饲养标准规定来配制饲料，保证其营养需要。如果不按饲养标准配制日粮，满足不了生长育肥猪的营养需要，会对生长育肥猪造成严重影响，延长出栏上市时间，无法获取较好的经济效益。由于土猪大都是脂肪型猪，而且生长育肥猪的能量水平与日增重和肉质又密切相关，所以摄取能量越多，土猪日增重越大，胴体脂肪含量越高，背膘越厚。从一定程度上说，放养的目的是通过运动来消耗生长育肥猪的脂肪，提高其肌内脂肪含量和瘦肉率，并促使其骨骼发育；也通过放养使土猪能采食到更多的营养物质，使土猪肉更加鲜美。无放养条件的土猪养殖场，也可加大运动场面积，使生长育肥猪在运动场内多活动，并在育肥前期自由采食，而后期（活重70千克后）限制饲喂能量饲料，多喂青绿饲料或发酵后的树叶等，可获得脂肪沉积较少的肉用型胴体。

（三）选择饲料的调制方法

1. 打浆与切碎

青绿多汁饲料饲喂土猪时一般先切碎或打浆，而打浆生喂比切碎生喂效果好。据试验，打浆生喂比切碎生喂采食快，而且青绿多汁饲料干物质的消化率和蛋白质的消化率，打浆后分别为63.5％和50％，切碎后为61.2％和49.2％。打浆就是将青绿多汁饲料用打浆机打成浆液，便于猪的采食和咀嚼，也有利于消化液与食糜混合，提高饲料的利用率，并能减少青绿多汁饲料的浪费。此外，南瓜、红薯、胡萝卜及人工种植的籽粒苋、聚合草、串叶松香草等最好也要打浆或切碎，这样可提高青绿多汁饲料的利用率。

2. 粉碎与制粒

将籽实类饲料用机械粉碎，其目的是便于猪的采食和消化，有利于消化液和食糜的混合，减少胃肠消化过程中能量的消耗，从而提高饲料的利用率。特别是大麦、小麦等籽实类，因种子外壳被覆一层纤维质，在猪的消化道内很难被破坏，必须粉碎后才能利用。据试验，用整粒大麦喂猪时其消化率为67％，经粗磨后饲喂消化率为81％，细磨后饲喂消化率可提高到85％。因此，对籽实类饲料，如玉米、大麦、小麦、高粱等，在饲喂前一定要加工粉碎，以提高饲料利用率。制粒就是将加工好的玉米、大豆粕或杂粕、麦麸、矿物质、合成维生素等，根据饲养标准中规定的各类猪的营养需要，按一定比例配制后用颗粒机加工成颗粒饲料。颗粒饲料的优点是：适口性好，采食时间短，能够减少猪采食时的能量消耗；营养全面，可保证猪的生长发育和生产正常；有利于运输、喂料、贮存及机械化饲养，并减少饲料的浪费。如无制粒机，可将粉料加水后搅拌成湿拌料。

3. 发酵与青贮

利用微生物的发酵作用，软化粗纤维，改善饲料的适口性，这是我国劳动人民应用已久的加工调制方法。生产中一般可将适口性差的青饲料作为发酵原料，如构树叶等。制作发酵饲料要保证原料新鲜、菌种质量好、水分适量、温度适当，发酵时间应根据不同季节、温度、水分、菌种、密封程度而定。

青饲料经过切碎、青贮后由于乳酸菌的大量繁殖，使饲料中的部分糖类转变为乳酸，使青贮饲料具有酸、香、多汁的特点，可解决冬春季节青饲料缺乏的问题。青贮饲料不仅适口性好，猪爱吃，而且所含的有机酸有较好的促进消化腺分泌的作用。据试验，当在猪日粮中加适当的青贮饲料时，可使猪胃液分泌量增加 $2\sim3$ 倍。良好的青贮饲料约含有 $1.2\%\sim1.5\%$ 的乳酸及 $0.7\%\sim0.8\%$ 的乙酸，具有缓泻作用，对妊娠母猪用量不宜过多。刚开始喂时，喂量由少到多逐渐过渡。青贮饲料酸度过大时，可用 $3\%\sim5\%$ 石灰乳进行中和。青贮饲料易于变质霉烂，不能堆放过久，要随取随喂。

（四）做好饲料饲喂方法的选择与"三定"饲喂要求

1. 饲料的饲喂方法

土猪养殖生产中不同的饲喂方法，对饲料利用率和猪胴体品质均有一定的影响。自由采食的生长育肥猪增重较快，但胴体短而肥；限量饲养虽然会降低日增重，但可提高饲料利用率及胴体瘦肉率。因此，对生长育肥猪，在后期采用限量饲养方法并多喂青绿多汁饲料为好。

在饲料喂前的调制上，研究认为：颗粒饲料优于干粉料，干粉料及稠粥料优于稀饲料。土猪养殖场大多为中小型规模的猪场，一般来说以湿拌料喂种猪、生长育肥猪为宜，当然也可采用干粉料或颗粒料，要因场、因人、因猪而定；对仔猪以饲喂颗粒料为主。土猪养殖要彻底改变传统的稀食喂猪方法，一瓢饲料几瓢水，迫使猪吃下大量的水分。据研究，料水比 1：10 组比 1：5 组，每增重 1 千克多耗精料 7%。

2. "三定"饲喂要求

（1）定时饲喂　定时饲喂能使猪形成条件反射，促进其消化腺定时活动，有利于提高饲料利用率。尤其是放养加补料饲养模式，定时饲喂对土猪相当重要。生产实践中，可在固定的时间发出"吆喝"声，或用木棍敲打铁盆或铁器等发出声音，当放养的猪听到"吆喝"声或敲打铁器声音时，会自动跑到采食的地方吃食与饮水。

（2）定量饲喂　定量饲喂指根据不同类型土猪及生产的要求，对不同的猪给予一定的饲喂量。如对种公猪要根据配种季节与非配种季节严格定量饲喂，配种季节可多喂料，非配种季节要定量喂料；对后备种猪一般采取限量饲喂；对生长育肥猪在后期育肥中一般饲喂到 8～9 成饱即可。

（3）定质饲喂　定质饲喂指要保证土猪饲料的质量，而且日粮的配合不要变动太大，变更配料时要逐步改变。此外，要保证饲料的清洁卫生和新鲜，即使青绿多汁饲料也要达到这一要求。另外，严禁使用发霉变质的饲料饲喂土猪。

（五）保证饮水卫生与充足

水是维持猪生命与保证生产的重要物质。猪体 3/4 都是水，水的生理功能包括调节体温、转运养分和废物及作为代谢过程中的溶媒、润滑和泌乳等。长期饥饿的猪体重损失 40% 仍能生存，但如失水 10% 则代谢过程即遭破坏，失水 20% 即可能引起死亡。猪获得的水有三个来源：饮水、饲料中的水和体内三大营养物质的代谢水。一般土猪可从饲料中的水和代谢水中获得需水量的 20%～40%，因此还需要 60%～80% 的水分，这部分水分主要靠饮水供应。生产中水的供应量的多少因猪的年龄、生理状态、季节以及饲料特点不同而不同。土猪养殖生产中最容易忽视的两个问题：一是仔猪的饮水，仔猪出生后 1～2 天内就要饮水，并且要保证每天有清洁卫生的水供应，否则会饮不洁净的尿和污水而导致发病；二是高温季节食槽内缺水，在无自动饮水器的猪场，高温季节一定要保证食槽内不缺水，使猪能随时饮到充足的饮水，以免土猪中暑。一般来说，应先喂食后饮水，就是在饲喂青绿多汁饲料后，也要做到有干净卫生的饮水供应。有条件的猪场可在食槽上方一定位置和高度以及运动场角安装自动饮水器，保证猪能随时饮水。

（六）控制好猪舍环境

1. 控制好环境温度

低温会造成能量消耗增加，高温会降低土猪的食欲，尤其是土猪的皮下脂肪层较厚，对热的耐受力差。由于不同地区的差异和不同季节的更替变换会导致舍温发生极大的变化，因此要根据不同地区、不同季节控制好舍内温度。对各种猪舍，必须在冬季注意防寒保温，夏季注意防暑通风。猪舍内温度，冬季一般不要低于 12℃，夏季一般不得高于 30℃。

2. 控制好环境湿度

猪舍内湿度过高，有利于细菌繁殖、病毒传播以及寄生虫病的发生，也易诱发呼吸道疾病。夏季高湿不利于猪蒸发散热而加剧热应激反应；冬季高湿猪体会更加寒冷，影响其生长发育及生产。湿度过低则会导致猪舍空气粉尘增加，有利于空气中的病原微生物通过尘埃传播，并使土猪皮肤和黏膜干燥，造成猪的免疫力下降。一般来说猪舍的湿度应保持在 55%～60%。生产中可以通过开窗通风、风扇抽风或吹风、升温、更换垫料或向猪舍内喷水或消毒等方法来调节舍内的相对湿度。放养土猪也要注意放养地的湿度，放养地的湿度过大则寄生虫较多，极易使土猪感染，因此，尽量多到有阳光照射的山坡放养，少到湿度过大的阴坡地放养。

3. 控制好猪舍的圈养密度

圈养密度即每一圈喂养的土猪头数，取决于猪的不同种类、大小与体重，也和环境有关。一般要求种公猪和哺乳母猪要单圈饲养，妊娠母猪和空怀母猪每圈在 5 头左右，断奶后仔猪和生长育肥猪每圈 20 头为宜。研究表明，随着圈养密度的上升，土猪的平均日增重与饲料利用率往往下降，其原因可能是密度过高，圈里的小气候温度上升，导致土猪采食量减少；又由于密度过大，密集了猪内部积累的亚诊断疾病，群体极易发生非传染性疾病或传染性疾病。即使密度相同，大群往往仍比小群的生产指标低，这可能是由于群大引起群居秩序紊乱造成的，而这种紊乱表现为互相咬斗或交流频繁，削减了吃食与休息的时间。猪只密度除了圈面密度，还有空间密度，也就是一头猪所占有的空间大小，这也是一些土猪养殖场所忽视的地方。这就要求猪舍在设计时要有足够的高度，一般为 2.5～3 米，同时每栋猪舍不宜过长，应隔成小间，这样不但有利于空气控制，而且容易做到"全进全出"。

（七）控制好猪舍内的环境卫生及噪声

1. 实行"三点定位"及接近人的管理措施

猪群进入栏圈后，就要对猪群进行"采食区""休息区""排泄区"的"三点定位"，这是土猪养殖中一项重要的管理措施。训练土猪养成固定地点排粪与尿、采食、睡觉和接近人的习惯，有利于保持圈舍清洁、干燥和对猪群的饲喂、配种、接产、仔猪护理、称重、预防注射等工作的进行。而且猪群的"三点定位"调教好了，饲养人员的劳动量也就减轻了，猪舍的环境卫生也好了。其中，"三点定位"的关键是"排泄区"定位。有运动场地的栏圈，猪群入栏时首先要将猪赶到运动场活动，让猪在外排粪尿，经 1～2 天定位基本成功。

2. 保持圈舍干净卫生

土猪养殖中要保持圈舍干净及周围环境卫生，要经常清除粪便、污水，并定期刷洗饲槽、驱除或杀灭蚊蝇鼠害和对环境进行大消毒。经常保持圈舍干净卫生，并定期消毒除蚊蝇灭鼠，可防止猪群发生疾病。

3. 控制猪舍的噪声

猪舍的噪声来自外界的传入、舍内机械和猪只争斗等方面。噪声会使猪的活动量增加而影响增重，还会引起猪的惊恐，降低其食欲。因此，安静的环境有利于土猪的繁殖、生长。减少噪声对猪的应激，除了选择远离噪声源的场地和选择噪声小的设备外，生产中还应注意进出猪舍要轻声、轻步，防止猪之间发生争斗而引起群体反应。

（八）仔猪早期断奶

为了充分发挥土猪的繁殖性能，必须实行仔猪早期断奶。我国在当前土猪养殖条件下，仔猪于 35 日龄断奶比较适宜，这是规模养殖土猪的关键性措施之一。生产实践证实，仔猪于 35 天断奶，对母猪的繁殖性能及仔猪生长无不良影响。如果以母猪妊娠期 114 天，仔猪断奶后再发情间隔 7 天计算，母猪一胎繁殖周期为 156 天，一头母猪一年可繁殖 2.3 窝，一年可产仔猪 22 头左右。

（九）应用"促、控"的饲养管理方法

土猪在饲养上应采用"前不限后限"的"促、控"方法饲养，即体重在60千克以前敞开饲喂，60千克后限制饲喂，饲喂量为自由采食量的85％～90％，并补充一定量的青绿多汁饲料或发酵饲料。这种方法可使生长育肥猪在育肥前期迅速生长，提高饲料利用率，在育肥后期限制饲料量，以抑制脂肪的沉积，约可提高胴体瘦肉率2％。同样，在土种母猪饲养上采用"低妊娠、高泌乳"，即"前限后不限"的"控、促"方式，不仅可以节约饲料，而且可保持土种母猪的高繁殖力。

（十）疫病防治规范化

1. 建立科学的免疫程序

土猪养殖无论规模大小，都要建立科学的免疫程序，严格按照规定的免疫程序和要求组织实施，还要做到免疫档案记录完整、规范、齐全、可追溯。对猪瘟、口蹄疫、猪蓝耳病等疫病必须强制免疫，免疫密度达到100％，免疫抗体合格率也要保持在70％以上。

2. 实行严格的消毒制度

消毒是一项常规性工作，土猪养殖场无论规模大小，均应执行严格的消毒制度，按照规定时间对猪舍、猪槽、走道、运动场、大门口等用低毒高效的消毒药进行喷雾消毒。疫情暴发流行季节，还要加强消毒。

3. 对病死猪尸体执行无害化处理

土猪养殖场都要对病死猪尸体执行无害化处理，对病死猪尸体一律采用焚烧或深埋等无害化处理方式，严防病源扩散传染。

第二节　土猪的生态放养模式与技术

一、土猪生态放养的优势

（一）能节约一定的饲料费用

土猪放养的一个目的是让土猪到林下、果园、牧草地或庄稼收获后的闲置地寻找可食用的青草、树叶、果实、树根、草根、草茎、牧草、农作物籽粒和根茎以及掘食地下蚯蚓、昆虫、虫卵等，通过采食以上可食用的物质，在一定程度上能节省人工饲喂的饲料量，从而节约饲料费用。

（二）能提高猪群的体质

放养的土猪在大自然中自由运动，能充分接受阳光的照射呼吸，呼吸新鲜空

气；加上能吃到大自然中无污染的青草、树叶、果实等，大大提高了猪群的体质与适应能力。猪群健康，则发病率低，且又节约了兽药开支。

（三）能提高肉质与肉价

生产实践证明，土猪放养能提高肉质，肉质好则肉价高，这也是土猪生态放养的一个目的。土猪品种的种质特性对猪肉品质起决定性作用，放牧运动和生长速度是肉质性状稳定遗传的外在条件。研究表明，土猪由于放养，增大了活动量，运动使肌肉处于有氧代谢过程，增加了肌红蛋白的浓度和携氧能力，使肉色鲜艳红亮；放养的土猪新陈代谢旺盛，同化作用增强，能促使猪在囤肥阶段大量蓄积肌内脂肪，长出具有丰满大理石纹的猪肉；放养的土猪由于放养时间长，生长速度比较慢，一般放养的土猪饲养一年半左右才能出售，体重在 125 千克左右。从经济效益角度考虑，这是其缺点，但从生物学角度出发，经证实，凡是国际上极品猪的生长速度都相对较慢，因为风味物质的富集需要一定的时间，如西班牙的伊比利亚黑猪从出生到出栏要饲养 1.5 年，才能保证肌内脂肪的增加而产出"精品猪肉"，而肌内脂肪是大雪花肉的重要组织结构。土猪放养后通过运动与土壤接触，补充了机体需要的各种矿物质与微量元素，加上能采食到一些天然的、无公害的绿色植物及具有药物效用的野草及根茎等，使机体保持健康，对肉质的提高也起到了很大作用。土猪放养后肉质好，肉价高，也提高了养殖效益，这也是土猪养殖的真正目的。

二、土猪生态放养的场地要求

并非所有的山场、林地都能放养土猪，土猪生态放养的场地必须有良好的生态条件，有放养土猪可食用的野生饲料才行。生产实践证明，适合规模放养土猪的场地主要有山地、坡地、果园、竹园、草地、河湖滩涂地、农闲地和经济林地等。山地、坡地最好有灌木林、阔叶林和荆棘林等，其坡度不宜过大，附近有未被污染的水源（如小溪、池塘等）。场地应地势高燥，空气新鲜，环境安静，使放养的土猪能够自由活动，得到阳光照射，并且还能采食到天然的树叶、草茎、草根、果实等。尽量不要到阴坡、阴沟和树木密度过大的阴暗潮湿的场地放养土猪。这些场地阳光照射不到，寄生虫较多，也是毒蛇等野生动物的栖息地，土猪在此放养会受到寄生虫感染和毒蛇等野生动物的伤害，而且不利于管理。此外，不要在有野猪生活的灌木林地及经常出现野猪的场地放养土猪，野猪也是一些病毒的携带者，放养的土猪如与野猪接触，易受到某些传染病的传染。目前已证实，野猪也是非洲猪瘟的易感者，而且有些地方非洲猪瘟暴发与野猪有一定的关系。

适合规模放养土猪的果园、竹园和桑园等，应向阳、干燥、平坦，树冠较小，树木稀疏，无污染，有可饮的干净水源。否则场地阳光不足、阴暗潮湿，或坡度过大，不利于管理和猪体健康。果园或草地喷洒农药后 10 天内，不要放养土猪。在闲置的农田放养土猪，面积一般不低于 1000 米^2，而且应交通便利、地势平坦、远离村庄、取水方便、便于管理。

三、放养土猪的猪舍建造要求

（一）把握"三个原则"

1. 隔离与防疫原则

隔离与防疫是建造土猪舍的原则，对拟建的土猪舍要先做好调查，了解历史疫情和污染情况。对发生过疫情的场地或有污染源的地方，禁止在其上建土猪舍。土猪舍要远离污染源，并有良好的隔离条件和防疫设施。

2. 生态原则

放养土猪舍建造场址的土质、水质、空气、周围环境等要符合国家对猪场建造的生产标准要求，而且选择场址时还应考虑粪尿、污水等废弃物的处理和利用条件，如周围有大片农田、果园、茶园等，可以消纳大量的粪尿等废弃物。放养的场地如为山地、林地、果园、农闲地等必须轮牧，可间隔 10～15 天后再放养，不可固定在一个场地放养土猪，否则会对生态环境造成一定程度的破坏，且受到有关部门的处罚。

3. 经济实用原则

放养土猪的猪舍因结构比较简单，可建造在荒坡、林地等平坦的边次土地上，阳光充足，有一定的水源，尽量少占或不占农田。猪舍设计和建筑要科学、实用，在保证正常生产的前提下尽量减少固定资产投入。

（二）猪舍建筑要求

1. 选好猪舍位置

放养土猪的猪舍要建造在背风向阳、地势高平、交通便利、便于运输饲料和装运土猪的地方，而且离放养场地较近，切不可把猪舍建在离放养场地较远的地方，这样不便于放养。也不可把猪舍建造在低洼或阴潮的地方，要确保下雨不发生水灾和猪舍通风、卫生均良好。

2. 猪舍的建筑结构与面积要求

放养土猪的猪舍有砖混结构的封闭式或半封闭式育肥猪舍，业主可根据当地气候及放养条件确定。一般来说建成半封闭式育肥猪舍较好，夏季通风，冬季可用塑料薄膜或草帘等把未封闭的墙面封闭起来，节约资金投入。一栋育肥猪舍一般 100 头猪为 1 个单位，猪舍建筑面积以平均每头猪 2 平方米以上、10～20 头 1 栏计算。内圈要与舍外运动场相通，土猪可自由进出。舍内配置自由采食、饮水的设施。舍外运动场要与放养的山地、果园、林地等相通，这样可方便猪进出与管理。舍外运动场也要设置食槽和饮水器，确保补料与饮水方便。

3. 屋顶和地面牢固

放养土猪的猪舍虽然比圈养猪舍的建造简单，但屋顶和地面必须牢固。有条件的业主可用彩钢瓦或石棉瓦作屋顶，固定方便、耐用而且比较牢固、美观，将来还可拆卸后再用，节约成本。圈舍和运动场的地面最好硬化，以便清理粪便和猪舍消毒及排水。也可利用地势的斜坡把内圈建造成漏粪式地面，让粪便落入下面的粪便污水沟，便于清除。

4. 通风换气及保温隔热性能要好

根据放养季节能够调节猪舍的门窗进行适当的通风换气，确保猪舍内空气清新和环境条件适宜。

四、土猪放养的关键技术

（一）做好放养前的准备工作

1. 放牧人员的必备条件

放养土猪是一个很辛苦的工作，工作环境主要在荒山野地。因此，放牧人员必须身体素质好，年龄在 60 岁以内，能吃苦耐劳，并具有一定的文化程度。有条件的业主在土猪放牧前，要对放牧人员进行培训。对驻放牧场地的人员，要安排好他们的生活，准备好粮食、蔬菜等生活物资及通信工具、雨具、医疗器械以及一些设备等。此外，放牧人员还要饲养 2～3 只家犬，训练其跟随放牧，可警惕野兽突然袭击。

2. 对放养猪群进行分类编群及免疫和驱虫

有放养条件的猪场，可将猪群进行分类编群，将妊娠前期母猪、空怀母猪、后备猪编为一群，可在远一点的牧场放牧，种公猪不可混群放养，必须单独编群放牧。对体重和日龄相差不大的断奶仔猪编群，可在近处牧场放牧，体重达到30 千克后可远距离放养。定期对放养的猪群进行健康检查，并搞好驱虫与免疫工作。对分娩前后的母猪及未断奶的仔猪、有病的猪不能放牧。

（二）确定放养规模与密度

生产实践表明，土猪放养的规模与密度相当关键，关系到放养效益的高低。放养规模小，放养密度就小，便于管理，而且投入也小，容易取得放养效益；而放养规模大，放养密度就大，管理难度大，投入也大，如果管理和放养条件差，难以取得放养效益。因此，土猪放养要以适度规模为宜。小型土猪养殖场在 100～300 头，放养人员 2～3 人；中型土猪养殖场在 300～500 头，放养人员 3～5 人。有放牧条件的土猪养殖场，也不能超过 1000 头。放养的土猪多，需要放牧人员多，投入也大，也难以管理和取得放养效益。此外，放养密度要适宜，猪群规模小，密度就小，浪费资源；猪群密度过大易使猪群觅食不饱，致使补料增加，提高放养成本，降低了放养效益。

（三）确定放养方式与时期

1. 确定放养方式，掌握适当的放养强度

在山地、林地、果园、桑园、草地放养土猪，必须采取划区轮牧的放养方式。因为不同的放养强度，对草地生产状况和植物组成的影响程度不同。在一处放养，随载畜量的增加，土猪个体生产力会下降。这是因为土猪相互竞争树叶、青草等饲草，这些饲草不能满足土猪的最大需要。因此，确定适宜的放养强度（或称为草地利用率适宜，指在适度放养情况下的采食量与产草量相比，在适度利用的情况下，土猪能维持正常的生长和生产，草地表现利用适度，牧草正常生长，生草土壤保持正常发育）可以维持草地较高的生产水平。可根据放养时土猪的采食量、牧草剩余量，以及草地产量来衡量草地放养利用是否适宜。生产中，一般间隔15天左右轮换在放养场地放养。如果不采取划区轮牧，土猪在一处固定放养，会对生态环境造成一定程度的破坏，而且固定一处放养也无可采食的食物，会对放养的土猪生长发育造成一定的影响。

2. 确定放养时期，掌握适当的饲草采食高度

放养时期也称放养季节，指某草地从开始放养土猪到最后结束放养的时期。土猪放养不是任何季节都可以，为了达到放养效果，必须在最适当的季节才能放养。放养开始和结束过早或过晚都不好，其因是放养开始过早影响牧草或灌木林地植物萌发，早春牧草或灌木林地植物生长主要依靠前一年贮存的养料，当长到一定叶丛时，就要靠光合作用制造本身所需的养料。放养过早，土猪把植物体部分少量叶丛吃掉，势必因养分耗竭而影响牧草或灌木林地植物的再生。此外，过早放养，经猪蹄践踏，蹄坑使草地或草坡的原生态植被遭到破坏，牧草的浅根或灌木林地植物的根须遭到践踏，植物的浅表根须难以吸收养分而影响植物生长甚至导致死亡。同时，早春阳光照射时间短，光照强度不大，放养场地因大多为灌木林地，地面潮湿，也容易引起猪群的蹄病发生和寄生性蠕虫病的感染，这也是土猪尽量不要到阴坡和阴沟放养的原因。另外由于春季缺乏青绿多汁饲料，春季过早放养使土猪对青绿多汁饲料有强烈的需求，这时牧草和灌木林地植物低矮，正是发芽时期，放养土猪又难以采食而奔跑走动，有时为了觅食而相互争斗、体力耗竭。但放养过迟会降低牧草适口性，而且牧草进入生殖生长期，营养价值和适口性均降低，也影响土猪采食。秋冬之交，放养结束过早，会造成饲草浪费，也影响育肥效果。所以，土猪放养生产中注意选择正确的放养时期。

植物每天都在生长，土猪放养采食对植物生长的高度有绝对的影响。"家畜采食高度"即放牧后剩余高度，它同牧草的适度利用有密切的关系。从牧草地合理利

用的角度来看，家畜采食后剩余高度越低，则利用越多，浪费越少。但如果对植物下部叶片啃食过多，营养物贮存量减少，植物再生能力受到影响。尤其是晚秋放牧留茬过低，影响草场或草山草坡积雪和开春后牧草再生，而且使牧草对低温的抵抗力降低，这也是划片轮牧的原因之一。因此，土猪放养应尽量做到放养密度不可过大，规范做到划片轮牧，使生态环境得到持续发展。

（四）土猪放养要与补饲结合

1. 补饲的作用

补饲就是对放养的土猪补充饲喂一定量的配合饲料。由于土猪放养觅食的是树叶、草根、草茎、树根等，不能满足土猪生长发育所需的营养，而且所采食的这些饲草，蛋白质含量很低，生产中为了保证土猪正常生长与生产，必须补饲一定量的配合饲料。

2. 补饲的标准

放养的土猪一般是断奶后经过保育的仔猪，放养时间大概在 200～300 天，生产中对土猪补饲可分前期、中期和后期。前期每天补喂配合饲料 600 克，中期每天补喂配合饲料 500 克，后期每天补喂配合饲料 400～450 克。对体弱和生长发育不良的猪可酌情加大补饲量。为了降低生产成本，保证放养的生长育肥猪能获得生长与生产所需的营养物质，根据生长育肥猪的生理阶段、生长状况及对产品的质量要求，按饲养标准或配制饲料条件的不同，可分别采用预混料、浓缩料配制补饲的配合饲料。生产中一般采用浓缩料配制补饲的全价配合饲料的猪场较多，配方为：生长猪（60～130 日龄、30～60 千克）配合饲料由浓缩料 20％、玉米 64％、麦麸16％配制而成；育肥猪（131～160 日龄、61～100 千克）配合饲料由浓缩料 15％、玉米 60％、麦麸 25％配制而成。

3. 补饲的时间和方式

补饲可在圈舍内或活动场地，也可在放养场地设补饲栏。放养第 1 个月的早、中、晚各补饲 1 次，以后过渡到早、晚各补饲 1 次。补饲要固定好时间，使猪能定时自动回到补饲地点。一般在放养时每天早上放养前喂 1 次料，然后把猪放出圈舍赶到指定的放养场地自由觅食。如果中午补饲，必须在 11 点前把放养的土猪赶回圈舍。晚上补饲也要定时，一般在晚上 5～6 时把猪赶回圈舍。生产中为了便于管理，使猪群定时归圈，可以用一些增强猪只条件反射的方法，如呼唤、吆喝、吹哨子、敲打铁制器械等训练召集猪群，一般 1 周时间即可养成回归吃食休息的习惯。

（五）放养时要注意的事项

1. 掌握好放养操作方法

春季由于树叶、牧草萌发，全天放养土猪难以觅食，应采取半放养半舍饲的办法，而且放养宜在南坡向阳牧草返青早的场地。夏季湿热，灌木林地树叶与牧草丰盛，土猪觅食劲足，为防中暑，要早出晚归，上午放西坡，下午放东坡，中午选择林荫小溪边休息，可让土猪在小溪中躺卧降温。秋季主要选择茬地放养，觅食遗留的作物籽粒或拱食作物块根、块茎、昆虫、虫卵等。冬季，南方温暖地区也可放养，放养时间选在上午 9～12 点、下午 2～5 点；北方天寒地冻，一般不能放养，对能放养的土猪，只能在较温暖天气的中午前后，其目的只是活动，锻炼体质。

2. 掌握好放养时间、气候与距离

土猪放养一般从春季开始至入冬前结束，大约在 10 个月。放养时要选择晴好天、无雨天、无雪天。下雨天和下雪天不能放养，否则会引起猪群感冒而导致呼吸道疾病发生。放养的猪群可由近到远游走觅食，最远可游走到距圈舍 3～4 千米，这时不要再叫猪群向更远处游走，可叫猪群往回走动。

3. 勤观察猪群及放养场地状况

（1）及时制止咬斗猪　开始放养时要有人看管，观察放养情况，如有意外可以得到及时处置，如猪群之间合群放养易发生恶性咬斗，必须用木棍或树枝打在咬斗猪头部或耳根，使它们有疼痛感后不再咬斗，但不可用力过大而打伤猪，并用吆喝声加以制止。

（2）清点猪数并仔细观察猪群的状态　放养的土猪在野外活动量较大，放养人员随猪群仔细观察较困难，应在每天傍晚猪群回归时仔细清点头数，并仔细观察猪的采食、饮水、精神和粪便状态，对受伤、采食饮水少、粪便稀等不正常的猪及时隔离、诊断与治疗。对未回归的土猪要及时寻找，并查明原因。因家猪还具有一定的野性，部分猪在野外饱食后会寻找树下或有草窝的干燥处晚睡而不归。寻找时可带上放猪犬，猪听到狗叫后会惊恐跑出。

（3）注意观察放养场地有无野生动物　放养人员最好有猎犬，放养时要仔细观察放养场地（尤其是灌木林地）中有无野生动物。一般猎犬的叫声可惊动卧藏的野生动物，如狼和野猪。不要在野生动物频繁出现的场地放养土猪，尤其是野猪成群出现的地方，易感染传染性疾病。

4. 保证饮水充足并干净卫生

放养土猪时采取自由饮水方式，除在圈舍和运动场内安装自动饮水器或水槽外，在放养区域内最好也要有自由饮水的设施或水源，保证放养的土猪饮水充足，尤其是在夏季。此外，所提供的饮水一定要干净卫生。

5. 防止中毒和毒蛇咬伤

土猪对有毒植物具有本能的鉴别力，一般不会主动采食有毒植物，但偶尔也会误食有毒蘑菇、藜芦、毒芹等有毒植物，出现呕吐、兴奋不安、呼吸困难等症状。此时可采取必要的对症治疗，肌内注射强心剂和解毒药，或灌服白酒或绿豆水等也有一定的解毒效果。一般对被毒蛇咬伤的猪，首先在咬伤处挤出毒液，并及时注射

解毒剂。对医治无效而死亡的中毒猪不要食用，一定要深埋或焚烧处理。

6. 做好疾病防治与驱虫

一般来说，土猪野外放养时活动量大，机体得到锻炼后抗病力强，一般不会发生疾病。为了防止疾病的发生，生产中应主要做到五项工作：一是每天要清扫猪舍及运动场内的粪便及污水、污染物，保证圈舍、运动场地干净、干燥、卫生；二是定期用消毒药物对圈舍、运动场地等环境进行消毒；三是按常规免疫程序接种疫苗；四是定期用驱虫药物进行体内外驱虫；五是选择一定的方法进行灭鼠，夏秋季节还应注意灭蚊驱蝇。

（六）掌握放养土猪的出栏体重与上市时间

土猪的品种不同，出栏上市的体重与时间也不同，而且放养土猪的放养时间与放养体重对猪肉质量和经济效益都有一定的影响。只要放养时间长就会增加体重，体重过大后，皮下脂肪含量增加。体重过大的土猪，放养的时间长，耗费的人力、物力也大，销售商一般不会购买这样体重过大的土猪；又因膘肥体重、瘦肉率又低，消费者也不会购买这样的土猪肉。土猪放养时间的长短要与土猪的体重及品种特性的要求相一致才行，生产中，只要放养的土猪在预定的放养时间内达到出栏标准的体重，就应尽量出售。对出栏前1～2月有体形偏肥的土猪还要控制补料，对体形偏瘦的还要加大补料量，以此措施达到出栏体重标准。根据国内研究成果总结，地方猪种中较早熟体形矮小的肉猪及其杂种肉猪出栏体重为70千克左右，体形中等的肉猪及其杂种肉猪出栏体重为80千克左右，此体重出栏的肉猪肉质较佳。

第八章

不同类型土猪的饲养管理技术

第一节 后备土猪的饲养管理技术

一、后备土猪的选留标准与方法

（一）后备土猪的选留标准

1. 符合本品种特征

后备土猪的选择首先是品种的选择，主要是经济性状的选择。在品种选择时，必须考虑父本和母本品种对经济性状的不同要求。父本品种选择着重于生长育肥性状和胴体性状，重点要求增重快、瘦肉率高；而母本品种则着重要求繁殖力高、哺育性能好。无论父本还是母本品种都要求适合市场的需要，具有适应性强和容易饲养等优点。另外，无论是后备公猪还是后备母猪，都要符合本品种特征，即在毛色、体形、头形、身形、四肢粗细等方面要一致。

2. 健康无病，生长发育良好

生长发育是土猪从量变到质变的过程。猪体各部分和各组织生长的速度及发育的程度，决定了猪的早熟型，而且体重是衡量后备土猪各组织器官综合生长状况的指标，随年龄的增长，土猪的生长发育也有一定规律。虽然土猪的生长发育受品种和用途、类型等因素的影响，但土猪的体重增加和生长发育表现的情况，又受饲料营养、生活环境条件等多种因素的影响。饲养不良，营养物质供应不足，正常的生长发育受阻，猪只生长缓慢，体重就达不到正常标准。因此，作为种用的后备土猪，一定要有一个正常的生长发育标准，否则也会影响其种用价值。一般要求后备土猪生长发育正常，精神状态良好，膘情适中，健康无病，不能有遗传疾患，如疝气、乳头排列不整齐、瞎乳头等。遗传疾患的存在，会影响猪群生产性能的发挥，给生产也造成一定的损失。

3. 挑选后备土猪的标准

（1）后备公猪 同窝猪产仔数 9 头以上，断奶仔猪数至少 8 头以上，乳头数 6 对以上，且排列均匀整齐；四肢和蹄部良好，行走自然；体长，臀部丰满，睾丸大小适中，左右对称。

（2）后备母猪 要有健壮的四肢和良好的体质，若四肢有问题，会影响母猪以后的正常配种、分娩和哺育功能；要具有正常的发情周期，发情表现明显，此外生殖器官发育不良、阴门小的猪不能选留；乳头至少 6 对以上，两排乳头左右对称，间隔距离适中；不要选留后躯太大、外阴较小的母猪，这样的母猪易发生难产。

（二）后备土猪的选留方法

1. 个体选择

个体选择是根据后备土猪本身的外形和性状的表型值进行的选择。这种选择对中等以上遗传力的性状（如体形外貌、生长发育、生长速度和饲料转化率等）效果较好，且方法简单、有效、易掌握，实用性强。

2. 系谱选择

系谱是一个个体各代祖先的记录资料，系谱选择就是根据个体的双亲以及其他有亲缘关系的祖先的表型值进行的选择。在个体的祖先中，父、母代对个体的影响较大，因此，在系谱选择中常常只利用父、母代的成绩，祖代以上祖先的成绩没有很大的参考价值，也较少使用。系谱选择的资料来源早，一般用于个体本身性状尚未表现出来时，作为选择的参考，多适用于中等遗传力性状（如育肥性状、胴体性状、肉质性状等）或低遗传力性状（如繁殖性状）。因此，系谱选择准确度不高，一般只用于断奶时的选择参考。

3. 同胞选择

同胞选择是根据同胞或半同胞的性能来选择种猪的一种方法。由于所选种猪同胞、半同胞比其后代出现得早，因此利用同胞或半同胞的表型选择种猪，所用的时间比后裔测定所用的时间短。如果测定种公猪后裔的产仔数，必须要等到该种公猪的子代母猪成年产仔后才能进行，这样会大大减少优秀种猪的使用年限；若利用同胞、半同胞进行选择，在种公猪成年的同时，就可以确定种公猪的优劣，从而大大延长了优秀种公猪的使用年限。因此，此种选择方法相对来说简便且较可靠。

4. 后裔选择

根据被测种猪子代表型的平均值高低来进行选种的方法，称为后裔选择。后裔选择是通过子代的性能测定和比较来确定被测个体是否留作种用，此方法主要用于种公猪的选择。后裔选择是准确性较高的选种方法，但选种速度较慢，同一头公猪要等到后裔测定结果出来后才能大量使用，需要有 1.5～2 年的时间，延长了世代间隔，影响了选种效率。因此，目前的后裔测定仅在如下两种情况下采用：一是被测公猪所涉及的母猪数量非常大，如采用人工授精的公猪；二是被选性状的遗传力低或是一些限性性状。

（三）后备土猪的选留时期

1. 初生选

（1）窝选　父母的生产成绩优良，同窝产仔数在 7 头以上；同窝仔猪中无遗传缺陷（如锁肛等）；对个别体重超轻、乳头在 6 对以下的仔猪不予选留；同窝仔猪中公猪所占比例过高不予选留。

（2）胎次选　后备土猪一般不选头胎及 6 胎以上母猪所产的仔猪，以 3、4、5 胎次为好。

2. 断奶时的选留

这一阶段仔猪的生产性能尚未显示，此时对预留种猪的选择，主要依据其父母的生产成绩、同窝仔猪的整齐度以及断奶仔猪自身的发育状况和体质外貌来决定。所选个体应生长发育良好，结构匀称，体躯长，被毛光亮，背部宽广，四肢结实有力，稍高，肢距宽，眼大且明亮有神，行动活泼，健康，乳头数最好在 7 对以上且排列均匀，并具有本品种的外貌特征，本身和同窝仔猪没有明显的遗传缺陷。生产实践中一般采用窝选或多留精选的办法，小母猪留 2 选 1，小公猪留 4 选 1。

3. 保育阶段结束选择

保育结束一般小猪达 70 日龄，经过保育阶段后，仔猪经过断奶、换环境、换料等几关的考验，有的适应力不强、生长发育受阻，有的遗传缺陷逐步表现。因此，在保育结束时进行第三次选择，可将基本合乎标准的初选仔猪转入下阶段测定。

4. 6 月龄选择

6 月龄时个体的重要生产性能除繁殖性能外都已基本表现出来，因此，在生产中这一阶段是选种的关键时期，应作为主选阶段。这时的选择要求综合考查，除了考查其生产速度、饲料转化率及采食行为以外，还要观察其外形、有效乳头数、外生殖器的发育情况以及征候和规律等。对在上述方面不符合要求的后备土猪应严格淘汰。

5. 初产阶段选择

（1）公猪选择　主要依据同胞姐妹的繁殖成绩、同胞测定的育肥性能和胴体品质以及自身性功能表现等情况确定选留或淘汰。生产中对性欲低、精液品质差、所配母猪产仔数少者要坚决淘汰。

（2）母猪选择　初产阶段母猪本身有繁殖能力和繁殖表现，对其选留或淘汰应以其本身的繁殖成绩为主要依据。生产中对总产仔数，特别是产活仔数多、母性好、泌乳力强、仔猪断奶或成活率高、断奶窝重大、所产仔猪无遗传缺陷的母猪留作种用。但对出现下列情况的母猪要坚决淘汰：7 月龄后毫无发情征兆者；在 1 个发情期内连续配种 3 次未受孕者；仔猪断奶后 30 天无发情征兆者；产仔数过少者；

母性太差者。

二、后备公猪的饲养管理与采精调教技术

(一)后备公猪培育期饲养管理的目标与要求

有一定实际经验的饲养者都体会到,对后备公猪的饲养与管理有一定难度。要想把一头后备公猪培育成为合格的具有种用和经济价值的种公猪,其实不是一件容易的事。生产实践中,规范的猪场对后备公猪培育期的饲养管理都有一定的目标与要求:一是维持后备公猪良好的体况,既保证其体质和肢蹄强壮,又不使其体况过肥或过瘦;二是通过饲料营养调节控制,使其初配时性欲旺盛、精液品质良好;三是通过科学的调教,使其性情温驯,初配时能顺利配种,为其以后正常配种奠定基础,达到提高配种受胎率的目的。

(二)后备公猪的饲养与管理

1. 后备公猪的营养标准与饲喂要求

(1)后备公猪饲料配比要求 后备公猪培育期的营养影响到其进入青春期的年龄及性成熟,生产中对后备公猪的饲料配制都有一定的标准要求。饲养中后备公猪必须饲喂营养平衡的公猪专用配合饲料,如果饲养的后备公猪少,又难以购入公猪专用配合饲料,在后备公猪40千克前可用生长育肥猪配合饲料饲喂,后期可用哺乳母猪配合饲料饲喂。如果自配后备公猪配合饲料,可参考执行有关饲养标准,必须注意能量和蛋白质的比例,特别是矿物质、维生素和必需氨基酸等一定要满足需要。

(2)后备公猪的日粮营养 后备公猪的日粮营养水平前期可适当提高,后期应适当降低,其中蛋白质不低于14%,消化能不低于13兆焦/千克,粗纤维含量2.5%~5%。体重10~40千克时,粗蛋白质含量18%;体重50千克以后,粗蛋白质含量16%~17%,赖氨酸水平0.9%。饲喂低赖氨酸水平(0.65%和0.5%)的饲料,不仅对后备公猪的生长速度和料肉比有不利影响,而且会延迟其性行为的发生,造成第一次射精迟。此外,对于前期的小公猪可适当降低日粮的能量水平,不让其性成熟提前。在性成熟之前,过高的营养水平会使小公猪过肥,其性欲和性功能因此下降,精液品质也会变差。

(3)后备公猪的饲喂要求 对后备公猪一定要采取限量饲喂,确保其体况不肥不瘦,但也要充分保证各器官系统的均衡生长发育。同时,还应控制饲粮体积,以防止形成垂腹而影响公猪的配种能力。生产中日喂量可根据实际情况(如体况、季节)灵活掌握,一般体重10~40千克时,自由采食,或日喂量占体重的2.5%~3%;体重50~100千克时,日喂量2.5千克,或日喂量占体重的2%~2.5%;体重70千克以上时应限制其采食量,喂给自由采食量的70%或日喂2.5~2.7千克

的全价料直到参加配种。

2. 后备公猪的管理

（1）分群与单栏饲养　后备公猪从断奶选择后就要采取小群分栏饲养，对体重达50千克以上的要单栏饲养，以防互相爬跨而损伤阴茎。

（2）适量运动　适量运动对促进后备公猪骨骼和肌肉的正常生长发育，保持良好的种用体况和性行为具有非常重要的作用。饲养后备公猪的猪舍最好配有舍外运动场，或提供足够大的活动场地。

（3）调教　在日常饲喂中要对后备公猪进行有意识的调教，为以后的配种、采精、防疫等操作奠定良好的基础。对后备公猪的配种调教和采精训练，一般在正式配种前的一个月进行，但具体时间也要根据猪种而定。本地公猪因性成熟和体成熟的时间早，调教和初配年龄相应早些。

① 采精调教　采精调教必须采取一定的方式和方法，该部分内容将在下面作专一介绍。

② 本交调教　对采取本交配种的公猪也要进行调教训练，本交调教一般在早、晚和空腹时进行，应尽量使用体重相近、性情温和、处于发情高峰的经产母猪。本交调教训练每周1～2次，每次10～15分钟，对刚调教好的公猪，开始本交配种时一般每周2～3次为宜。

（4）免疫接种　后备公猪在使用前两个月根据本场免疫计划和免疫程序接种疫苗。

（三）后备公猪的采精调教及采精技术

1. 适宜调教的后备公猪

后备公猪的调教必须在其达到体成熟时，调教不要早于4月龄和晚于7月龄，从5～6月龄开始调教，可缩短调教时间，易于采精和延长使用年限。

2. 调教前的准备

（1）调教场地　调教场地应固定，一般是在采精室或采精栏，面积9～15 米²，且要紧邻精液检查室。采精室或采精栏一般建在公猪舍的一端，为独立的房间，可最大限度地减少公猪到达和离开调教场地的时间。采精室或采精栏是专门用来采精液的地方，场地应宽敞、平坦、安静、清洁、通风好、光线好、地面不滑，每次使用后对地面要清洗除异味。

（2）假母台及发情母猪的准备　假母台也称采精台，制作比较简单，一般是前高后低，长100～130厘米，宽25厘米，高50～60厘米，且其高度可以根据种公猪的大小进行调节，一般将高度调至与所调教后备公猪的肩部持平。假母台要坚固、稳当、光滑，能承受种公猪压力和不损坏种公猪。假母台上部呈圆弧形，四周圆滑，没有光硬棱角和锐利的东西，为了防止碰伤阴茎，可在假母台的背上铺麻袋或其他富有弹性的垫物，也可包 4 毫米厚的纯白食用橡胶，仿真母猪脊背，有一定的软度；或者将后部做成圆筒形状，留出空间。假母台头部两侧设辅助抚板，可根据需要装上去，作为成年体形较大公猪前脚的支撑板。假母台一般固定在采精室或采精栏的中央或一端靠墙，以一端靠墙较为方便，可以避免公猪围着假母台转圈而难于爬跨，安装位置应对着门口，地面的一端应略有坡度，便于排除公猪尿液或积水等。在假母台后下方放一块 50 厘米×80 厘米的橡胶防滑垫，防止公猪爬跨假母台打滑而影响其性欲。在调教前应准备一头体形和后备公猪相配的发情母猪，应有明显发情现象才行，用来刺激调教后备公猪的性欲。对性欲强的后备公猪，也可以准备一些发情母猪尿洒在假母台上直接调教；或将别的公猪精液洒在假母台上刺激后备公猪爬跨假母台。

（3）采精器具准备　采精手套、集精杯、纱布等须清洁卫生，先用 2%～3% 碳酸氢钠或 1.5% 碳酸钠或肥皂、洗衣粉去污后，放入温开水中，浸泡几分钟，再用干净卫生清水冲洗，晾干备用。玻璃器皿用纱布包好后按常规消毒。采精调教人员要剪短、磨光指甲，清洗消毒手和手臂。安装假阴道时要求内胎两端等长，内要平滑无皱褶，两端胶圈要上紧，从气门外灌 40～42℃温水 400～600 毫升，使内胎温度与母猪阴道温度基本相似；调节压力时从假阴道气嘴打气，使内胎两端成三角形即成；在气门的近端外涂润滑剂，内胎里面涂至 1/2 处。整个操作过程保持手干净、无污染。

（4）检查公猪包皮和前毛　在采精调教之前要注意检查公猪包皮和前毛，如果前毛较长则用剪刀剪短，防止在采精过程中不小心揪住包皮和前毛，产生不良影响。

3. 调教方法

调教时间一般在每天早上进行。调教开始前少喂饲料或不喂饲料，如已喂过饲料则 1～2 小时后再进行调教。首先将待调公猪带入采精室，让其适应环境几分钟，然后赶入隔栏内，或赶入观看采精公猪的爬跨和采精过程，使其对此过程有一个感观认识。在调教前收集发情母猪尿液、公猪精液和尿液喷洒于假母台上，调教时把发情母猪赶入紧邻采精室的圈内，但不能让被调教公猪看见发情母猪，仅以发情母猪的气味、叫声来诱导被调教公猪，使其主动爬跨假母台。假母台一般安放在靠墙角的位置，与墙大概呈 45°，把被调教公猪赶到假母台与墙的夹角中，然后调教人员喊着"上"和"爬"等口语诱导公猪爬跨假母台。在整个过程中要温和耐心对待公猪，但指令要坚决，也要防止公猪进攻调教人员。如果公猪不爬跨，调教人员可用手晃动假母台头部，以吸引公猪的注意力，诱导其爬跨。如果采取上述措施后公猪还不爬跨假母台，可找一头正在发情的母猪，身上覆盖一片麻布，发情正旺的母猪能急剧刺激公猪性欲，当公猪开始爬跨母猪时，用一只手挡住母猪阴门，避免公猪阴茎插入，当公猪爬跨前冲动作越来越猛烈、阴茎伸出越来越长和有力时，挡住母猪阴门的手应立即抓紧阴茎螺旋部并使大拇指刚好压住阴茎头部，此时，手要用力，不要让阴茎在手中滑动。随着手对阴茎的加压，阴茎越来越硬并往前伸，这时顺势将阴茎引出，但不要用力将阴茎拉出。当公猪阴茎完全伸出腹下体外后，应继续保持加压，拇指压紧阴茎头部，也可以采用一松一紧的加压方法，刺激公猪性欲并使其有快感。当公猪开始射精时，拇指与食指张开，尽量让精液直接射到集精杯中，此调教方法需要反复几次，才能使公猪习惯爬跨假母台。公猪初次调教成功后，每隔1～2天，按照初次调教的方法再次调教，以加深公猪对假母台的认识。经过一个星期左右的调教，公猪就会形成固定的条件反射，再遇到假母台时，一般都会做出舔、嗅、擦和咬假母台等动作，经过一段时间的亲密接触和感情酝酿后就会主动爬跨假母台，这样调教才算成功。

4. 采精操作

经过调教训练的公猪爬上假母台并做交配时，调教或采精人员在假母台左侧，紧靠假母台后端，面向前下方蹲下，首先按摩公猪阴茎龟头，排出包皮中的积尿后，采用拳握法握住阴茎，以右手的中指和无名指在阴茎前端螺旋体上适加压力，左手则持集精杯接阴茎射出的精液。采精人员的动作一定要规范，用手握采精，动作要快而准，用力均匀适度，要一次采完，直到公猪主动爬下假母台。集精杯可用一次性无毒塑料杯或泡沫杯，也可用保温杯，上方覆盖3～4层纱布以滤去公猪射出精液中的胶状物。采精前，集精杯需置于35～37℃恒温箱中保温，避免精子受到温差的影响。采精时还应避免阳光直接照射精液，采精完毕后要在集精杯外面贴上记录公猪号与采精时间的标签。

三、后备母猪的培育与饲养管理技术

（一）后备母猪培育的主要目标

后备母猪培育的主要目标：一是具有良好的种用体况，既保证生长发育良好，又不过肥偏瘦，体格健壮，骨骼结实，体内各器官（特别是生殖器官）发育良好，具有适度的肌肉组织和脂肪组织，而过度发达的肌肉和大量的脂肪会影响后备母猪的繁殖性能；二是使后备母猪充分性成熟，促进生殖系统的正常发育和体成熟，保证初情期适时出现，并达到初配体重；三是根据种源和疾病情况，采取合理的药物保健方案，最大限度地减少疾病传入基础母猪群，确保健康、合格的后备母猪转入繁殖群，提高母猪的使用率。

（二）后备母猪的饲养

1. 生长期（断奶至30千克）

这一阶段要求所选择留作种用的小母猪能充分生长发育，以自由采食的方式饲养，每千克日粮的营养浓度为消化能13.38～14.21兆焦、粗蛋白质14%～16%、钙

0.5%～0.6%、磷 0.45%～0.5%、赖氨酸 0.7%，采食量 1.5～2.5 千克/天。并要求加大运动量，有一定的活动场地。

2. 培育期（30～40 千克）

这一阶段是后备母猪饲养的关键阶段，主要是适当控制小母猪的种用体况，此期的饲喂方式实行限制饲养，但只限制其能量的摄入，而要给予足够水平的氨基酸、钙、有效磷和维生素，尤其是维生素 A、维生素 C、维生素 E、叶酸与生物素等，同时可添加含纤维素较多的饲料，如青饲料、麸皮等，使胃肠得以充分锻炼和促进胃肠发育。但这时禁喂育肥猪饲料，对肥胖小母猪还要进一步限量饲喂，可减少因母猪过肥引发的肢蹄病和失去种用价值。每千克日粮的营养浓度为消化能 13.38～14.21 兆焦、粗蛋白质 14%～15%、钙 0.5%、磷 0.4%、赖氨酸 0.7%，采食量 2.5～2.8 千克/天。

3. 诱情期（40～50 千克至第一次发情）

这一阶段的小母猪应饲养在催情栏中，使用适量的公猪为小母猪诱情。生产实践中一般采用性欲强的壮年公猪至后备母猪栏中调情，每天两次，每次 15 分钟，以诱发后备母猪的初情，为配种期打下基础。

4. 适配期（配种前 2～3 周）

这一阶段实行催情饲养，可增加母猪的排卵数，提高配种受胎率。生产实践中具体做法是，在后备母猪前 1～2 次发情期后，将其饲养在催情栏中，配种前两周每日采食量增加到 3～4 千克，但在配种当天把饲料量减至 1.8～2.0 千克/天，此后恢复原来饲喂量。

（三）后备母猪的管理

1. 合理分群

通过挑选留作种用的后备母猪，必须实行小圈分群饲养，按日龄、体重、大小分批次饲养，每圈 6～8 头，每头面积不低于 2 米^2，以保证后备母猪生长发育的整齐度和均匀度，也可避免因密度过大而出现咬尾、咬耳等恶癖。

2. 充分运动

后备母猪作为种猪培育，必须有健壮的体质，良好的体形，才能具备种猪体况的要求，而充分的运动对后备母猪骨骼、肌肉的正常发育，结实的种用体况的取得及一定时期性行为的产生起着不可替代的作用。生产中对后备母猪可定时驱赶做舍内运动或舍外运动场运动。驱赶运动最好保证每周两次或两次以上，每次运动 1～2 小时。夏季选择清晨或傍晚凉爽的时间运动，冬季选择中午温暖的时间运动。

3. 调教与驯化

（1）调教　后备母猪作为种猪培育，在以后的生产中，需要经历配种、防疫、产仔、哺乳、断奶转群等环节，因此在后备母猪培育时就要进行调教，并注意两个问题：一是严禁对猪粗暴，在日常的饲养管理中要建立人与猪的和谐关系，从而有利于以后的配种、接产、产后护理等管理工作；二是训练猪养成良好的生活规律，如定点排粪便等。

（2）驯化　驯化的目的是让后备猪逐渐接触本场已有的病原微生物，使其适应并被动地产生抗体。驯化期间，猪场不能对后备母猪使用抗生素和抗病毒药物，也不对猪场消毒。实施操作具体内容为：每天安排舍外运动 1 次，每次 1～3 小时；光照每天 14～16 小时；3～5 天调换一次栏圈；让后备母猪与老龄、壮龄公母猪接触；连续数天将经产母猪和成年公猪粪便投入后备母猪栏内，让后备母猪接触感染本场已有的病原；将经产母猪的胎衣切碎泡水拌入料中饲喂后备母猪。

4. 诱情

在后备母猪生长到 40 千克（4 月龄）左右时，就要人为有意识地对后备母猪采取诱情。其诱情方法有以下几个：

（1）用性欲旺盛的公猪进行诱情　把性欲旺盛、分泌唾液多的种公猪赶入后备母猪圈内进行诱情，每天上、下午各 1 次，接触时间为 15 分钟，间隔 8～10 小时再接触。通过与公猪零距离的接触，用公猪的唾液、气味等来刺激后备母猪，促进后备母猪生殖系统的发育，提前进入发情期。此时虽然不能配种，但通过人为有意识地让公猪与后备母猪接触，可以刺激后备母猪的内分泌，促使批次后备母猪集中发情，并可记录批次后备母猪的首次发情时间，为其在第二或第三情期配种及配种前的短期优饲做准备工作。

（2）混圈与移动　将后备母猪赶到发情的母猪圈内进行混圈，接受发情母猪的爬跨，或者将后备母猪与其他后备母猪进行混圈，或将后备母猪赶出圈到运动场地活动后再赶回原来圈舍。

（3）增加日照时间　保证后备母猪每天日照时间达 8～10 小时，最多不超过 12 小时，也有生产者提出在后备母猪转到后备专用饲养区的当天起，应延长并保证每天不低于 16 小时的光照时间，夜间补充一般灯泡的照明即可（不宜用节能灯），以促进后备母猪提前进入初情期。

5. 环境控制

后备母猪舍要保持栏圈清洁干燥、温度适宜、空气新鲜，并能提供足够的光照强度和光照时间。对刚入圈舍的小母猪，室温要求 20℃ 以上，冬季保持在 18～20℃ 为宜，夏季控制在 26℃ 以下，相对湿度 60%～75%。切忌潮湿和拥挤、通风不良和气温过高，这都对后备母猪的发情影响较大，会造成延长发情或不发情。

6. 疫病控制与保健

后备母猪在配种前 20 天要将所需接种的疫苗全部打完，确保后备母猪顺利投入生产。后备母猪所要接种的疫苗为国家强制免疫的猪蓝耳病疫苗、猪瘟疫苗、口蹄疫疫苗，另外要接种免疫影响母猪繁殖性能的疾病的猪细小病毒病疫苗、乙型脑炎疫苗、伪狂犬病疫苗等，其他视当地疫情情况有针对性地接种疫苗。此外，后备母猪配种前应分别进行一次体内、外驱虫，体内驱虫可选用伊维菌素、阿维菌素和左旋咪唑等药物，体外驱虫可选用石硫合剂喷洒外表。在饲料或饮水中可适当添加中草药类保健药物，对疾病进行预防，还应经常观察猪的采食情况、精神状况、粪便色泽等，对有病的应及时隔离治疗，无治疗价值的应尽早淘汰。

（四）后备母猪的配种管理

1. 配种前病原检测及防疫

具体来说，后备母猪在3月龄、体重30～40千克时，按照免疫程序的要求做好繁殖障碍病和其他常见传染病的免疫注射，到4月龄时免疫完毕。4.5月龄逐头母猪采血检测免疫抗体，对免疫不合格的后备母猪重新免疫，直到合格方可配种，对多次免疫仍不合格的后备母猪除疫病原因外要作淘汰处理，保证繁殖母猪群的安全。

2. 情期管理

（1）促使后备母猪发情　将5月龄后备母猪与性欲旺盛的成年公猪同时放在运动场，利用公猪的追逐、拱咬等来刺激后备母猪早发情。后备母猪6月龄时从后备猪舍迁往配种舍，也可刺激后备母猪发情，另外，与配种舍经产母猪接触15～30天再进行配种，可使新后备母猪对本场已存在的病原产生免疫力。

（2）建立发情记录　饲养管理中饲养人员必须具备"细心、耐心、精心"的工作态度，要切实注意观察后备母猪初次发情的时间，4月龄之后要建立发情记录，5月龄之后划分发情区和非发情区，以便于达6月龄时对非发情区的后备母猪采取措施进行处理。发情母猪以周为单位按发情日期进行分批归类管理，并根据膘情做好限饲、优饲和开配计划。

（3）发情观察与鉴定

① 发情观察　饲养人员或配种人员每天坚持两次发情状况检查（上午7:00～8:00，下午4:00～5:00），并做好详细的发情检查记录，主要包括：发情时间、发情母猪的耳号和其所在圈舍的圈舍号以及预计配种时间。

② 发情鉴定　母猪发情分三个时期，即发情初期、发情中期、发情后期。

a. 发情初期　精神兴奋，食欲降低，阴户出现红肿，并有少量透明黏液流出。

b. 发情中期　精神亢奋，主动接近饲养人员，拱爬其他母猪或者让其他母猪爬跨，更有甚者（特别是地方猪种）出现翻栏现象并主动去寻找公猪。此时用手压其腰荐部会出现静立不动、立耳、举尾、接受爬跨的"静立反射"现象。当阴户红肿有所消退并在阴户表面出现轻微皱褶，从阴道中流出浑浊的黏液，用拇指与食指轻轻牵拉有连丝现象，此期为最佳配种时期。

c. 发情后期　精神兴奋性降低，食欲增加，"静立反射"逐渐消失，警惕性增强，不愿意接近人，也不愿接受公猪爬跨，阴户颜色变淡，萎缩，阴道变得干涩。

（4）控制适时配种条件　后备母猪配种需要控制两个条件，方可取得良好的效果：一是后备母猪150日龄左右，体重达到50千克以上；二是在第2个或第3个情期配种。在实际配种工作中，后备母猪第一次发情时一般不配种，安排10～14天的短期优饲，在第2或第3次发情时及时配种为宜。初配月龄可根据猪种和体重来确定，若配种过早，其本身发育不健全，生理机能尚不完善，会导致其产仔数过少及影响自身发育和以后的使用年限而降低种用价值。但后备母猪也不宜配种太晚，体重过大或出现肥胖，同样会出现影响使用年限甚难以配种等问题，同时还会增加培育费用。一般要求，早熟的地方猪种的后备母猪生后5～6月龄，体重达50千克以上即可配种。但后备母猪如果饲养管理条件较差（特别是农村中小型猪场），虽然达到配种月龄而体重较小，可适当推迟配种开始时间；如果饲养管理条件较好，虽然体重接近配种开始体重，而月龄未到，可提前通过调整营养水平和喂量来控制增重，使各器官得到充分发育，最好是繁殖年龄和体重同时达到适合的要求标准。

（5）采用自然配种和人工授精相结合　后备母猪的配种常采用自然配种和人工授精相结合的方式。第一次配种可采用自然配种，第二、三次采用人工授精。配种时间一般上、下午各一次，隔天再复配一次。一般猪场配种时间定在每天上午9：00前、下午3：30后各配一次。采用人工授精，配种时让母猪自由站立，摩擦外阴，输精管插入的速度不宜太快，以旋转插入母猪阴道内20～25厘米，输精的速度要慢，一般需要3～5分钟完成一头母猪的输精。一头母猪输精2～3次，间隔时间6～18小时。

（五）后备母猪不发情的原因和对策

后备母猪7月龄、体重在70千克以上仍未发情时，一般称为后备母猪乏情。在养猪实际生产中，特别是在饲养管理不够规范的中小型土猪场时有发生，这直接影响养猪场母猪的利用率，也导致养猪生产成本上升，经济效益下降。

1. 后备母猪不发情的原因分析

（1）选种失误　在一些中小型土猪场存在的一个主要问题是缺乏科学的选种标准，特别是当市场急需大量的后备母猪时，往往是见母就留，将不具备种用价值的小母猪也当作后备母猪留作种用。

（2）疾病因素　后备母猪在培育期患慢性消化性疾病（如慢性血痢）、寄生虫病、猪繁殖与呼吸综合征、子宫内膜炎、圆环病毒病等疾病，导致卵巢发育不全、卵泡发育不良，使激素分泌不足而影响发情。

（3）饲料营养问题　后备母猪饲料营养水平过低或过高，最常见的是怕后备母猪体况过肥使其能量摄入不足，体脂肪储备偏少。有些后备母猪体况虽然正常，但在饲养过程中维生素添加不足，特别是缺乏维生素 E、维生素 A、维生素 B_1、叶酸和生物素，使后备母猪性腺发育受到抑制，性成熟推迟。在后备母猪饲养中，任何一种营养元素的缺乏或失调，都会导致后备母猪发情推迟或不发情。

（4）饲养管理不当　一是膘情控制不合理，过瘦或过肥都会影响后备母猪性成熟的正常到来；二是后备母猪单圈饲养或饲养密度过大，可导致初情期延迟；三是猪舍温度过高或过低、卫生状况差、空气质量差等应激因素也会导致后备母猪不发情或发情延迟。

（5）公猪刺激不足　生产实践已证实，后备母猪的初情期早晚除由遗传、营养等因素决定外，还与其开始接触公猪的时间有关。有关试验证明，当后备母猪达140日龄以上时，用性成熟的成年公猪直接进行刺激，可使其初情期提前30天左右。

（6）饲喂霉变饲料　对母猪正常发情影响最大的是玉米霉菌毒素，母猪摄入有这种毒素的饲料后，其正常的内分泌功能将被打乱，导致发情不正常或排卵抑制。

2. 后备母猪乏情的应对措施

（1）合理选种　外购后备母猪要到具有种猪繁育资质、市场信誉好的专业土种猪场引种。选留的后备母猪标准为体长腹深、四肢健壮、外阴大小适中、后驱丰满、健康无病。

（2）科学饲养管理　合理配制后备母猪饲料，为后备母猪提供合理营养日粮，特别是要满足日粮中矿物质、维生素、蛋白质和必需氨基酸的供给，注意钙磷比例，防止高钙日粮，不饲喂发霉变质饲料，这应是后备母猪日粮配制的最低标准。此外，如要促使后备母猪躯体全面发育，培育前期（40千克以上）则采取定量限饲（此期的日喂量以猪体重的2.5％以下为宜）。在后期的日粮中，可适当添加维生素E和中草药催情剂及青绿多汁饲料。有条件的土猪场对后备母猪舍应设置运动场，保证后备母猪有充足的运动空间，栏舍光照要充足，防止各种环境应激，特别是要防止群体咬斗和高热高湿应激，每栏饲养头数4头左右，不宜大群或单个饲养，要为后备母猪提供福利化的生活环境。

（3）调控体况　体况瘦弱的母猪应加强营养，短期优饲，使其尽快达到八成膘情；对过肥母猪可采取饥饿应激处理，日粮减半饲喂，多运动、少喂料，并多喂青绿多汁饲料，直到恢复种用体况，或在保持正常供水的前提下停止喂料1天，促使发情。

（4）做好疫病预防工作　按免疫程序接种疫苗（猪瘟苗、伪狂犬病苗、蓝耳病苗、细小病毒病苗、乙脑苗等），以防发生病毒性繁殖障碍性疾病引起的乏情。后备母猪的疫苗种类一定要根据本场实际情况，无须使用本场根本没有发生过的疫病的相关疫苗。免疫的疫苗种类不是越多越好，一定要立足本场实际，切不可照抄照搬其他猪场的免疫计划和程序。在对后备母猪实施各种疫苗防疫间隔2周后，要逐头检测抗体情况，对抗体水平不合格的要补防，一头也不得漏掉，务必保证后备母猪配种前各种抗体水平都应合格，不留隐患。在防疫期间，公猪诱情工作不得间断，通过防疫刺激和公猪诱情，一般情况下，可使部分后备母猪表现发情症状。

（5）药物保健 生殖道炎症和呼吸道疾病，特别前者是导致后备母猪利用率低的主要原因，需引起高度重视。因此，在后备母猪的日常饲养管理过程中，要分阶段使用中西药进行保健，提高机体抗病力，净化体内的病原体，控制支原体肺炎、放线杆菌胸膜肺炎和链球菌病等细菌性疾病，防止续发感染和病原体从后备母猪垂直传给下一代仔猪。应注意尽量选用安全、毒性小的药物，不使用禁用兽药，少用或不用易产生残留的兽药和对猪体有毒性作用的兽药。药物保健工作还要注意的是在防疫期间，防疫后2周禁止采取药物保健措施，以保证各免疫应答反应的产生。

（6）采用强制发情措施 对于7月龄后体重70千克以上不发情的后备母猪，应采取强制性措施令其发情。

① 混群调栏 将不发情的后备母猪重新组合，调换到另一圈舍，通过改变全新的合群伙伴和生活环境，往往可令原先不发情的母猪在短期内陆续发情。

② 加强运动 将不发情的后备母猪赶到公共活动场内任其自由活动或适当驱赶运动，连续2～3天。

③ 公猪调情 每天将试情公猪赶到后备母猪栏边或活动场内，刺激不发情母猪。如经常更换调情公猪，诱情效果会更好。

④ 母猪诱导 每天将发情旺盛的母猪赶到不发情后备母猪栏内或运动场中，通过嗅觉刺激和爬跨接触，诱导后备母猪发情。

（7）药物处理 在通过各种方法仍不奏效的情况下，对乏情的后备母猪可进行药物处理1～2次，如饲喂催情中草药制剂、肌内注射氯前列烯醇、绒毛膜促性腺激素、孕马血清等激素促进母猪发情排卵。肌内注射激素可任选以上一项，一般催情后2～3天即可见效，个别不发情的后备母猪可于5天后重复催情一次，或改用另一种激素。激素的使用，在某些情况下可以取得比较好的效果，但激素的使用必须以饲养管理为前提。维持母猪中等偏瘦的体况，防止疾病感染，在此基础上仍不能正常发情配种的母猪，可以用激素加以调节。对祖代和曾祖代土猪场及原种土猪场，应尽量避免使用激素。

（六）后备母猪的淘汰与更新

在对后备母猪进行培育与饲养管理过程中，也要及时淘汰不合格的后备母猪，尽量减少在妊娠期淘汰，以降低经济损失。一是对后备母猪达210日龄从未发情，或者得了繁殖障碍性疾病及传染性疾病而影响繁殖的要及时淘汰处理；二是病残或治疗效果不佳，如生长缓慢、被毛粗乱、眼睛有大量分泌物的后备母猪要及时淘汰处理；三是对患有气喘病、胃肠炎、肢蹄病或者患病后治疗2个疗程未见好转的也要及时淘汰处理。

第二节 种公猪的饲养管理技术

一、种公猪的饲养原则与营养需要

(一) 种公猪的饲养原则

优良的种公猪具有较明显的雄性表现，性欲旺盛，体质健壮，后躯丰满，肢蹄强健有力，睾丸发育良好、匀称。优良种公猪所具有的这些表现必须在合理的饲养条件下才可能达到。由于种公猪配种使用频率高，而且射精量多，需要大量的营养物质，特别是需要饲喂品质好的蛋白质饲料，这对于保证种公猪的体质健壮和性欲旺盛及精液质量十分重要。因此，喂给营养价值完全的日粮，可保障种公猪的健康并提高配种受胎率。然而，喂给营养丰富的日粮的同时，还要考虑与运动和配种相平衡。因此，饲养种公猪应遵循的原则是，既要保持种公猪良好的体况、旺盛的性欲和高质量的精液，又要保持种公猪营养、运动和配种三者之间的平衡。生产实践也表明，营养、运动和配种三者之间是互相联系又互相制约的，如果三者之间失去平衡，就会对种公猪体况及其繁殖力产生不良影响，如在营养丰富而运动和配种使用不足的情况下，种公猪就会肥胖，导致性欲降低，精液品质下降，影响繁殖力和配种效果；但在运动和配种使用过度、营养供应不足的情况下，也会影响繁殖力和配种效果。因此，对于种公猪可通过营养调节和管理的手段，以达到使其性欲旺盛、体质健壮、四肢结实、射精量大、精子密度大和活力强的饲养目的。

(二) 种公猪的营养需要

1. 能量需要

种公猪的能量需要是维持健康体况、产精、交配活动和生长需要的总和。合理供给能量，是保持种公猪体质健壮、性机能旺盛和精液品质良好的重要因素。在能量供给方面，后备公猪和成年公猪应有所区别。后备公猪由于尚未达到体成熟，身体还处于生长发育阶段，消化能水平以12.6～13.0兆焦/千克为宜。如果后备公猪日粮能量供应不足，将影响睾丸和附属性器官的发育，性成熟推迟。成年公猪消化能水平以12.5～12.9兆焦/千克为宜，如果成年公猪的日粮中能量供应不足，则性欲降低，睾丸和其他性器官的机能减弱，所产生的精液浓度低，精子活力弱。但是，无论是后备公猪还是成年公猪，能量供给都不宜过多，否则会过于肥胖，降低甚至丧失种用价值。生产中为了不影响种公猪的繁殖力，在配种阶段还应适当增加营养需要量，一般在配种前1个月，营养标准增加20％～25％，就是在冬季严寒期，营养标准也可增加10％～20％。

2. 蛋白质和氨基酸需要

蛋白质对精液数量的多少和质量的好坏以及精子寿命的长短都有很大的影响。

种公猪精液干物质占 5％，而且参与精子形成的氨基酸有赖氨酸、色氨酸、胱氨酸、组氨酸、蛋氨酸等，其中最重要的是赖氨酸。因此，在日粮中必须供给足够的优质蛋白质饲料。关于种公猪蛋白质和氨基酸的需要量的系统研究很少。目前，我国肉脂型种公猪饲养标准的粗蛋白质营养需要量为：体重在 90 千克以下时为 14％，体重在 90 千克以上时为 12％。实际上，在考虑种公猪适宜蛋白质水平时，采精频率是一个重要的参数。有学者研究证实，种公猪处于高营养水平和高采精频率时，将比低营养水平、高采精频率时有较大的精子量。因此，当种公猪高强度使用时，可以通过添加赖氨酸或蛋氨酸的方法来保持精子产量，即种公猪不同的使用强度要喂以适宜的蛋白质和氨基酸水平。生产中，在种公猪配种季节，蛋白质一般在 15％以上，赖氨酸在 0.7％～0.8％。在实际操作中，配种旺季时通常为种公猪每顿增加 2～3 个鸡蛋，或在日粮中加喂 3％～5％的优质鱼粉。

3. 维生素需要

（1）维生素 A　维生素 A 对种公猪的繁殖性能有很大的影响。若日粮中维生素 A 缺乏，则种公猪性欲降低，精液质量下降，如长期严重缺乏，会引起种公猪睾丸肿胀或萎缩，不能产生精子而失去繁殖能力，还会使种公猪体质衰弱，上皮组织出现角质化，步态蹒跚，动作不协调，从而也导致各种疾病。种公猪维生素 A 需要量为每千克饲料 4000～8000 单位。

（2）维生素 D　当维生素 D 缺乏时，钙、磷吸收与代谢紊乱，种公猪易发生骨软症，不利于种公猪爬跨交配，影响繁殖。在生产中如果种公猪每天有 1～2 小时的日照，就能满足其对维生素 D 的需要。种公猪维生素 D 需要量为每千克饲料 200～400 单位。

（3）生物素　生物素也叫维生素 H，种公猪缺乏维生素 H 除表现繁殖力下降外，更主要表现在皮肤脱毛、蹄壳干性皲裂而开裂出血，有的继发炎症感染，剧烈的疼痛使种公猪严重跛行，从而不能爬跨采精或配种，丧失性欲。现研究种公猪日粮中至少应添加 0.03 毫克/千克的生物素，如有肢蹄疾患，应增至 1 毫克/千克。

（4）氯化胆碱　氯化胆碱属于 B 族维生素，近些年来对氯化胆碱的研究已取得一些成果。日粮中缺乏氯化胆碱，会影响锰、生物素、B 族维生素、叶酸和烟酸的吸收，即使饲料中这些物质含量丰富，也不能被充分利用。另外，氯化胆碱还能减少脂肪沉积，提高饲料转化率。有研究表明，在饲料中添加 0.1％～0.2％的氯化胆碱，对提高种公猪的繁殖力相当有益。

（5）维生素 E　维生素 E 对种公猪的繁殖性能也有着较大影响，据有关学者试验，每头种公猪每天经口给予 1000 国际单位维生素 E，可明显增加精子数量和提高精液品质。维生素 E 可用麦胚芽来补充，也可在每千克日粮中添加维生素 E 8.9～11 毫克。维生素 E 的吸收与元素硒（Se）有密切关系，如果饲料中缺乏硒，也会影响猪机体对维生素 E 的吸收，引起贫血和精液品质下降。现已证实，维生素 E 和硒有很好的协同作用，每千克日粮中添加0.35毫克的硒和50单位的维生素E，可满足种公猪的需要。

4. 矿物质需要

（1）钙与磷　钙与磷在种公猪的矿物质营养中最重要，它们能促进骨骼中矿物质的沉积，促使四肢坚实。种公猪日粮中钙、磷的不足或比例失调，会使精液品质显著降低，出现死精、发育不全或活力不强的精子。种公猪的日粮中钙、磷的比例以1.5∶1为好，或对体重超过50千克的种公猪在整个繁殖期内，日粮中钙、磷分别是7～7.5克/千克和5.5～6克/千克。但要注意的是，钙离子浓度过高会影响精子活力。

（2）锌　锌与种公猪繁殖性能密切相关，而且锌的正常供给对减少种公猪的蹄病是有益的，特别是锌对维持睾丸的正常功能非常重要。锌是多种酶的组成成分或激活剂，缺锌会对种公猪的精子生成、性器官的原发性和继发性发育产生不利影响。在精子生成的后期阶段，特别是精子成熟时期，必须有大量的锌加入到精子及精细胞膜的介质中。生产实践已表明，种公猪缺锌则性欲减退，精子质量下降，皮肤增厚，严重的在四肢内外侧、肩、阴囊和腹部、眼眶、口腔周围出现丘疹、皲裂、结痂，蹭痒后会破溃出血。日粮中锌的推荐浓度为70～150毫克/千克。但应注意，饲料中钙含量过高、维生素缺乏都会影响锌的吸收。

（3）硒　近年来对硒的研究取得了很大进展，人们已认识到硒的作用与维生素E有密切关系，对机体酶的活性均有影响，硒具有一系列生物学特性，可预防许多疾病。硒对动物繁殖性能的影响很大，能提高动物的繁殖性能。种公猪缺硒可使性行为减弱，附睾小管上皮变性、坏死，精子不能在附睾发育成熟。有试验表明，随着日粮中硒浓度从0.01毫克/千克增加至0.08毫克/千克，精子的活力几乎呈直线上升。由于维生素E与硒有很好的协同作用，种公猪饲粮中添加维生素E-亚硒酸钠添加剂（硒0.1～0.5毫克/千克饲料），可以满足种公猪的需要。

（4）锰与铁　锰对动物具有重要的营养生理功能，缺锰可引起动物骨骼异常、跛行、后关节肿大。日粮中缺锰，种公猪睾丸缩小，性欲降低，精子生成受损；而锰的利用不足也会导致种公猪性欲缺失，曲细精管变性，精子缺乏，精囊中堆积许多变性精细胞。锰的缺乏不仅会引起贫血，还可使种公猪出现精神困倦无力而影响配种。种公猪锰、铁的需要量为每千克饲粮中20～30毫克、80～90毫克。

5. 粗纤维需要

种公猪日粮中也应有合理的粗纤维水平，一般要求粗纤维含量为5%～8%。

二、种公猪的日粮配制及饲养方式和饲喂技术

（一）种公猪的日粮配制

1. 日粮配制标准与要求

为了满足种公猪的营养需要，应根据种公猪饲养标准组成日粮进行饲喂，然后

必须考虑其品种类型、体重、生长率、交配频率和生存的环境状况。通常种公猪日粮消化能（DE）为 12.6～13 兆焦/千克，粗蛋白质含量要在 14％左右（其中可利用赖氨酸为 0.55％），钙为 0.75％，磷为 0.6％，在特殊条件下应对营养物质含量做适当改动。另外，在饲料配方的选择和饲料的配制过程中，应首先考虑种公猪对各种营养成分的需要量，然后根据当地饲料作物的种植和市场情况选择适合种公猪生长和生产的饲料原料来配制饲料。

2. 日粮配制方式

（1）用浓缩料配制种公猪全价配合饲料　一般专业饲料厂家生产的浓缩料含有种公猪所需的优质蛋白质、氨基酸、维生素、矿物质、微量元素等营养物质。猪场可选购种公猪专用蛋白质浓缩料，利用自家或购入的谷物及副产品原料，按种公猪不同饲养时期的饲养标准来配制成种公猪全价配合饲料。浓缩料一般含 38％的蛋白质，可以在种公猪日粮中配入 25％，另外 75％由玉米、小麦、大麦等谷物和糠麸组成，条件好的猪场可在种公猪日粮中加入 3％～5％的优质牧草粉（苜蓿草粉等），可有效改善种公猪的繁殖性能，满足其粗纤维需要量，防止便秘及胃肠溃疡。

（2）用预混料自配种公猪全价配合饲料　技术和设备条件较好的中小型土猪场，可以选购知名饲料厂家生产的 1％或 4％的公猪专用预混料，猪场按产品说明加入蛋白质饲料（豆粕、花生粕及鱼粉等）、能量饲料（玉米、小麦、大麦等）及粗饲料（牧草粉、麦麸、啤酒糟等）以及食盐、钙磷饲料和氯化胆碱等，自配成营养全面的种公猪全价配合饲料。蛋白质饲料以豆粕为主，不要用棉籽粕、菜籽粕等杂粕，特别是不能用对种公猪繁殖性能有影响的棉籽粕，但必须考虑选择多品种蛋白质饲料。由于动物性蛋白质（如鱼粉、蚕蛹等）生物学价值高、氨基酸含量平衡、适口性好，对提高种公猪精液品质有良好效果，有条件的土猪场，在种公猪饲料配制中不应缺少鱼粉，尤其是进口的优质鱼粉。实在无鱼粉时，可用部分蚕蛹、鲜鱼虾等代替。

（3）用哺乳母猪料加其他营养物质　由于一些小型土猪场无预混料加工或搅拌设备，用浓缩料和预混料配制种公猪饲料有一定难度，一个比较简单的变通方法是可以用哺乳母猪的饲料代替种公猪饲料。由于哺乳母猪饲料周转快，可以保持新鲜，同时，哺乳母猪和种公猪的营养要求十分接近，只是种公猪饲粮要求标准更高一点。为此，对种公猪饲料可以通过以下手段额外加强营养，也能基本上达到种公猪的饲养标准要求。

① 在配种季节使用哺乳母猪料时，每日用 2～5 个鸡蛋直接加入饲料中饲喂。

② 胡萝卜打浆后按 1∶2 与羊奶或牛奶混合，每头每天补饲 1.5 升。

③ 用杂鱼煲汤。原料以河中杂鱼或人工养殖的河蚌肉，适当配入鸡架、枸杞、山药及少量食盐，每头公猪每日喂量 1 千克。用此法所喂种公猪性欲感极强。

3. 原料用料的注意事项

（1）搭配优质青饲料　在饲喂种公猪全价精饲料的同时，应给予其一定量的优质青饲料。如果每天提供 2～4 千克牧草、蔬菜等青饲料，精饲料喂到 2 千克，营养就可满足了。如果青饲料质量差，或种公猪体重大、配种强度大，每天精料量可提高到 2.5 千克。

（2）种公猪饲料中严禁混入发霉和有毒饲料　有研究表明，在饲喂污染了玉米赤霉烯酮的饲料 3 天后，种公猪射精量比对照组减少了 41%，精子数在 1 周内显著下降，对精子活力也有影响。

（二）种公猪的饲养方式

1. 一贯加强的饲养方式

如果是母猪实行全年均衡分娩的规模猪场，种公猪需常年负担配种任务，全年都要均衡地保持种公猪配种所需的高营养水平。

2. 配种季节加强的饲养方式

适用于母猪实行季节性产仔的猪场。用于季节配种的公猪，在配种前 1 个月，逐步增加营养水平，并在配种季节保持较高的营养水平；配种季节过后，逐步降低营养水平，只供给公猪维持种用体况的营养需要量。

（三）饲喂技术

饲喂种公猪要定时定量，体重 100 千克以内的种公猪，全价配合饲料日喂量 2.0～2.3 千克，100 千克以上的种公猪日喂量 2.3～2.5 千克，配种或采精频繁时（4 次/周），每日喂全价配合饲料在 2.5 千克以上，以湿拌料或干粉料饲喂均可，每天必须供给充足的饮水。在满足种公猪营养需要的前提下，要采取限饲。种公猪的限饲应根据日龄、体重、季节以及种公猪的配种量做适当调整，饲喂时还要根据种公猪的个体膘情给予增减，以保持 7～8 成膘情为标准。种公猪过肥或过瘦，性欲都会减退，精液质量下降，繁殖力会受到一定影响，而且过于肥胖的可能会产生肢蹄病。生产中为了提高种公猪的性欲、射精量和精子活力，也为了使限饲不影响种公猪的繁殖力，应全年喂给种公猪适量青绿饲料或青贮饲料，一般喂量应控制在日粮总量的 10% 左右（按风干物质算），不能喂太多，以免形成草腹。种公猪一般每次只喂八成饱，一天 3 次，定时定量，投料后 1 小时应看槽底有无剩料，如 1 小时后槽底还有剩料，说明投料过量或种公猪食欲有问题了。剩料变质和种公猪采食无规律是公猪拉稀的最常见因素。

三、种公猪的科学管理

（一）种公猪的合理运动

合理运动是保证种公猪体质健壮、体况适中以及性欲旺盛必不可少的措施，而且合理运动还可锻炼四肢，防止各种肢蹄病的发生。种公猪除在运动场自由运动外，每天还应进行驱赶运动，上、下午各运动一次，每次 1～3 千米。夏季可在早、晚凉爽时运动，冬季可在中午运动一次，如果有条件可利用放牧代替运动。

（二）建立良好的生活制度

妥善安排种公猪的饲喂、饮水、运动、刷拭、配种、休息等生活日程，使种公猪养成良好的生活习惯，增进健康，保持良好的配种体况，是提高种公猪配种能力的有效方法。

（三）群养与分群

种公猪的饲养方式可分为单圈和小群两种。单圈饲养单独运动的种公猪，可减少相互干扰和自淫的恶习，节省饲料。小群饲养的种公猪必须是从小合群，一般是 2 头一圈。对种公猪饲养头数较多的猪场，一般采用小群饲养、合群运动，可充分利用圈舍，节省人力。小群饲养，合群运动要防止公猪间咬斗。为了避免争斗致伤，小公猪生后应将其犬牙剪掉。

（四）防寒防暑

饲养在有窗式猪舍内的种公猪，舍温应保持在 10℃ 左右，注意炎热季节的防暑降温工作；在敞开式猪舍内饲养的种公猪，冬天应防寒防冻。

四、种公猪的合理利用和淘汰

（一）种公猪的合理利用

1. 掌握好初配年龄

后备公猪最适宜的初配年龄要根据猪的品种、年龄和生长发育情况来确定，一般宜选在性成熟之后和体成熟之前配种。最适宜的初配年龄一般以品种、年龄和体重来确定，地方早熟品种应在 6～7 月龄、体重 60～70 千克时。如果配种时间过早，不仅会影响到公猪今后的生长发育，而且会缩短公猪的利用年限；如果初配时间过迟，也会影响公猪的正常性机能和繁殖力。

2. 掌握好配种强度

种公猪配种利用过度，会显著降低精液品质，影响受胎率和利用年限；但如果公猪长期不配种，将导致其性欲不旺盛，精液品质差，因此必须合理利用种公猪。一般初配青年公猪每周使用 2～3 次，2～4 岁的壮年公猪在配种旺季，饲料营养较好的情况下，每日可采精或交配 1 次，在公猪少的情况下，必要时可每日利用 2 次，但 2 次利用时间应隔 8～12 小时，同时每周至少休息 1～2 天。

（二）种公猪的淘汰

由于种公猪质量对猪场生产有着巨大的影响，因此对猪群质量亦有更高的要求，为了达到低成本、高效益、高生产水平的目的，在生产中必须对劣质公猪及时淘汰，而优秀公猪要充分利用。老龄公猪由于体质衰退、繁殖力降低，也要及时淘汰。生产中种公猪的淘汰分自然淘汰和异常淘汰。为适应生产需要，而不断更新、补充血缘需要的后备公猪，淘汰老龄公猪，属自然淘汰的范围。在规模土猪场，种公猪年淘汰率在 33% 左右，公猪一般使用 3～5 年后就淘汰。生产中因公猪精子活力差、体况过肥、性欲差、疾病、出现恶癖等现象淘汰的，称为异常淘汰。生产中连续 3 次精液检查活力低于 0.6、密度达不到中级或精子畸形率超过 30% 的公猪，性情暴躁和易攻击人的公猪，后代有遗传缺陷的公猪，繁殖力差（如产仔数低，受胎率低）的公猪，性欲下降、无法配种或采精的公猪，有肢蹄病和其他疾病且无法治愈的公猪，有自淫和恶癖的公猪等，都应及时淘汰。

五、种公猪饲养管理中的主要问题及应采取的技术措施

（一）种公猪缺乏足够的运动

1. 种公猪缺乏运动的后果

生产实践已证实，种公猪配种期要适度运动，非配种期和配种准备期要加强运动。适度运动是加强机体新陈代谢、锻炼神经系统和肌肉的主要措施；强度运动可促进食欲，增强体质，提高繁殖机能。目前，多数土猪场饲养的种公猪运动量都不够充分。配种期内公猪运动过少，精液活力下降，直接影响受胎率；非配种期内公猪运动量不足，易使公猪体况过肥或发生肢蹄病，影响公猪配种期内的繁殖性能。很多土猪场无性欲和肢蹄病的公猪加起来占到猪场种公猪存栏的 25% 左右，品种的变更固然是其原因之一，但最主要的原因是公猪缺乏足够的运动，导致肢蹄病或体况过肥而丧失繁殖性能，使公猪不到 3 岁就被淘汰。公猪淘汰率过高的土猪场，饲养成本和生产成本加大，必然对猪场的经济效益有影响。

2. 对种公猪的运动采取适宜的技术方法

生产中对配种期内的种公猪采取适量运动，每天的运动量在 1000 米即可。一般每天上、下午各运动一次，夏天应早、晚进行，冬季应中午运动，如遇酷热天气，应停止运动。对非配种期内的公猪和配种准备期内的后备公猪，可采取加强运动。生产中一般采取驱赶运动，有经验证实，每日 3000 米的驱赶运动较为合适。驱赶运动就是驱赶公猪走路和跑动，一般是在早上饲喂前或者下午太阳落山时，忌中午烈日当空或饱食后进行。驱赶公猪走动和跑动有技术讲究，要掌握好"慢—快—慢"三步节奏。公猪刚一出圈门时就容易猛跑、撒欢，此时要对公猪进行安抚，如对公猪擦痒、刷拭背部可使公猪慢慢安静下来，徐徐而行。公猪行走到 1/3 路程时要加快速度，跑成快步或对侧步，使公猪略喘粗气，达到一定的运动量。1 周岁以下的青年公猪体质强壮，可用驱赶细步疾跑冲刺 100～200 米。在行程的后 1/3 路段要控制公猪的速度，使之逐步放慢或逍遥漫步，并达到呼吸平稳。公猪在回程路上既要平稳慢行又不可停留，要争取直奔原圈，不

可以在回程路上停留时间过长，以防公猪向配种舍或母猪舍方向奔袭。

（二）公猪自淫

由于土猪种性成熟早，性欲旺盛，常引起非正常性射精，有些公猪会舐食精液，即有自淫的恶癖，影响公猪的配种。生产中杜绝或克服这种恶癖的措施，一是公猪单圈饲养，且公猪舍远离母猪舍，配种点与母猪舍隔开；二是要加强公猪的运动，采取强制驱赶运动法；三是降低饲养标准；四是建立合理的饲养管理制度等，使饲养管理形成规律，分散公猪的注意力；五是公猪圈置于母猪圈上风方向，防止公猪因嗅到母猪气味而出现条件性自淫；六是防止发情母猪在公猪圈外挑逗；七是经常刷拭猪体，以克服公猪皮肤瘙痒问题。以上措施可有效地防止公猪自淫。

（三）放松非配种期种公猪的饲养管理

在非配种期放松对种公猪的饲养，不按饲养标准规定的营养需要饲喂，易使种公猪过于肥胖或瘦弱，以致性欲降低或不能承受配种期间的配种或采精任务。因此，在非配种期应本着增强公猪体质、调整和恢复种公猪身体状况的原则，进行科学饲养管理，以便使种公猪在配种期更好地发挥作用。

（四）种公猪的利用年限缩短

1. 过度利用

在配种季节，当需要配种的发情母猪较多而公猪又较少时，有可能过度使用公猪，不但影响母猪受胎率，也影响了公猪的使用年限。不遵守初配公猪每3天采精1次，1岁公猪每2天采精1次，成年公猪每天采精1次、每周休息1～2天的原则，也不做采精记录和采精计划，无目的地采精利用，结果造成采精量减少，最后到无精子，往往使初配公猪和青年公猪未老先衰而被迫淘汰。种公猪的使用强度，一定要根据年龄和体质强弱合理安排，特别是配种高峰季节，更应该合理地使用种公猪，否则会对种公猪的种用价值造成不良影响。

2. 饲养不当，体重过大

种公猪饲喂的日粮能量过高，蛋白质含量低，饲喂次数多，又不限制饲喂，从而使种公猪肥胖，体重过大，采精或配种时爬跨困难，因不能正常采精或配种而被淘汰。种公猪的日粮要求高蛋白、低能量，每天饲喂量不要超过3千克，可补饲一些青饲料充饥，并加强运动，这样能防止种公猪体重过大给采精和配种爬跨带来不必要的困难。

3. 繁殖障碍

种公猪的繁殖障碍有先天性和后天性两类。先天性主要是遗传缺陷，包括睾丸先天性发育不良、隐睾、死精和精子畸形等；后天性主要有骨骼及肢蹄病、生殖器官传染病、营养缺乏病、饲养管理和环境因素（如热应激等）造成的疾病、不合理的配种制度和配种方法造成的疾病等，生产中对种公猪的繁殖障碍如性欲减退或缺乏、不能正常交配、精子活力不正常等，可以采取措施补救，其他繁殖障碍出现后，都要对种公猪作淘汰处理。

（1）性欲减退或缺乏及精液不正常的补救措施　性欲减退或缺乏主要表现对母猪无兴趣，不爬跨母猪，没有咀嚼吐沫的表现。造成此现象的主要原因是缺少雄性激素、营养状况不良或营养过剩。生产中除调整饲料中蛋白质、维生素和无机盐水平，适当运动和合理利用外，可采取以下措施：

① 性欲减退或缺乏严重的公猪，可用 5000 单位绒毛膜促性腺激素，每头每日 1 支，用 2～4 毫升生理盐水稀释，肌内注射。

② 使用提高雄性动物繁殖性能的饲料添加剂，可选用以下一种或两种合用：

a. 松针粉　富含维生素 A、维生素 E 和 B 族维生素，还富含氨基酸、微量元素和松针抗生素及未知因子，有提高种公猪性欲和精液分泌量的作用。在种公猪日粮中添加 4％的松针粉，可明显提高性欲和采精量，并对公猪具有一定的保健效果。

b. 韭菜　富含维生素 A、维生素 E，对种公猪具有强化性功能、提高精子活力的作用。公猪每天可饲喂 250～500 克。

c. 大麦芽　用大麦经人工催芽长到 0.5～1 厘米时喂种公猪，对提高公猪性欲、改善精液品质有效果，因为 0.5～1 厘米长的麦芽中富含维生素 A 和维生素 E。公猪每头每天 150 克。

d. 淡水虾　富含动物性蛋白质和维生素 E 等，对促进公猪精子正常发育有益，并对公猪性欲起增强作用。种公猪每头每天 100～150 克，连用 2～3 天。

e. 桑蚕蛹　含丰富的动物性蛋白质、脂肪、钙、磷和 12 种氨基酸，以及维生素 E、维生素 A 和叶酸，对种公猪有强化性欲、提高精子活力等作用。种公猪的日粮中可添加 2％～5％。

f. 猪胎衣　将猪胎衣洗净焙干，其含丰富的动物性蛋白质和必需氨基酸，以及钙、磷和维生素 E、维生素 A 等营养物质，可使种公猪性欲增强，精液中的精子密度增大，畸形精子数目减少。公猪每头每日内服 50～100 克。

g. 鹌鹑蛋　富含氨基酸、矿物质、维生素及较多的卵磷脂和激素，对精子的形成有促进作用。公猪每头每天 20 个。

h. 淫羊藿　中草药，富含维生素 E 和其他未知因子，能促进种公猪精液分泌，间接地兴奋性机能，增进交配欲。种公猪每头每天 10～15 克。

（2）公猪性欲正常，但不能交配的补救措施　发生原因：一是先天性阴茎不能勃起；二是阴茎和包皮异常；三是阴茎有外伤造成的炎症；四是肢蹄伤痛等。对可治疗的要及时治疗，不能治疗的要淘汰。

（3）睾丸炎和阴囊炎的治疗　发生睾丸炎和阴囊炎的公猪，常有精子生成发生障碍、精子尾部畸形等。对这样的种公猪要及时发现及早治疗。一般治疗方法是在睾丸外部涂以鱼石脂软膏，再配合注射抗生素等消炎药。但对于无治愈希望的公猪，应及早淘汰为宜。

第三节　妊娠母猪的饲养管理技术

一、妊娠母猪诊断的方法

1. 外部观察法

外部观察法主要根据母猪发情周期、母猪对公猪的反应以及母猪的行为和外部形态变化来判定。母猪的发情周期一般为 21 天，如果母猪配种 21 后天不再发情，并表现食欲旺盛、行动稳重、性情温驯、躺睡、皮毛逐渐有光泽、有增膘现象、阴户收缩和阴户下联合向内上方弯曲等，则可判断母猪已妊娠。母猪在配种后 2 个月内，体态会发生一些变化，如腹部下垂、乳房开始膨大等，就可以确认已妊娠。

2. 应用超声波进行早期诊断

应用超声波进行早期诊断的方法也称为超声图像法，用 B 型超声诊断仪通过直肠或腹壁成像，可在配种后 15 天开始进行妊娠诊断。方法是把超声诊断仪的探头贴在母猪腹部体表后，发射超声波，根据胎儿心脏跳动的感应信号音，或者脐带多普勒信号，可判断母猪是否妊娠。配种后 1 个月之内诊断准确率为 80%，配种后 40 天测定准确率为 100%。可见，超声诊断仪对妊娠 30~50 天的母猪诊断比较准确有效，这对母猪早期妊娠诊断具有重要意义。

二、妊娠母猪的营养需要

（一）能量需要

1. 妊娠前期（0~30 天）

妊娠前期是胚胎细胞减数分裂、分化和早期生长发育阶段，此期所需营养主要用来维持母猪的基础代谢和胚胎早期生长需要。有研究表明，配种后 24~48 小时的高水平饲喂可降低胚胎成活率，这是因为饲料采食量增加能够增加肝脏血流量和孕激素的代谢清除率，从而影响胚胎的成活和生长。有研究报道，在初产母猪妊娠期内将采食量由 0.9 千克/天增至 2.5 千克/天时，妊娠期第 15 天时胚胎的成活率由 86% 降至 67%。其原因为高采食量导致血浆孕酮水平降低，从而降低了胚胎成活数。因此，母猪配种后 3 周内，受精卵形成胚胎几乎不需要额外营养，给母猪饲喂低能量、低蛋白质的妊娠日粮（DE≤12.54 兆焦/千克，粗蛋白质≤11%），日饲喂 1.5~2 千克即可维持正常繁殖需要。

2. 妊娠中期（31~85 天）

妊娠中期是胎儿肌纤维形成、母体适度生长及乳腺发育的关键时期。妊娠中期的营养水平对初生仔猪肌肉纤维的生长及出生后的生长发育也很重要，而肌肉纤维数量是决定仔猪出生后生长速度和饲料转化率的重要因子。有试验表明，在母猪妊娠中期（25～80天）将采食量提高1倍，胎儿肌肉纤维总数提高5.1%，次级肌肉纤维数提高8.76%，仔猪出生后的日增重提高10%，饲料转化率提高7.98%。由此可见，妊娠中期的营养目标是维持母猪适度增重及营养物质的储备，在此阶段提高饲喂水平可以改善初生仔猪的生产性能，一般这个时期饲喂量为2～2.5千克/天。

3. 妊娠后期（86天至分娩）

妊娠后期，母猪的营养需要随着胎儿的进一步发育而相应增加。在此期间，母猪能量摄入不足，会增加初生重较轻的仔猪比例，增加哺乳期仔猪死亡率，降低仔猪生长速度。已有大量试验表明，初产母猪妊娠期消化能摄入量由11.7兆焦/天增加至25.92兆焦/天，仔猪的初生重随之线性增加，但摄入量超过35.95兆焦/天后，仔猪初生重并不继续增加；经产母猪的消化能摄入量由10.03兆焦/天增加至41.8兆焦/天，仔猪的初生重随之线性增加。因此，为了防止妊娠后期体脂肪的损失，能量摄入量应不低于30.5兆焦/天。如果妊娠后期能量摄入量不足，母猪就会丧失大量脂肪储备，进而影响下一周期的繁殖性能。此阶段的采食量为2.5～3千克/天。

（二）蛋白质和氨基酸需要

我国肉脂型猪饲养标准规定，妊娠母猪每千克饲粮粗蛋白质含量前期为11%，后期为12%；同时也规定了赖氨酸、蛋氨酸、苏氨酸和异亮氨酸的含量，前期分别为0.35%、0.19%、0.23%和0.31%，后期分别为0.36%、0.19%、0.28%和0.31%。

（三）矿物质需要

1. 钙和磷

钙和磷是妊娠母猪不可缺少的营养物质，饲料缺乏钙和磷时，势必影响胎儿骨骼的形成和母猪体内钙和磷的储备，能导致胎儿发育受阻、流产、产死胎或仔猪生活力不强，患先天性骨软症以及母猪健康状况恶化，产后容易发生瘫痪、缺奶或骨质疏松症等。因此，对于妊娠母猪必须从饲料中供给比例适当的钙、磷，即钙磷比以（1～1.5：1）为好。

2. 硒

最近一些研究表明，有机硒的吸收机制与氨基酸一致，在提高产仔数和泌乳力上都有作用。在母猪妊娠后期和整个哺乳期，以硒酵母的形式喂给母猪有机硒，可以提高乳汁中硒的含量，以及增加母猪和仔猪肝脏中硒的储备量。

3. 铁

母猪在妊娠期间会丢失大量的铁，特别是高产母猪，常常表现缺铁性贫血状态，不但影响机体健康，而且降低饲料利用率。有研究表明，在母猪妊娠后期和哺乳期，饲料中添加来源于有机物质的 200 毫克/千克的铁，能够提高初生仔猪机体的铁含量，降低仔猪的死亡率，提高断奶窝重，缩短断奶至配种的间隔天数。有机铁的吸收速度快、效率高，而且不会引起矿物质间的拮抗作用，因此氨基酸螯合铁是一种良好的来源。

（四）维生素需要

1. 维生素 A 与 β-胡萝卜素

维生素 A 参与母猪卵巢发育、卵泡成熟、黄体形成、输卵管上皮细胞功能的完善和胚胎发育等过程，母猪妊娠期缺乏维生素 A，胚胎畸形率、死胎率和仔猪死亡率增加。补充维生素 A 或 β-胡萝卜素可促进排卵前卵母细胞的发育，增强早期胚胎发育的一致性，提高胚胎成活率，增加窝产仔数。

2. 维生素 E

维生素 E 又称为抗不育维生素，是影响母猪繁殖性能的主要维生素之一。母猪严重缺乏维生素 E 和硒，可引起胚胎重吸收和降低窝产仔数。在母猪饲粮中补充维生素 E，可预防仔猪维生素 E 缺乏，改善窝产仔数，还可增加奶中维生素 E 的含量，并改善母猪健康状况。有研究表明，母猪临产前 2~3 周和哺乳期每千克日粮中添加 60~100 单位维生素 E，还可减少乳房炎、子宫炎和泌乳量不足等的发生率。

3. 叶酸

叶酸对促进胎儿早期生长发育有重要作用，可显著提高胚胎的成活率。有研究表明，妊娠母猪日粮中添加 15 毫克/千克叶酸，胚胎的成活率可提高 3.1%。因此，妊娠期是补充叶酸的关键时期，母猪妊娠期补充叶酸，是通过提高胚胎成活率而不是增加排卵数来增加窝产仔数。但要注意叶酸的补充应在妊娠早期，在妊娠后期或哺乳期补充叶酸效果不明显。

4. 生物素

妊娠母猪饲粮中添加生物素可缩短断奶至发情天数，增加子宫空间，促进蹄部健康，改善皮肤和被毛状况，从而提高母猪生产效率和使用年限。生物素参与能量代谢，并可刺激雌激素的分泌，降低不发情率。有试验表明，在妊娠母猪日粮中添加 0.33 毫克/千克生物素，母猪断奶发情时间由 6.45 天缩短到 6 天，产仔数提高 2.73%。

（五）纤维素需要

生产实践已证实，日粮中粗纤维含量太低，亦会引发妊娠母猪和哺乳母猪的一系列问题，如母猪便秘、胃溃疡等；妊娠前期的母猪如果饲喂低纤维日粮，受采食量的限制，很难有饱腹感，从而引发跳圈之类的问题。有试验证实，妊娠母猪日粮中粗纤维含量8%～10%，对母猪繁殖有利。而且在妊娠母猪日粮中适当添加纤维素可以增加母猪饱腹感，减少饥饿感，降低刻板行为的发生率。

三、妊娠母猪的日粮配制

（一）妊娠前期（0～90天）的日粮配制标准与要求

妊娠前期日粮营养要求：消化能12.0～12.54兆焦/千克，粗蛋白质11%，赖氨酸0.55%，钙0.85%，总磷0.5%，增加维生素A、维生素D、维生素E、维生素C的水平。矿物质除常规添加外，可增加有机铬。另每头每日饲喂1～2千克青绿饲料。

（二）妊娠后期（91天至分娩）的日粮配制标准与要求

妊娠后期日粮营养要求：消化能13.38～14.21兆焦/千克，粗蛋白质12%，赖氨酸0.85%，钙0.85%，总磷0.6%，也要增加维生素A、维生素D、维生素E、维生素C的水平。此外，在饲料中添加植物性脂肪3%～5%，可提高仔猪的体脂储备和糖原储备，有试验证明，母猪产前脂肪采食总量达1～4千克时，仔猪成活率最高。妊娠后期也要饲喂一定量的青绿饲料，一方面可促进母猪食欲，缓解便秘现象，另一方面可促进胎儿发育及提高产仔率。

四、妊娠母猪的饲喂方式

（一）妊娠母猪的三阶段饲喂方式

1. 妊娠前期（0～20天）的饲喂方式

妊娠前期的母猪日平均饲喂量在1.8～2千克，大量研究表明，胚胎成活率受母猪妊娠早期（第一个月）采食量的影响，高水平饲喂的可降低胚胎成活率，其中配种后1～3天的胚胎死亡率最高，特别是配种后24～48小时的高水平饲喂会减少窝产仔数。

2. 妊娠中期（21～90天）的饲喂方式

妊娠中期的营养水平对初生仔猪肌纤维的生长及出生后的生长发育十分重要，采食量可稍有增加，一般这个阶段每日饲喂量为2～2.5千克。

3. 妊娠后期（91天至分娩）的饲喂方式

妊娠后期的营养水平增加能提高仔猪的初生重和断奶体重，但为保持母猪体况，也不可饲喂过量，以避免因仔猪过大而造成母猪难产，甚至母猪被淘汰。生产中一般采取产前一周降低饲喂量10%～30%，在预产期前3～5天将母猪的饲喂量逐渐减少，调整为2～2.5千克，以利于母猪的分娩，并能减少乳房炎的发生。

（二）中国传统的三种饲喂方式

1. 两头精中间粗的饲喂方式

这种饲喂方式也称为"抓两头，顾中间"的饲喂方式，适用于断奶后体瘦的经产母猪。有些经产母猪经过分娩和一个哺乳期后，体力消耗很大，为使其担负下一阶段的繁殖任务，必须在母猪妊娠初期加强营养，使其迅速恢复繁殖体况，这个时期连配种前10天共1个月左右，加喂精料，所饲日粮全价，特别是日粮要富含蛋白质和维生素，待母猪体况恢复后加喂青粗饲料或减少精料量，并按饲养标准饲喂，直到妊娠80天后再加喂精料，以增加营养供给。这种饲喂方式形成了"高—低—高"的营养供给，即所谓的"抓两头，顾中间"或"两头精，中间粗"。

2. 前低后高的饲喂方式

对配种前体况较好的经产母猪可采用此方式。因为妊娠初期胚胎生长发育缓慢，加之母猪膘情良好，这时在日粮中可以多喂些青粗饲料或控制精料给量，使营养水平基本上能满足胚胎生长发育的需要。到妊娠后期，由于胎儿生长发育加快，营养需要量加大，所以应加喂精料以提高日粮营养水平。

3. 步步登高的饲喂方式

步步登高的饲喂方式也称为阶段加强的饲喂方式，适用于初产母猪。因为初产母猪本身还处于生长发育阶段，胎儿又在不断生长发育，因此，在整个妊娠期间的营养水平，是根据母猪自身的生长发育需要及胚胎体重的增长而逐步提高的，至分娩前1个月达到最高峰。也就是说，这种饲喂方式是随着妊娠期的延长，逐渐增加精料比例，并增加蛋白质和矿物质饲料，但到产前3～5天，日粮饲喂量应减少10％～20％。

五、妊娠母猪的饲养方式

（一）小群圈养方式

中小型土猪场一般采取3～5头母猪一圈的饲养方式，猪栏面积一般为9米^2（2.5米×3.6米）。其优点是妊娠母猪能活动，死胎比例降低，难产率也低，母猪使用年限长；缺点是无法控制每头妊娠母猪的采食量，从而出现肥瘦不均，也由于拥挤、争食及返情母猪爬跨等会造成母猪发生流产。

（二）前期小群饲养后期单栏饲养方式

母猪妊娠前期大约一个月，采用小群饲养方式，这样可以让母猪多运动，增强母猪体质。一个月后转入单栏中饲养，这样可以节省猪栏，控制母猪采食量，使母猪能保持合理体况。但此种方法前期仍然难避免采食不均的问题，也难免会出现母猪抢食拥挤产生应激，对胚胎生长发育也有一定影响。

六、妊娠母猪的科学管理

(一) 妊娠母猪的护理要点

1. 妊娠初期的护理

母猪配种至确定妊娠大约需要 35 天，虽然母猪身体变化很小，但初期的护理重点是防止胚胎早期死亡，提高产仔数。要保持原来的群体饲养，不宜合群并群饲养，防止咬斗，造成隐性流产。初期首先要保证饲料的全价性，但要适当降低能量水平，供给干净而充足的饮水；其次要注意环境卫生，保持适宜的环境温度。

2. 妊娠中期的护理

母猪妊娠后 35～80 天为中期，此阶段母猪代谢能力增强，能迅速增膘，而且母猪贪食、贪睡，因此，此时要适当降低能量水平或采用限食饲养，以防母体过肥。这一时期还应随时注意母猪的健康状况，每天重点检查母猪的采食、精神、粪便，一旦发现异常迅速采取措施处理。

3. 妊娠后期的护理

母猪妊娠后 81～110 天为后期，是胎儿迅速生长时期，营养物质要充分供给，以满足胎儿生长需要为重点。因此，妊娠后期最重要的是保持母猪旺盛的食欲和健康的体况，产前 3～5 天日粮应减少 10％～20％。还要注意母猪乳房的变化，并根据其变化情况，调整饲料组成和喂给量，如有较明显的分娩征兆，提前转入产房。

(二) 妊娠母猪管理要注意的事项

1. 注意饲料品质

不饲喂发霉、腐败、变质、冰冻和带有毒性或有强烈刺激性气味的饲料，否则会引起流产。而且饲料种类也不宜经常变换，有条件的土猪场以饲喂湿拌料为宜。

2. 保持猪舍安静，防止应激反应

妊娠母猪舍一定要保持环境安静，严禁人为粗暴对待母猪；此外要注意猪舍内温度，特别是夏季高温要做好防暑降温，防止热应激反应而引起流产，尽量使舍内温度不超过 24℃。

3. 注意免疫应激引起母猪流产

妊娠母猪也要严格执行免疫程序，但据观察发现，有的疫苗注射后能引起母猪流产，可能是免疫应激所致。从目前有关报道分析，易引起母猪免疫后流产的疫苗主要是油佐剂疫苗，如口蹄疫疫苗、伪狂犬疫苗、乙脑疫苗等，按常规要求这几种疫苗都要注射。但从一些猪场出现的情况看，全群猪一刀切接种，一些妊娠母猪接种后第 2～3 天会陆续发生流产，多则 2％～3％ 的流产率，少则 0.5％～1％。而且流产以妊娠 30～50 日龄居多，通常是母猪无症状。为减少免疫应激，免疫接种要

避开合群，在母猪整个妊娠期前 40 天属于胚胎不稳定期，在给母猪进行接种或者药物保健时，应尽量避免这一时期。此外，为减少注射疫苗后的免疫应激反应，口蹄疫疫苗可采用进口佐剂，伪狂犬疫苗选择水佐剂苗比油佐剂苗应激要小得多，乙脑疫苗按常规是年注射两次，即每年 3 月和 9 月，也可根据妊娠母猪的妊娠天数选择合适的免疫时间，以防流产。

4. 注意产前消毒

母猪妊娠 110 天或预期分娩前 7 天，需由妊娠舍转入产房。转群不要赶猪太急或使猪受到惊吓，更不能打猪。母猪进入产房饲养前，应对母体（特别是乳房及外阴部）进行严格清洗消毒，有条件的猪场可采用温水淋浴消毒，千万不可用凉水冲刷妊娠母猪，以免造成感冒或应激反应而影响母猪的正常分娩。

第四节　分娩母猪的饲养管理技术

一、母猪分娩前的饲养管理

（一）母猪分娩前的饲养要求

母猪分娩前的饲养主要是根据母猪体况和乳房发育情况而定。对于膘情较好的母猪，在产前 5～7 天按每日喂量的 10％～20％的比例减少精料，以后逐渐减料，到产前 1～2 天减至正常喂料量的 50％，并且停喂青绿多汁饲料。对膘情好的产前母猪减料，可防止发生乳房炎和初生仔猪腹泻。一般来讲，多数产前母猪膘情较好，产后初期乳量较多，乳汁也较稠，而仔猪刚出生时吃乳量有限，有可能造成母乳过剩而发生乳房炎；此外，仔猪吃了过量的浓稠乳汁，常常会引起消化障碍或因口渴而饮大量水，结果造成腹泻。因此，对膘情较好的母猪应采取逐渐减料的饲养方式，并在分娩当天可少喂或不喂料，可喂一些麸皮盐水汤等轻泻饲料，防止母猪便秘。相反，对于体况偏瘦的产前母猪，不能减少日粮喂给量，还应增加一些富含蛋白质、矿物质、维生素的饲料。一般对体况太差的母猪，分娩前能吃多少就给多少，不可限量，否则会影响分娩后乳汁的分泌，但在分娩前一天和分娩当天要限量饲喂。

（二）母猪分娩前的管理技术

1. 产前准备工作

（1）产房的清洗消毒　产房的清洗消毒对减少仔猪腹泻和保障仔猪成活具有十分重要的作用。待产母猪进入产房前，要将猪舍彻底清洗干净，待其干燥后，用 2％～3％氢氧化钠溶液或 2％～3％来苏儿等溶液进行消毒，经 12 小时干燥后再用高压水冲洗干净，空晾晒 7 天后，方可调入待产母猪。

（2）待产母猪的消毒　母猪在产前 7 天（最迟产前 5 天）要转至产房，使其熟悉并适应新的环境，便于特殊护理。为了预防仔猪腹泻，产前应清洁母猪的腹部、乳房及阴户附近，然后用 2‰～5‰来苏儿溶液消毒。消毒后清洗擦干等待分娩。同时，还应对分娩用具（如红外线灯、仔猪箱等）严格检查后清洗消毒。

（3）接产用具准备　消毒用的酒精、碘酊和棉球，装仔猪用的箱子，取暖设备，红外线灯或保温箱等，手电筒，消毒过的干净毛巾，剪犬齿的铁钳子，秤及记录本等用具，一定事先准备好。对地面饲养的母猪还需准备垫草，垫草长短适中（10～15 厘米）、干燥、清洁、柔软，对分娩母猪提供福利条件，尽量不在冷凉的水泥地面产仔。

（4）产房环境要良好　产房应保持干燥卫生，相对湿度最好在 65％～75％，温度要控制在 20～23℃，仔猪箱内的温度保持在 33～34℃，另外产房内应保持光照充足、通风良好、空气新鲜。

2. 预产期的推算

母猪配种后，经过 114 天（112～116 天）的妊娠，胎儿发育成熟，母猪将胎儿及其附属物从子宫排出体外，这一生理过程称为分娩。母猪预产期的推算可按"三、三、三"法推算，即从配种日期后推 3 个月加 3 周再加 3 天。

3. 分娩判断

（1）根据乳房变化判断　母猪产前 15 天左右，乳房就开始从后向前逐渐膨大下坠，到临产前乳房富有光泽，乳头向外侧呈八字开张。一般情况下，当临产母猪前面的乳头能挤出少量浓稠乳汁后，24 小时左右可能要分娩，后边的乳头出现浓稠乳汁后 3～6 小时内可能要分娩，若用手轻轻按压母猪的任意一个乳头都能挤出很浓的黄白色乳汁，则临产母猪马上就要分娩了。母猪临产前的乳房变化，在生产中是一个比较实用的分娩判断方法。

（2）根据外阴变化判断　母猪分娩前 1 周外阴逐渐红肿，颜色由红变紫，尾根两侧出现凹陷，这是骨盆开张的标志，用手握住尾根上下掀动时，可明显地感到范围增大。在母猪分娩前会频频排尿，且阴部流出稀薄黏液。

（3）根据母猪行为变化判断　母猪临产前表现不安，并有防卫反应，如果圈内有垫草，有的临产母猪会将垫草衔到睡床做窝，这是因为一些地方品种母猪仍不同程度地保留有其祖先原来在野生环境条件下形成的习惯。

二、母猪分娩过程中的护理技术

（一）母猪的分娩过程

1. 准备阶段

据观察，母猪在准备阶段初期，子宫周期性（每 15 分钟左右）地发生收缩，每次持续 20 秒，随着时间的推移，收缩频率、收缩强度和收缩时间增加，一直到每隔几分钟重复收缩一次。收缩的作用是迫使胎膜连同羊水一起进入已松弛的子宫颈，促使子宫颈扩张，此时胎儿和尿膜绒毛膜被迫进入骨盆入口处，尿膜绒毛膜在此处破裂后，尿膜液顺着阴道流出阴户，此时准备阶段结束，进入胎儿产出阶段。生产中如没有观察到临产母猪准备阶段的阵缩表现，可判断为难产，就要采取措施进行处理。

2. 胎儿产出阶段

此阶段从子宫颈完全开张到胎儿排出。据观察，临产母猪在这一阶段中多为侧卧，有时也站起来，但随即又卧下努责。母猪努责时伸直后腿，挺起尾巴，每努责一次或数次产出一个胎儿。一般情况下每次只排出一个胎儿，少数情况下可连续排出 2 个胎儿，偶尔有连续排出 3 个胎儿的。第一个胎儿排出较慢，产出相邻两个胎儿的间隔时间，我国地方猪种平均为 2～3（1～10）分钟。当胎儿数较少或个体较大时，产仔间隔时间较长。但如果分娩中胎儿产出的间隔时间过长，应及时进行产道检查，必要时需人工助产。一般母猪产出全窝胎儿通常需要 1～4 小时。

3. 胎衣排出阶段

指全部胎儿产出后，经过数分钟的短暂安静，子宫肌重新开始收缩，直到胎衣从子宫中全部排出为止。一般在产后 10～60 分钟，从两个子宫角内分别排出一堆胎衣。如发现胎衣未排出，就要采取措施进行处理。

（二）接产程序及相关工作

1. 擦干仔猪身上的黏液

仔猪从阴道排出后，接生员首先用消毒过的双手配合把脐带从阴道理出来（不可强拉扯），然后中指和无名指夹住脐带，可防止脐带血流失，用拇指和食指抓住肷部（其他部位容易滑掉）倒提仔猪，用干燥卫生毛巾掏净仔猪口腔和鼻部黏液，然后再用干净毛巾或柔软的垫草迅速擦干其皮肤，这对促进仔猪血液循环、防止体温过多散失和预防感冒非常重要。最好在分娩母猪臀部后临时增设一个保温灯，提高分娩区的温度，可防止仔猪出生后温差大而发生感冒或受冻。

2. 断脐带

生产中要注意的是，用手指断脐带而不是用剪刀剪断脐带。仔猪出生后，一般脐带会自行扯断，但仍拖着 20～40 厘米长的脐带，此时应及时进行人工断脐带。正确方法是断脐带之前，先将脐带内血液往仔猪腹部方向挤压，然后在距仔猪腹部4～5 厘米处，用手指掐断，这样脐带就不会被仔猪踩住或发生缠绕。断脐后用 5% 碘酊将脐带断部及仔猪脐带根部一并消毒。

3. 剪犬齿

目前对新生仔猪都提倡剪犬齿，因为没有剪犬齿的仔猪在 10～20 日龄时，大部分都会因打架导致腹外伤，而尤其是我国一些小型土猪场的环境相对较差，很容易导致病菌感染和仔猪渗出性皮炎的高发率。剪牙还有利于在日后饲养上进行口服给药的操作。特别是猪的犬齿十分尖锐，仔猪争抢乳头发生争斗时极易咬伤母猪的乳头或同伴，故应将其剪掉。仔猪出生时就有 4 枚状似犬齿的牙齿，上下颌左右各 2 枚，剪牙时，只剪犬齿的上 1/3，不要剪至牙齿的髓质部，以防感染，对弱仔可不剪，以有利于竞争乳头，也有利于其生存。还要注意的是牙钳一定要锋利，每进行一头仔猪的剪牙操作后，都要将牙钳放在消毒水中浸泡一下。

4. 打耳号

一般对留作种用的仔猪，生后可及时打上耳号，通常以打耳缺和耳孔进行标记。

5. 保温

新生仔猪保温是一个很关键的环节，也由于新生仔猪的体温是 39℃ 左右，且体表又残留有羊水、黏液，皮下脂肪也很薄，体内能量储存有限，体温调节能力很差，因此对刚产下的仔猪经过断脐带、剪犬齿等处理后，就应立即放入预先升温到 32℃ 的保温箱内。生产中要明白的是，保温工作的重点不是把产房或保温箱的温度升高到多少，而是从接产、吃初乳开始，就要训练仔猪进保温箱，不让其在产床上或母猪身边睡觉，这样可以很好地减少仔猪被压死或被踩伤的情况发生，同时可以有效防止仔猪"凉肚"引起腹泻。

6. 及时吃上初乳

母猪的初乳对新生仔猪有着特殊的生理作用，因其含有白蛋白和球蛋白，能提高仔猪的免疫力，使初生仔猪吃足初乳，可使其获得均衡的营养和免疫抗体，能提高成活率。生产中母猪产仔完毕后，应让所有仔猪及早吃上初乳，最好不要超过 1 小时。如果母猪产仔时间过长，应让仔猪分批吃初乳。可让弱小的仔猪优先吃初乳，也可将已吃到初乳的仔猪先关入保温箱内，让弱小的仔猪在无竞争状态下，吃上 2～3 次初乳。吃初乳之前，应该用消毒水把母猪的乳头、乳房再次擦一遍，并用干净毛巾擦干，挤掉乳头前部的几滴奶水。仔猪吃初乳还可以促进母猪分泌催产素，有效缩短母猪产程，促进子宫复原。

7. 固定乳头和寄养

一般来讲，固定乳头和寄养都是为了达到提高仔猪的成活率、断奶整齐度及断奶重这同一目的。生产中在仔猪吃初乳的过程中，就要开始进行固定乳头的训练。固定乳头的重点是让相对弱小的仔猪吸吮第 3、第 4 对乳头，理论上让弱仔吃靠前面的乳头是行不通的，因为前面的乳头太高了，弱仔根本就够不着。寄养的方法是把弱仔集中给母性好、奶水好的母猪哺乳。寄养时只需把寄养的仔猪在母猪旁边保温箱内关 1 小时，无需涂抹母猪尿液或刺激性药物，这种方法可以减少饲养人员的劳动强度。当然，当被寄养的仔猪被母猪拒哺时，可采取涂奶水或尿液等措施。

8. 假死仔猪的急救

假死是指仔猪产下来不能活动，奄奄一息或没有呼吸，但心脏和脐带有跳动，此种情况称为仔猪假死。造成仔猪假死的原因较多，有的是母猪分娩时间过长引起，有的是黏液堵塞气管引起，有的是仔猪胎位不正而在产道内停留时间过长引起。接产中对假死仔猪的急救有以下几种方法：

（1）刺激法　用酒精或白酒等擦拭仔猪的口鼻周围，刺激仔猪呼吸。

（2）拍打法　倒提仔猪后腿，并用手拍打其胸部，直至仔猪发出叫声。

（3）浸泡法　将仔猪浸入38℃温水中3~5分钟后可恢复正常，但仔猪的口和鼻要露在水外。

（4）憋气法　用手把假死仔猪的肛门和嘴按住，并用另一只手捏住仔猪的脐带憋气，发现脐带有波动时立即松手，仔猪可正常呼吸。

日常生产中发现被母猪压着的仔猪出现假死，也可采取以上方法进行抢救。对假死弱仔猪无须抢救，因其生活力很低，基本无饲养价值，应丢弃为好。

9. 难产的处理

（1）难产的原因　难产在生产中较为常见，尤其是圈养母猪缺乏足够的运动，导致难产比例较高；也由于母猪骨盆发育不全、产道狭窄（早配初产母猪多见）、死胎多、分娩时间拖长、子宫弛缓（老龄、过肥、过瘦母猪多见）、胎位异常或胎儿过大等原因所致。如不及时救治，可能造成母仔双亡。

（2）难产的判断和处理方法　关于难产的判断，主要靠接产员的经验和该母猪的档案记录（有无难产史）。一般而言，对母猪破羊水半小时仍产不出仔猪的，即判断可能为难产。难产也可能发生于分娩过程的中间阶段，即顺产几头仔猪后，长时间不再产出仔猪。接产中如果观察到母猪长时间剧烈阵痛，反复努责却不见产仔，呼吸急促，心跳加快，皮肤发红，即应立即采取人工助产措施。对老龄体弱、娩力不足的母猪，可肌内注射催产素（垂体后叶素）10~20单位，促进子宫收缩，必要时同时注射强心剂和维生素C注射液，注射药物半小时后仍不能产出仔猪的，即应手术掏出。具体操作方法是：术者剪短并磨光指甲，先用肥皂水洗净手和手臂，后用2%来苏儿或1%高锰酸钾水溶液消毒，再用70%酒精消毒，然后涂以清洁的无菌润滑剂（凡士林、石蜡油或植物油）；将母猪阴部也清洗消毒；趁母猪努责间歇将手指合拢成圆锥状，手臂慢慢伸入产道，抓住胎儿适当部位（下颌、腿），随母猪努责慢慢将仔猪拉出。但对破羊水时间过长、产道干燥、狭窄或胎儿过大引起的难产，可先向母猪产道内注入加温的生理盐水、肥皂水或其他润滑剂，然后按上述方法将胎儿拉出。对胎位异常的胎儿，矫正胎位后可能自然产出。在整个助产过程中，要尽量避免产道损伤和感染。助产后必须给母猪注射抗生素，防止生殖道感染发病。一般对难产后的母猪连续3天静脉滴注林可霉素＋葡萄糖液＋肌苷＋地塞米松。若母猪出现不采食或脱水症状，还应静脉滴注 5％葡萄糖生理盐水 500～1000 毫升，维生素 C 0.2～0.5 克。难产母猪要做好记录，以便下一胎分娩时采取相应措施。对助产时产道损伤、产道狭窄或剖腹产的母猪，应予以淘汰。

10. 登记分娩卡片

接产工作中，分娩记录工作也很重要，从母猪临产"破羊水"开始就要记录下时间，接下来，每产下 1 头仔猪（包括死胎、木乃伊胎、胎衣）和每进行一次操作（擦黏液、断脐带、剪犬齿、吃初乳、助产和称重等）都应记录下相应的时间和项目。记录有利于技术人员对整个接产过程的评估和接产工作的交接，还可以准确地统计出产仔数量以及清楚地了解母猪的繁殖性能。分娩结束后，还要把分娩卡片中记录的情况及时地存入电脑档案中。在一定程度上讲，搞好分娩卡片记录也是一个土猪场精细化管理的一项重要工作，能从一定程度上反映出该猪场的科学管理水平。

11. 对产后母猪及产圈进行清洗和清理

产仔结束后，接产人员应及时将产圈打扫干净，并将排出的胎衣按一定要求处理，以防母猪产生由吃胎衣到吃仔猪的恶癖。对胎衣也可进行利用，将其切碎煮汤，分数次喂给母猪，以利母猪恢复和泌乳。污染的垫草等清除后换上新垫草。同时还要将母猪阴部、后躯等处血污清洗干净后擦干。

三、母猪分娩后的饲养管理

（一）母猪产后的护理

1. 母猪产后护理的重点

（1）补充能量物质以使母猪尽快恢复体能　母猪产后身体很虚弱，这是因为母猪分娩过程中体力消耗很大，体液损失也较多，加之在分娩当天采食基本停止，所以产后常表现疲劳和口渴，此时应及时给产后母猪补充能量物质，使母猪尽快恢复体能。生产中常采用的方法是，用电解质多维水或 1％温盐水加麸皮供母猪饮用；对于分娩时间过长或者人工辅助分娩的母猪，常通过输液来恢复其体能。具体方法是：方法一，用 500 毫升的 5％葡萄糖盐水加鱼腥草 20～30 毫升、维生素 C 20～30 毫升和 10 毫升复合维生素 B 注射液，每天 1 次，连续 3 天静脉注射；方法二，500 毫升 5％葡萄糖盐水加适量抗生素（可选用青霉素、链霉素或头孢唑林钠）和ATP，每天 1 次，连用 3 天。以上方法的目的是通过大量补充葡萄糖盐水使血流量扩充并加速，提升血压，补充和改善体内的大量能量消耗，并可为产后的哺乳蓄积能量和体力，加抗生素可预防和治疗子宫及阴道感染。

（2）母猪的产后清洁　母猪的产后清洁指母猪分娩结束后，要立即清除胎衣及污染的产圈，并用温肥皂水或表面活性剂洗净母猪的外阴部、尾巴、后躯的污染物及乳房乳头。由于母猪产后阴户松弛，卧下时阴道黏膜容易脱垂而接触到地面，为防止病原或其他毒素侵入而导致全身感染，因此，十分有必要经常保持产圈的清洁卫生。

2. 母猪产后的检查

（1）观察恶露　恶露指产后母猪从阴户中排出的分泌物。母猪产后应注意观察恶露的排出量、色泽及排出时间的长短。通常母猪的恶露很少，初为暗红色，以后变为淡白色，再变成透明，常在 2～3 天停止排出。如恶露的排净时间延长，则母猪产后可能受病原感染，表示已患子宫炎或阴道炎。可用 0.1％高锰酸钾、生理盐水等溶液冲洗子宫。冲洗时应注意用小剂量反复冲洗，直到冲洗液透明为止，在充分排出冲洗液后，可向子宫内投入抗生素类药物，如青霉素粉。此外，对于产后恶露不尽，可连续 3 天注射催产素，并在料中加些益母草粉或流浸膏，以利恶露排尽，同时喂黑糖水也可，在药物消炎同时进行，但切不可用氨苄青霉素，以免引起母猪乳房胀痛而拒绝哺乳。

（2）检查乳房　对产后母猪的乳房胀满程度及有无炎症、乳量多少及乳头有无损伤等都要进行检查和观察，这样可知产后母猪是否患乳房炎和产后无乳症等。

（3）观察外阴　要注意观察产后母猪外阴部是否有肿胀、破损等情况。出现肿胀、破损要及时处理，可采取清洗消毒措施。

（二）母猪产后的饲喂方式

1. 母猪产后 7 天内的饲喂要求

母猪产后 8～10 小时内原则上不喂料，只喂给豆饼麸皮加盐的汤水或调得很稀的加盐汤料，使其尽快恢复体能和胃肠消化功能。产后 2～3 天内不应喂料太多，但饲粮要营养丰富、容易消化，并视母猪膘情、体力、泌乳及消化情况逐渐加料。有条件的猪场可将饲料调制成稀粥状。产后 5～7 天逐渐达到标准喂量或不限量饲喂。但要注意的是，如果母猪产后还是体力虚弱，过早加料可能引起消化不良，导致乳质变化而引起仔猪拉稀。如果母猪产后体力恢复较好，消化又好，哺乳仔猪数较多，则可提前加料或自由采食，以促进泌乳。

2. 母猪产后 7 天内乳量不足的处理

母猪健康与否决定其哺乳阶段开始的产奶量多少，产奶量通常在 14 天时达到峰值。为了避免在产奶过程中出现问题，一般在产后 3～5 天内应逐渐增加饲料供应量直至达到最大给料量。为此，对因妊娠期营养不良而产后无乳或乳量不足的母猪，可喂给小米粥、豆浆、胎衣汤或小鱼小虾汤等催奶。对膘情好而奶量不足的母猪，除喂催奶饲料外，可同时采用药物催奶，如当归、王不留行、漏芦、通草各 30 克，水煎后配小麦麸服，每天 1 次连喂 3 天。

（三）母猪产后的科学管理

1. 提供安静舒适的环境

母猪产后极度疲劳，需要充分休息，在安排好仔猪吃足初乳的前提下，应让产后母猪在一个安静舒适的环境下尽量多休息，以便迅速恢复体况。

2. 多观察产后母猪

母猪产后 3～5 天内，注意观察其体温、呼吸、心跳、皮肤和可视黏膜颜色、产道分泌物、乳房、采食、粪尿等情况，一旦发现异常应及时诊治，防止病情加重影响正常的泌乳和引发仔猪下痢等疾病。

3. 产后母猪多运动

有条件的土猪场，应在母猪分娩 3 天后、外界气温适宜时，将母猪放到运动场自由活动，上午 9～11 时、下午 2～4 时各活动 1 小时，有利于母猪子宫复原和恢复体力。

4. 注意产房小气候

要保持产房温暖、干燥、空气新鲜和干净卫生。产房小气候恶劣、产房不卫生可能造成母猪产后感染，表现恶露多、发热、拒食、无奶等，而且仔猪也常发生痢疾。如不及时改善和治疗，仔猪常于数日内全窝死亡或半数死亡，存活下来的仔猪往往发育不良而成为僵猪。

第五节　哺乳母猪的饲养管理技术

一、哺乳母猪的饲养管理目标

在一定程度上讲，哺乳母猪是土猪饲养与管理的核心，是获得母猪高产的关键。如果哺乳母猪营养不足，会降低母猪的再生产性能，使断奶到发情的时间间隔延长，母猪非生产天数增加，胚胎成活率下降，窝产仔数减少，也会在很大程度上影响仔猪的生长发育与健康。因此，生产中一定要根据哺乳母猪的营养需要和生理特点，结合本地区和本场的地理、气候特点以及母猪群的品种、胎次、带仔数、食欲、膘情等情况，制定科学的饲养管理目标，这样才能有计划、有步骤、有重点地开展各项工作，最大限度地提高分娩舍的各项生产指标和猪场的经济效益。由此可见，对哺乳母猪的饲养管理目标，就是最大限度地提高饲料采食量和总营养摄入量，以此来提高母猪的泌乳数量和质量，减少泌乳期母猪失重。这样不仅可以充分发挥母猪的泌乳潜力，促进仔猪的生长发育，提高仔猪的断奶窝重，而且可以使母猪维持良好的体况，促使母猪断奶后按期发情配种和提高母猪繁殖性能。

二、哺乳母猪的日粮配制及饲养方式和饲喂技术

（一）哺乳母猪的日粮配制

哺乳母猪日粮应分为初产母猪（青年母猪）日粮和经产母猪日粮。初产母猪指

产第一胎和第二胎的母猪，因生理发育尚未成熟，其营养需要量明显大于经产母猪。生产中初产母猪日粮的消化能为14.21兆焦/千克，粗蛋白质17%，赖氨酸1%，钙0.85%～0.9%，总磷0.6%；高产母猪（产仔10头或以上）可参照或略高于青年母猪的营养需要标准；经产母猪日粮的消化能为13.37兆焦/千克，粗蛋白质16%，赖氨酸0.85%，钙0.85%，总磷0.6%。

（二）哺乳母猪的饲养方式

1. 前高后低方式

这种方式一般适用于体况较差的经产母猪。有的经产母猪妊娠期间由于受到限饲，体况不肥，产仔后又由于泌乳，体重失重会过大。为了保证一定的泌乳量和防止体重失重过大，必须给体况较差的经产母猪充足的营养物质供应，可采用前高后低的饲养方式，既能满足母猪泌乳的需要，又能把精料重点使用在关键时期。

2. 一贯加强方式

这种方式一般适用于初产母猪和高产母猪，当然也可适用于妊娠期体况较差的哺乳母猪。这种方式是用较高营养水平的饲料，在整个哺乳期对母猪不限量，吃多少给多少，充分满足母猪本身生长和泌乳的需要。

（三）哺乳母猪的饲喂技术

1. 哺乳母猪的饲喂方案

正确的饲喂技术能够使泌乳期母猪保持强烈的食欲，而确保对母猪妊娠期间不过度饲喂，是提高母猪泌乳期饲料采食量的方法之一。此外，母猪产仔后到断奶前喂料量不宜平均化，一般母猪分娩当天不喂料，但应提供饮水；而母猪产后立刻提供充足的饲料也会影响母猪的食欲，导致以后采食量下降。产仔后的母猪第二天的饲喂量在1千克左右，以后每日增加0.5～1千克，最晚到第七天达到最大采食量，1周后自由采食，直到断奶前为止。研究表明，产后1周尽快达到最大采食量的母猪繁殖性能最好，而产后食欲不振或过分限制饲喂的，断奶后母猪会延迟发情。

2. 保证母猪产后采食量的措施

（1）实行自由采食，不限量饲喂　即从分娩3天后，逐渐增加采食量，到7天后实行自由采食。

（2）实行多餐制，做到少喂勤添　每天喂3～6次，实行多餐制（特别是夏季）。

（3）实行时段式饲喂　利用早、晚凉爽时段喂料，充分刺激母猪食欲，增加其采食量，这在夏季尤为重要。

（4）采取湿拌料　不管是哪种饲喂方式，切忌饲料发霉、变质。为了增加适口性，可采取喂湿拌料的方法。

（5）防止母猪食欲不振　产前3～5天或5～7天应减少饲料10%～20%，以后逐渐减料，至产前1～2天，减料至正常喂料量的50%，可有效防止母猪产后食欲不振。如果母猪产后食欲不振，可用 150～200 克食醋拌 1 个生鸡蛋喂给，能在短期提高母猪食欲。

（6）适当饲喂青绿多汁饲料 在饲喂全价饲料的同时，适当饲喂一些青绿多汁饲料，既可提高母猪的食欲，增加乳汁的分泌，又可减少母猪便秘。

3. 哺乳母猪的饲喂要注意的问题

（1）要保证日饲喂量 哺乳母猪日饲喂量应达到 5 千克以上，饲喂时根据营养需要特点灵活掌握；青饲料不可饲喂过多，以免影响对全价饲料的采食量。

（2）饲料质量要好 饲料不宜随便更换，且饲料质量要好，不喂发霉、变质的饲料；饲喂的青饲料也要保证干净、卫生。

（3）要保证充足的饮水 母猪泌乳每天需要 25～35 升清洁饮水，夏季更高达35～40 升，粗略要求饮水器的流量要达到每分钟 2～2.5 升才能满足母猪的需求。饮水不足或不洁会影响母猪采食量及消化和泌乳功能，因此，哺乳期母猪的饮水应敞开供应。如果是水槽式饮水则应一直装满水，如果是自动饮水器则勤观察、勤检查，保证水畅通无阻，而且要求水流速、流量达到一定程度。饮水应清洁，符合卫生标准。

三、哺乳母猪的科学管理

（一）产房的环境控制

1. 保证产房适宜的温度

哺乳母猪的最适温度在 18～20℃，而且哺乳母猪的饲料进食量与环境温度呈负相关。因此，产房的温度调控首先要重视夏季的防暑降温。在夏季，如果没有有效的降温系统，很难维持母猪最佳的泌乳采食量和以后的繁殖性能，因此，夏季必须想方设法降低环境温度以增加母猪的采食量。理想的方法是安装水帘，配合负压通风，可降低环境温度 8℃ 左右；蒸发降温可部分地减轻高温对机体的有害作用，但给猪滴水或向地面洒水要配合舍内空气的流动，可将负压通风机作为一种辅助手段，以保证在较湿的环境里有足够的空气流动和最大的蒸发降温。初生仔猪所处的保温箱内小环境温度要控制在 30～35℃，以后每周降 2℃；母猪由于皮厚毛长，皮下脂肪层较厚且无汗腺，容易继发热应激，因此，冬季的产房，在产仔期室温可以高一点，达到 24～25℃，一周后环境温度马上就要低下去，达到 20～21℃ 即可，以增加母猪的采食量。冬季的产房，只要把仔猪的局部温度升到要求的范围内即可，没有必要把整个产房的温度升得太高，当然，北方地区三九寒冷天气的产房要达到一定的温度要求。产房的环境温度千万不能冬季不低、夏季很高，那就很难解决母猪的采食问题了。因此，产房应尽量做到冬暖夏凉。

2. 产房一定要保持环境安静、清洁、干燥和通风良好

母猪分娩前后应注意产房的通风换气，减少噪声，舍内氨气浓度过高或噪声过

大均会使母猪分娩时间延长，甚至造成难产。对哺乳期母猪日常管理工作必须有条不紊，以确保母猪正常泌乳为首要前提。尽量减少噪声，禁止大声吆喝、粗暴对待母猪，保持产房安静的环境条件。日常管理工作首先要保持栏圈和产房清洁卫生，空气新鲜，每天要清扫产房，冲洗排污沟，但在母猪放奶时不要扫圈、喂食和大声喧哗，以保证母猪正常放奶哺仔。不建议用水带猪冲洗高床，若气候干燥时用水冲洗，也要尽可能减少冲洗次数和冲洗用水量以降低舍内湿度。传统方式养猪的猪舍，哺乳母猪要单圈饲养，且每天应有适当运动，并调教母猪，使其养成到猪床外定点排粪的习惯，防止母猪尿窝，在冬季圈舍内应铺厚垫草，保持圈舍内温暖舒适。

3. 保证母猪乳头清洁，防止乳头损伤

母猪的乳头一定要保持干净，以免仔猪在吃奶时接触被污染的乳头而生病。要保护母猪乳头不受损伤，并经常检查，发现有损伤时要及时治疗，以免造成母猪乳头疼痛而拒绝哺乳或乳头感染而引发乳房炎。

4. 严格做好产房的消毒工作

母猪分娩一周后，每周选用无害的消毒剂对母猪和仔猪带环境消毒一次，并对保温箱、食水槽、走道等严格喷雾消毒，并在舍内悬挂冰醋酸自然熏蒸。

(二) 及时处理生产管理中的异常情况

1. 母猪无乳或缺乳

在哺乳期内有个别母猪产后缺乳或无乳，导致仔猪发育不良或饿死，遇到这种情况，应查明原因，及时采取相应措施加以解决。

（1）无乳或缺乳原因　母猪营养不良、过度瘦弱、胎龄高、生理机能衰退；或母猪过肥，乳房和乳腺发育不全；或母猪产后患子宫炎、乳房炎、高烧等，均可造成母猪无乳或缺乳。

（2）治疗无乳或缺乳的措施　对产后患子宫炎、乳房炎、高烧等疾病的母猪要抗菌消炎、消除病原因素；其他原因引起的无乳或缺乳可采取以下措施：

① 应用催产素（缩宫素）催乳　先将母猪和仔猪暂时分开，每头母猪用 20 万～30 万单位的催产素肌内注射，用药 10 分钟后仔猪吮吸母猪乳房放奶，一般用药 1～2 次即可达到催乳效果。

② 用食物催乳　在煮熟的豆浆中，加入适量的熟猪油（即荤油），连喂 2～3 天；或用花生仁 500 克、鸡蛋 4 个，加水煮熟，分两次喂给，1 天后就可催乳；或用海带 250 克泡胀后切碎，加入荤油 100 克，每天早、晚各 1 次，连喂 2～3 天。

③ 用中药催乳　木通 30 克、茴香 30 克，水煎后拌入少量稀粥，分两次喂给；或用王不留行 35 克，通草、白芍、当归各 20 克，白末、黄芪、党参各 30 克，水煎后加红糖喂服。

2. 便秘

便秘往往会被人轻视，看似小问题，其实是大问题。轻则引起食欲下降，重则

造成母猪食欲废绝，导致无奶水后，仔猪中会出现饿死的情况。生产中一般在产前2～3 天和产后 1 周，适当给母猪投喂一些缓泻剂可防止母猪便秘。对于便秘已发生、粪便已经变干的母猪，更要及时地投喂泻药或用开塞露等药物直肠灌注，同时要适量投喂青绿多汁饲料，加大饮水量。

3. 拒绝哺乳

母猪不让仔猪吃乳，多发生于初产母猪。由于一些初产母猪没有哺乳经验，仔猪吸吮乳头的刺激使其总是处于兴奋和紧张状态而拒绝哺乳。可采取醉酒法，用2～4 两白酒拌适量的精料，一次喂给哺乳母猪，然后让仔猪吃奶；或者肌内注射冬眠灵，每千克体重 2～4 毫克，使母猪睡觉后再哺乳。一般经过几次哺乳，母猪习惯后，就不会拒绝哺乳。此外，有的经产母猪因营养不良而无奶，仔猪吃不饱老是缠着母猪吃奶，母猪烦躁而拒绝哺乳。表现为母猪长时间平趴地面，而不是侧卧地上。对此应加强母猪的营养供给，加大采食量，特别是蛋白质饲料的喂量，母猪有奶后就不会拒哺。

4. 母猪吃小猪

个别母猪吃小猪是一种恶癖，其因一是母猪吃过死小猪、生胎衣或泔水中的生骨肉；其因二是母猪产仔后，非常口渴，又得不到及时的饮水，别窝仔猪串圈误入后，母猪闻出气味不对，先咬伤、咬死后吃掉；其因三是母猪缺乳，造成仔猪争乳而咬伤奶头，母猪因剧痛而咬仔猪，有时咬伤、咬死后吃掉。消除母猪吃小猪的办法：供给母猪充足的营养，适当增加饼类饲料，饲料中不可缺矿物质、食盐，并保证有适量的青绿多汁饲料供给；母猪产仔后，要及时处理胎衣和死小猪，对弱仔难以成活的最好也要处理掉，让母猪产前、产后饮足水，不让仔猪串圈等。

（三）断奶时间的确定

一般来说，为了提高母猪利用率和促使猪场设备及人员的合理利用，保育条件合适的土猪场应尽量采用早期断奶的饲养方式，选择在 28～30 天断奶，这样可以保证 1 头母猪年产 2～2.5 窝，与传统方法相比，这种饲养方式能提高繁殖效率，节约饲料成本。实行早期断奶的母猪，一般在断奶后 5～7 天即可发情配种，受胎率在 90％～95％。保育条件差的土猪场选择 35 天断奶。

第六节　空怀母猪的饲养管理技术

一、空怀母猪的饲养管理目标

哺乳母猪断奶到再次配种这段时间为空怀期，一般在 7～10 天。此期要保持空怀母猪的适当膘情，有利于母猪的再次发情和排卵；同时，这时母猪一般都食欲旺盛，要保持科学的饲喂方法。因此，空怀母猪的饲养管理目标就是在空怀期内，采取科学的饲养管理，尽快恢复母猪正常的种用体况，尽量缩短空怀期，促进空怀期母猪如期发情、排卵，及时配种受孕，从而达到较高的受胎率。

二、空怀母猪的营养需求

对空怀母猪要在配种准备期供给营养全面的日粮，使其尽快恢复种用体况，能正常发情、排卵。一般来讲，空怀母猪日粮营养水平比其他母猪要低，营养标准推荐为：每千克饲料一般含消化能为 11.70～12.10 兆焦/千克，粗蛋白质 12%～13%，赖氨酸 0.9%，钙 0.8%，磷 0.7%。但在生产中大都采用哺乳母猪料饲喂，因为空怀母猪一般都采取短期优饲的饲养方法，因此，这种方法在中小规模土猪场采取的较多。

三、空怀母猪的科学饲养

（一）供给营养水平较高的日粮

首先，在空怀母猪配种准备期应供给营养全面的日粮，使其快速恢复种用体况，正常发情、排卵，及时配种受孕。一般来讲，空怀母猪日粮营养水平比其他母猪要低，但要重视蛋白质、能量及矿物质和维生素的供给量，特别是青绿多汁饲料也要有一定的供给，这对排卵数、卵子质量和受精都有良好的影响。

（二）根据体况确定饲喂方式

1. 膘情较差的母猪采用短期优饲

对于哺乳后期膘情不好、过度消瘦的母猪，特别是泌乳力高、产仔多的母猪，因哺乳期消耗营养较多，可采用短期优饲的饲喂方式，尽快在短时间内增膘复壮，促进母猪发情配种。在配种前用高营养浓度的催情料或继续喂哺乳母猪料，促进母猪发情、排卵。一般从断奶第二天开始加大饲料喂量，每头每天喂到 3.5～5 千克，经过 2～3 天的短期优饲，在断奶后 7 天内绝大部分母猪能表现发情并可及时配种。配种结束后停止加料，实行妊娠母猪前期的饲养方式。但对断奶膘情过差的母猪可使其自由采食，待膘情恢复到 7～8 成膘后，有发情征候后可及时配种，配种后饲喂量立即降至 1.8～2.0 千克/日，并按膘情喂料，但要保证青绿多汁饲料的供给。

2. 对膘情较好的母猪应减少饲料喂量

对于膘情很好、体况在八成膘以上的母猪，断奶后不宜采用短期优饲的方式，而应减少配合饲料喂量，增加青饲料喂量，适当在日粮中加大粗饲料比例，并加强运动，使其恢复到适度膘情，发情正常后及时配种。

四、空怀母猪的科学管理

（一）分群饲养，适当运动，公猪诱情

空怀母猪的饲养方式应根据饲养规模、膘情而定。前提是根据膘情分群饲养，膘情较差的母猪要单猪补饲复壮，对膘情过肥的要减料饲养。因此，既可进行单圈饲养，也可进行小群饲养。生产中除个别膘情过瘦或过肥的母猪实行单圈饲养外，一般采用小群饲养。小群饲养是将同期空怀母猪每 4～5 头饲养在 9 米^2 以上的栏圈内，使母猪能自由运动。有条件的土猪场还可采取大运动的饲养方式，将哺乳母猪断奶赶离产房后，可以直接先赶至大运动场，让母猪在运动场内自由运动 1～2 天，充分接受阳光照射和呼吸新鲜空气，其间可不喂或少喂饲料，但要保证饮水充足和一定的青绿多汁饲料供给，运动 1～2 天再赶至空怀母猪舍进行小群饲养，这样可以尽快促使母猪再次发情。实践证明，小群饲养空怀母猪可促进发情、排卵，特别是同群中有母猪出现发情后，由于母猪间的相互爬跨和外激素的刺激，可诱导其他空怀母猪发情。或将试情公猪按时同圈混养，可促进不发情母猪发情、排卵。生产中要注意的是群养群饲，定时喂料，防止互咬互斗。

（二）提供适宜的环境条件

空怀母猪适宜的饲养温度为 15～18℃，相对湿度为 65％～75％。研究证明，生态环境条件对母猪发情和排卵都有很大影响。空怀母猪舍一定要保持干燥、清洁，温湿度适宜，通风、光照良好。冬季要防寒保暖，夏季要防暑降温。只有达到这样的环境条件，才可保障空怀母猪正常发情、排卵，配种受孕。

（三）做好消毒和驱虫工作

在断奶母猪转到空怀母猪舍前，要对猪舍进行全面清扫、冲洗、消毒。此后，一般要求立即用气味浓的消毒药进行逐头消毒，夏天可彻底消毒洗澡一次。这样做既能起到消毒的作用，又能除去不同个体的体味，减少咬斗致伤或致残的可能。为了在配种前驱除体内外寄生虫（很多母猪有体癣），可在母猪断奶当天采食量不高的情况下，于第一餐或第二餐饲料中添加规定量的左旋咪唑或其他低毒高效的驱虫药，可驱除体内外寄生虫，或用 2％敌百虫全身喷雾，驱除体外寄生虫，但对体癣严重的母猪可进行体表涂擦驱虫药，效果更好。驱虫时要注意观察母猪，对个别有反应的要及时采取解毒措施。对驱虫的母猪舍，要及时清扫粪便以防二次感染。临床上一般连续进行两次驱虫效果较好，可在配种前彻底驱除体内外寄生虫，为母猪妊娠期打好基础。

（四）预防断奶应激并及时做好保健和治疗

仔猪断奶一般采用"赶母留仔"的一次断奶法，因此也极易导致母猪断奶应

激，发生乳房炎、高烧等疾病。临床上采取的措施，一是在断奶前后，根据母猪膘情进行适当限饲，每日两餐，定量饲喂 1.6～2 千克，并将哺乳料换成生长猪料，经 2～3 天就会干乳；二是注意观察其健康状况，发现病猪及时治疗。临床上可在饲料或饮水中添加清热、解毒的中草药制剂（如黄芪多糖、板蓝根等），或免疫调节剂（电解多维等），或具有催情作用的中草药制剂，此保健措施在生产中具有一定效果。

（五）做好发情观察和发情鉴定

生产中发情鉴定方法主要有依据发情征状鉴别法和公猪试情法两种，或把此两种方法结合到一起。临床上一般母猪发情前期表现出爬跨其他母猪，外阴部膨大，阴道黏膜呈大红色，有黏液，但不接受公猪爬跨（持续 12～36 小时）；发情中期，压背时母猪静立不动，耳竖立，外阴部肿大，阴道黏膜呈浅红色，黏液稀薄透明，嘴里没有任何声音（一般对人静立），此时为最佳配种时期；发情后期，母猪趋于稳定，外阴部开始收缩，阴道黏膜呈淡紫色，黏液浓稠，不愿接受公猪爬跨。

（六）适时配种

发情母猪的最佳配种时间是在发情中期，其配种方式和方法及具体操作可参照前面章节中有关论述。

五、空怀母猪的乏情原因与处理措施

乏情俗称"不发情"，指青年母猪 4～6 月龄或经产母猪断奶 10～15 天后仍不发情，其卵巢处于相对静止状态的一种生理现象。乏情降低了母猪的年产胎次，进而降低了母猪的利用率，增加了养猪生产成本，也影响了养猪的经济效益。目前母猪乏情已成为影响土猪场生产效益的一个重要因素，并越来越受到生产者的重视。

（一）引起母猪乏情的原因分析

1. 营养不良

营养不良对母猪的生殖机能有较大的负面影响，其中矿物质和维生素不足是引起母猪乏情的一个重要原因。矿物质不足主要是钙、磷不足或钙磷比例不当，造成钙、磷的有效吸收障碍。缺乏钙、磷时可以使卵巢的机能受到影响，严重时阻碍卵泡的生长和成熟，导致母猪不发情，甚至完全丧失生育能力。正常饲喂条件下维生素 A、B 族维生素、维生素 E、维生素 D 即有一定程度的缺乏，一般还不会直接影响到母猪的发情。但是某些应激因素（如疾病、寒冷、高温、发热等）同时存在时，机体的某些营养素的需要量增加，而使这种维生素缺乏状况突然出现，导致母猪的生殖机能受到影响。如维生素 A、维生素 E、维生素 B_{12}、锌、硒等缺乏，都可引起母猪乏情或生育障碍。在母猪妊娠期（特别是哺乳期）营养不足，产仔、带仔数多，饲料能量不足，哺乳期失重过多，会造成母猪断奶时过瘦，抑制下丘脑产生促性腺激素释放因子，降低促黄体素和促卵泡激素的分泌。

2. 缺乏运动

母猪运动不足会带来一系列问题，其中之一就是使母猪的性腺得不到相应刺激而表现不发情。有的土猪场由于无运动场地，将断奶后的母猪关在小圈中小群或单圈单头饲养，也使断奶后的母猪缺乏足够的运动，影响了断奶后母猪的发情。

3. 饲养环境

有关研究表明，饲养环境引起母猪乏情主要是来自环境温度的影响。正常情况下，母猪所需的生理环境在 $14 \sim 18$℃，如果在饲养过程中长期处于非正常的环境温度（25℃以上或5℃以下）条件下，或环境温度冷热变化无常，其内源性激素的分泌就会出现紊乱或受到抑制，生殖器官的生理功能就会受到影响（卵泡发育受阻），从而使母猪推迟发情而出现乏情。生产中因环境温度不正常造成乏情的母猪占乏情母猪总数的50%以上。特别是早春天气寒冷，昼夜温差大，而夏季天气炎热，如果管理不到位，环境温度很容易造成母猪应激，使母猪乏情。

4. MMA 综合征

患乳房炎（mastitis）、子宫内膜炎（metritis）和无乳（agalactia）综合征（简称 MMA 综合征）的母猪发生乏情的比例极高，因此，控制 MMA 综合征是解决空怀母猪乏情的前提。子宫内膜炎引起的配种不孕是非传染性疾病导致母猪繁殖障碍的一个主要疾病，其因是配种时人工授精操作不当和消毒不严或分娩时人工助产操作不当，将细菌带入子宫内。产后胎衣不下，恶露不净时可诱发本病。

5. 传染病因素

传染病因素有三个方面：病毒性感染，以蓝耳病、猪瘟、伪狂犬病、乙型脑炎、细小病毒病多见；细菌性感染，以布氏杆菌病、结核杆菌病、链球菌病等为主；寄生虫感染，以猪弓形体病为主。

6. 霉菌毒素的影响

研究发现，造成母猪不发情或屡配不孕的一个重要原因是霉菌毒素，并且主要是玉米发霉变质产生的霉菌毒素，其中危害最大的是赤霉烯酮。该毒素分子结构与雌激素相似，母猪摄入含有这种毒素饲料后，其正常的内分泌功能将被打乱，导致发情不正常或排卵抑制，可引起母猪出现假发情，即使真发情，也是配种难孕，孕猪流产或死胎。此外，由于饲料厂家大量使用脱霉剂，猪群中仍出现小母猪阴户红肿或脱肛现象，在一定程度上讲也是个隐患。

7. 母猪的体况

对空怀期母猪而言，配种时的体况与哺乳期的饲养有很大的关系。产仔数、带仔数多的高产母猪，哺乳期失重过多，会造成母猪断奶时过瘦，抑制下丘脑产生促性腺激素释放因子，减少促黄体素和促卵泡激素的分泌，能推迟经产母猪的再发情。母猪体况过肥，卵泡及其他生殖器官被许多脂肪包围，会导致母猪排卵减少或不排卵，造成母猪不发情或屡配不孕。

8. 胎次和年龄

一般情况下，85％～90％的经产母猪在断奶后7天内表现发情，但初产母猪只有60％～70％在首次分娩后1周内发情。由此可见，母猪胎次结构也是影响母猪群体断奶后进入发情高峰的重要因素。母猪不同胎次意味着不同的抵抗力以及身体调节能力。在正常情况下，健康经产母猪在产后14天内子宫能够修复完整，断奶后2～5天内进入下一发情期，而初产母猪断奶后3～7天内发情，可见，初产母猪其身体调节能力较经产母猪差，断奶后发情高峰会比经产母猪推迟1～2天。造成初产母猪比经产母猪发情率低的主要原因：一是初产母猪在第一胎哺乳过程中，出现过度哺乳的现象，从而使母猪子宫恢复过程延长；二是青年母猪配种过早，如果后备青年母猪过早配种受孕，不仅会导致产仔少，仔猪初生重小、断奶体重小及成活率低，还会影响母猪本身的增重，这种体重偏小的母猪，初产仔猪断奶后发情明显推迟，有的甚至永久不发情。

母猪年龄过大，特别是高胎龄的母猪，其卵巢逐渐萎缩和硬化，其他生殖器官也逐渐萎缩而丧失繁殖能力；也有的还未达到绝情期就未老先衰，不发情或发情不明显。

（二）促进空怀母猪发情、排卵的措施

1. 营养调控法

空怀母猪过肥或过瘦都可能不发情，这时应根据实际情况调整营养水平。对于体况瘦弱的母猪应加强营养，增加优质蛋白质、碳水化合物及脂肪供给，及时补充优质青绿多汁饲料，使其体重尽快达到应有的标准。青绿多汁饲料中除含有多种维生素外，还含有一些类似雌激素的物质，具有催情作用。对于过肥母猪应降低营养标准及实行限饲，减少饲喂次数或不喂精料，并增加运动量，直到恢复种用体况标准，即7～8成膘情。

2. 公猪诱导法

用试情公猪追爬不发情母猪，每次20分钟左右。由于母猪接触公猪受到刺激后，通过神经系统使脑下垂体产生促卵泡激素，从而使空怀母猪发情、排卵。成年公猪的精液、尿液、包皮液、唾液（泡沫）中均含有丰富的外激素，这些外激素能够刺激母猪的性腺发育和发情表现。可将成年公猪的精液、尿液、唾液或包皮液每

天1次、每次2毫升喷入乏情母猪的鼻孔中，促进母猪发情。

3. 发情母猪刺激法

对不发情并单独饲养的母猪，应及时调整到有发情母猪的圈舍合并饲养，发情母猪的爬跨及饲养环境的改变，有促进母猪发情、排卵的作用。

4. 加强舍外运动，饲喂青绿多汁饲料

将不发情母猪放入舍外大圈饲养，使其增加运动量，接受新鲜空气，享受日光浴，以促进新陈代谢，刺激性腺活动，进而促使空怀母猪发情、排卵。对空怀母猪饲喂青绿多汁饲料，可使母猪获取丰富的维生素和未知因子，也有利于空怀母猪表现发情。

5. 中草药疗法

中草药疗法可活血调经，暖宫催情，滋阴补肾，通调经络，促进发情、排卵，达到标本兼治。在中兽医临床上，千年历史证明，中草药疗法具有一定的可靠性。治疗母猪乏情的中草药主要以淫羊藿、益母草、当归等为处方成分。

处方一：淫羊藿50～80克，当归30克，阳起石15克，陈艾80克，益母草60克，水煎喂服（一头乏情母猪一天剂量），每日2次，连用3天。

处方二：韭菜100～200克，红糖150克，打烂兑热黄酒喂服，连用2天。

（三）对乏情母猪的淘汰处理

母猪乏情是一个常见问题，在管理水平中等的土猪场，约有10％的母猪断奶后乏情，管理较差的土猪场，乏情不能正常繁殖的可达50％。由于引起母猪乏情的因素较多，兽医临床上，虽然可采取一定的治疗方法加上适宜的饲养方式，使一些乏情母猪发情、排卵，但对有些乏情母猪作用不大，尤其是对患生殖道疾病和传染性疾病的有繁殖障碍的乏情母猪。因此，生产中对超过10天不发情的母猪要采取一定的措施促进其发情、排卵，但对经过治疗处理和改善饲养方式后仍不发情的母猪，或对超过两个情期仍不发情的空怀母猪要及时淘汰处理，以免再增加猪场生产成本。

第七节　哺乳仔猪的培育技术

一、哺乳仔猪的生理特点

（一）物质代谢旺盛，生长发育快，需要的营养多

哺乳期是仔猪生长发育最快、物质代谢最旺盛的阶段，需要的营养多。一般仔

猪出生重 1 千克左右，30 日龄增长 5～6 倍，60 日龄可增长 10～13 倍，高的可达 30 倍，而 60 日龄后到出栏生长体重只增加 8～9 倍。

（二）消化器官不发达，消化机能不完善，但发育迅速

1. 消化酶分泌不全，活性低

初生仔猪胃内仅有凝乳酶，胃蛋白酶游离很少，并且由于胃底腺不发达，还不能大量分泌游离盐酸（35 日龄后才能大量分泌），胃蛋白酶不能被激活，不能消化蛋白质，这时只有肠腺和胰腺的发育比较完善，胰蛋白酶、肠淀粉酶和乳糖酶活性较高，食物主要在小肠内消化。因此，初生仔猪只能吃奶而不能利用植物性饲料。虽然初生仔猪消化液不完善（缺乏盐酸、胃蛋白酶等），消化机能差，但在饲料的适宜刺激下，其消化器官能迅速发育，这也是提倡对初生仔猪提早补饲的原因。

2. 胃液缺乏

由于仔猪胃和神经系统之间的联系还没有完全建立，缺乏条件反射性的胃液分泌，仔猪的胃液只有当饲料直接刺激胃壁时才能分泌，且量也很少。

3. 食物在胃肠中的滞留时间短，排空速度快

有研究表明，食物在仔猪胃内滞留的时间随日龄的增长而明显延长。15 日龄时为 1.5 小时，30 日龄时为 3～5 小时，60 日龄时为 16～19 小时。因此，仔猪日龄越小，对饲料的消化利用率越低。

（三）体内铁源不足，易患贫血病

新生仔猪出生时体内含铁很少，仅为 45～50 毫克，只够其 1 周所需，而且母乳中含铁量极低（每天只能向仔猪提供 1 毫克左右）。铁元素又是血红蛋白的重要组成部分，因此，对生长发育快、物质代谢旺盛的新生仔猪来说，及时补充外源性铁尤为重要，否则 7～10 天即会出现贫血现象。

（四）缺乏先天性免疫力，容易患病

仔猪出生时，因为与母猪血管之间被多层组织隔开，限制了母猪抗体通过血液转移到胎儿，特别是母体内大分子的 γ-球蛋白无法通过胎盘血液进入胎儿体内，因此新生仔猪没有先天免疫力，必须及时吃上初乳，才能获得被动免疫。初乳中免疫球蛋白含量很高，但降低也快。对初生仔猪必须在生后 2 小时以内吃上初乳，此时仔猪对 γ-球蛋白的吸收率可达 99％ 以上，出生后 3～9 小时，吸收能力即下降 50％。一般仔猪 10 日龄开始产生抗体，35 日龄前还很少，因此 3 周龄内是免疫球蛋白青黄不接的阶段，各种病原微生物都易侵入而引发疾病，如仔猪黄白痢等，由此可见这是最关键的免疫期。并且这时仔猪已开始吃料，胃液中又缺乏游离盐酸，对随饲料、饮水而进入胃内的病原微生物没有抑制作用，因而容易引起仔猪下痢，甚至死亡。但仔猪免疫能力也在不断增强，直至 4 周龄甚至更久才真正拥有自身的

免疫力。有研究表明，仔猪应激可降低循环抗体水平，抑制细胞免疫力，引起仔猪抗病力下降，导致拉稀和生病等，这也是仔猪断奶后死亡率高的一个原因。

（五）调节体温的机能不完善，对外界环境的适应能力弱

初生仔猪大脑皮层发育不全，通过神经调节体温的能力差；又由于仔猪体内能量物质的贮存较少，遇到寒冷天气，血糖水平很快降低，如不及时吃到初乳，就很难成活，因此初生仔猪对外界环境的适应能力弱。仔猪调节体温的能力是随着日龄的增大而增强的，日龄越小，调节体温的能力越差。仔猪的正常体温为 38.5℃，而初生仔猪的体温较正常的体温低 0.5～1℃。吃上初乳的健壮仔猪，在 18～24℃的环境中，约两天后可恢复到正常体温。仔猪生后体温下降的幅度及恢复的时间随环境温度而变化，环境温度越低，则体温下降的幅度越大，恢复时间越长，而当环境温度低到一定程度时，仔猪就会被冻僵而死亡。

二、哺乳仔猪的饲养与管理

（一）哺乳仔猪饲养的关键技术措施

1. 早吃并吃足初乳

初乳指母猪分娩后 36 小时内分泌的乳汁，它含有大量的母源性免疫球蛋白，让仔猪出生后 2 小时内吃到初乳，是初生仔猪获得抵抗各种传染病抗体的唯一有效途径，若推迟初乳的吸食，会影响免疫球蛋白的吸收。初生仔猪若吃不到初乳，则很难成活。

2. 早补铁、铜和硒

给初生仔猪补饲铜、铁可有效预防仔猪贫血。铁是造血和防止营养性贫血必需的元素，每 100 克母乳中含铁仅 0.2 毫克，仔猪每日从乳中获得的铁约 1 毫克，为需铁量的 1/7，远远不能满足仔猪生长发育对铁的需要量。因此，应在仔猪出生后 2～3 天内补铁，否则，仔猪体内铁的储量很快耗尽，从而生长停滞并发生缺铁性下痢导致死亡。铜也是造血和酶必需的原料。据研究，高铜可抑制肠道细菌，有明显的促进生长的作用，因此，补铁的同时应补铜。具体方法为：每头仔猪在出生后 3 日龄内一次性肌内注射血多素 0.1 毫升/头，或皮下注射右旋糖酐铁 1 毫升/头；3 日以后用硫酸铜 1 克、硫酸亚铁 2.5 克、凉开水 1000 毫升制成铜铁合剂，用奶瓶饲喂，每日 2 次，1 次 10 毫升，或把铜铁合剂滴于母猪乳头处让仔猪同乳汁采食，每天 4～6 次。在缺硒地区，还应同时注射 0.1% 亚硒酸钠与维生素 E 合剂，每头 0.5 毫升，10 日龄时每头再注射 1 毫升。

3. 及早供给饮水

水是动物血液和体液的重要组成成分，是消化、吸收、运送养分及排出废物的溶剂，对调节体液电解质平衡起着重要作用。由于新生仔猪体温高，呼吸快，生长

迅速，物质代谢旺盛，加之母猪乳汁较浓，母乳中脂肪含量高达 7％～11％，因此需水量较多。由于母乳和仔猪补料中蛋白质和脂肪含量较高，若不及时补水，就会使仔猪有口渴之感。生产中一般从 3 日龄开始，必须供给清洁的饮水。若不供给清洁的饮水，会造成食欲下降，失水，消化能力减弱，常因口渴而喝脏水或尿液，容易导致下痢。补水方式：可在仔猪补料栏内安装自动饮水器或适宜的水槽，随时供给仔猪清洁充足的饮水。使用自动饮水器饮水的方法：在仔猪饮水器内插一小棍，使水呈滴状，可训练仔猪提前学会用饮水器饮水。试验表明，在仔猪生后吃初乳之前，应喂一次葡萄糖盐水以清理胃肠道，并消除胎粪，其配方为：食盐 3.5 克，葡萄糖 20 克，碳酸氢钠 2.5 克，氯化钾 1.5 克，维生素 C 0.06 克，温开水 1000 毫升。另据相关试验报道，对 3～20 日龄仔猪可补给 0.8％盐酸水溶液，20 日龄后改用清水。其作用是可弥补仔猪胃液分泌不全的缺陷，具有活化胃蛋白酶和提高断奶重的功效，能大大提高饲料报酬，且成本也较低。

4. 早期诱食和补料

仔猪培育阶段，关键在于抓好三个阶段的饲养和管理工作，即抓好出生后的"奶食"关；训练吃料，过好"开食"关；抓好补料"旺食"期，过好断奶关。

（1）提早诱食补料的作用　给仔猪提早诱食补料，是促进仔猪生长发育，增强体质，提高成活率和断奶重的一个关键措施。由于仔猪出生后随着日龄的增长，生长发育迅速，其体重及营养需要与日俱增，一般从第二周开始，单纯依靠母乳已不能满足仔猪生长发育与体重增长的要求。如不及时诱食补料，弥补母乳营养的不足，就会影响仔猪的正常生长发育。而且及早诱食补料，还可以刺激胃肠分泌消化液，完善仔猪的消化器官及其功能，促进胃肠道发育，能有效防止仔猪下痢，为仔猪断奶的平稳过渡打下基础。在一定程度上，提早对仔猪诱食补料，是仔猪生产中一个关键性技术措施，此项工作抓好后，对仔猪进入"旺食"期有很大作用。

（2）对仔猪诱食补料的方法　仔猪出生 7 天后，前臼齿开始长出，喜欢啃咬硬物以消除牙痒。为此，仔猪的开食期以 5～7 日龄为宜。仔猪诱食料要求香、甜、脆，这时可向料槽中投入少量易消化的具有香甜味的教槽料，供哺乳仔猪自由采食。此外，也可用炒熟的玉米、大麦、大米拌少量糖水，撒些切细的青饲料，撒入饲槽内让仔猪采食。为了有效保证诱食成功，可将仔猪和母猪分开，在仔猪吃奶前，令其先吃诱食料再吃奶。奶、料间隔时间以 1～2 小时为宜。对泌乳量多的母猪所产的仔猪可采用强制诱食，即先将教槽料调成糊状，然后涂于仔猪的嘴上，让其舔舐，重复几次后，仔猪便能自行吃料。从开始训练到仔猪认料，约需 1 周左右。对仔猪诱食认料，可有效地解除仔猪牙床发痒，防止其乱啃乱咬脏物而致下痢，并为补饲打好基础。

5. 抓好仔猪"旺食"期补饲

经过早期诱食认料，哺乳仔猪到 20 日龄后，由于生长发育加快，采食量增加而进入"旺食"期。但由于母乳已不能满足仔猪生长发育的需要，为此，应补饲乳猪全价饲料。"旺食"期仔猪的饲养标准为：仔猪体重3～8千克阶段，每千克饲料养分含量为，消化能14.02～14.3兆焦，粗蛋白质18%～22%，赖氨酸0.8%～1.2%，蛋氨酸＋胱氨酸0.7%，钙0.88%，磷0.74%。每天采食量300克左右，预计日增重250克以上。

仔猪"旺食"期补饲的次数要多，根据仔猪日龄一般每天4～6次，尽量少喂勤添，可利用仔猪抢食行为刺激猪只食欲和采食量的增加。生产中要注意的是，仔猪往往会一次过量采食而发生消化不良性腹泻，所以无论自由采食或是分次饲喂，都要有足够的料槽面积，使一窝仔猪能同时采食到饲料。实践中注意观察仔猪粪便便可知仔猪采食状况，饲料喂得少时粪便呈黑色串状，喂得多时粪便变软或成稀便，仔猪一次性采食饲料过多会发生消化不良性腹泻。饲料应香甜、清脆、适口性好，还应清洁、卫生、新鲜、无霉变。在补料期要补充充足的清洁饮水。仔猪补料可以使用自动饲槽和自动饮水器。

（二）哺乳仔猪的科学管理

1. 防寒保温，提供适宜的饲养环境

（1）仔猪与产房的温度与湿度标准 仔猪的适宜温度因日龄长短而异，哺乳仔猪适宜的温度为：出生后6小时内为35℃，1～3日龄为30～34℃，4～7日龄为28～30℃，8～30日龄为26～28℃，31～60日龄为24～26℃。湿度要求为：仔猪理想的湿度为60%～70%，高于80%或低于50%对仔猪的生长发育均有不利影响。产房温度应保持在20～24℃，此时对于母猪最为适宜。此外，产房还要注意贼风，尽可能限制仔猪卧处的气流速度，空气流速为9米/分的贼风相当于气温下降4℃，28米/分相当于下降10℃，一般来讲，在无风环境中的仔猪比在有贼风环境中的仔猪生长速度提高6%，饲料消耗减少26%。

（2）仔猪保温的方法

① 使用仔猪保温板 目前市售的电热恒温保温板板面温度26～32℃，产品结构合理，安全省电，使用方便，调温灵活，恒温准确，适用于各大中型土猪场。

② 使用远红外线加热板和仔猪保温箱 目前远红外线加热板也被广泛采用，一般与保温箱配套使用。保温箱长100厘米，高60厘米，宽50～60厘米。用远红外线加热板接上可控元件放在箱盖上，保温箱的温度可根据仔猪的日龄进行调节。

③ 使用红外线保温灯 红外线保温灯早已被广泛应用，方法是用红外线保温灯泡挂在仔猪躺卧的保温箱上面，并根据仔猪所需的温度随时调整红外线保温灯的吊挂高度。此法设备简单，保温效果好，并有预防皮肤病的作用。

2. 固定乳头

哺乳母猪不同乳头的泌乳量不同，一般是靠前的几对乳头泌乳量比后面的多。为了保证仔猪发育整齐，要在母猪分娩后尽快使其固定乳头吃奶。其方法是：先让仔猪自由选择乳头，再根据仔猪大小、强弱进行人为个别调整，强壮仔猪固定在后面，弱小仔猪放在前面位置的乳头上吃奶，调整 3～4 天后，仔猪便可固定乳头位置。

3. 防压防踩

新生仔猪反应迟缓，行动不灵活，稍有不慎就会被母猪压死或踩死。因此，生产管理中对新生仔猪的防压防踩也很重要。仔猪出生 3 天内，要保持产房安静，饲养人员要加强管理，一旦发现母猪有踩压仔猪行为，应立即将母猪赶开。一般仔猪出生 3 天后，行动逐渐灵活，可自由出入保温箱，被踩死和压死的风险减少。生产中要从仔猪吃初乳开始，训练仔猪养成吃奶后迅速回保温箱休息的习惯。

4. 预防腹泻病

对哺乳期仔猪危害最大的是腹泻病。仔猪腹泻病是一个总称，它包括多种肠道传染病，常见的有仔猪红痢、仔猪白痢、仔猪黄痢和传染性胃肠炎等，生产中对该病一般采取综合防治措施。

（1）注射疫苗防控　生产中除按常规的环境卫生管理及加强妊娠母猪和产后母猪的饲养管理外，还可以使用疫苗预防。如在母猪产前 30 天注射仔猪红痢菌苗 5 毫升，过 14 天再注射 10 毫升，可有效防控仔猪红痢。再如仔猪大肠杆菌腹泻 K88-LTB 双价基因工程活菌苗（简称"MM 活菌苗"）的注射，有 K88、K99、987P、F41 的单价或多价灭活苗，可通过对母猪注射菌苗进行免疫，使仔猪获得保护。生产中一般在母猪分娩前 4～6 周进行免疫，但应根据大肠杆菌的结构注射相对应的菌苗才会有效，当然也可注射多价苗。

（2）口服病原菌防治　用本场分离的病原菌给产前 15 天的母猪口服，也可使仔猪获得保护。

（3）使用中西药物预防　在饲料中加入消炎抗菌药、大蒜素等，也可起到一定的预防作用。

（4）对发病仔猪尽早治疗　临床上对已发病的仔猪应尽早治疗，可注射抗生素，如环丙沙星 1 毫升，1 天 2 次。对于脱水的仔猪用葡萄糖生理盐水 10 毫升、10％维生素 C 1 毫升及时补液，并配合抗生素腹腔注射，1 天 2 次，连用 2～3 天。

5. 去势

去势也称为阉割，凡不能作种用的仔猪都要在哺乳期间去势。去势后则可减小由于性躁动所造成的影响，而且去势后的仔猪生长速度快，胴体瘦肉率高，肉质好，也没有异味。仔猪的去势时间应根据仔猪断奶日龄而定，如采用 30～35 日龄断奶，则在 10～15 日龄以内去势。需要注意的是，防疫和去势不能同日进行。去势时间应选在晴朗的上午，有利于伤口的干燥，防止感染。在去势的前一天对猪舍进行一次消毒，以减少环境中病原微生物的数量，也减少病原微生物与刀口接触的机会。

6. 寄养与并窝

寄养指将因母猪疾病或死亡造成缺乳和无乳的仔猪，或超过母猪正常哺育能力的过多的仔猪寄养给 1 头或几头同期分娩的母猪哺育。并窝则是指将同窝仔猪数较少的 2 窝或几窝仔猪，合并起来由一头泌乳能力强、母性好的母猪集中哺育，其余的母猪则可提前催情配种。母猪以带仔 10～12 头为宜，能使每个乳头都能得到仔猪吸吮，以免乳房的乳腺萎缩。寄养可充分利用母猪功能正常的乳头和发挥母猪的泌乳能力，特别是二、三、四胎青年母猪。由此可见，土猪场实行寄养和并窝是提高哺乳仔猪育成率，充分发挥母猪繁殖力的一项重要措施。

7. 免疫接种

适时搞好预防注射，是增强仔猪免疫力，减少发病率和死亡率，提高育成率及断奶窝重的重要措施，也是保证猪群健康的关键措施之一。因此，对常见主要传染病要按程序免疫接种，但在不同地区和猪群中，可能涉及到接种的疫苗较多，哪些要接种，哪些不必要接种，视具体情况而定。一般来讲，土猪场仔猪常规注射疫苗的程序为：1 周龄进行萎缩性鼻炎疫苗滴鼻，0.5 毫升/头；2 周龄注射喘气病灭活菌苗（仔猪 7 日龄、14 日龄各免疫 1 次，2 毫升/次）；3 周龄（20 天）注射猪瘟单联苗；4 周龄（30 天）注射喘气病灭活菌苗，注射或口服仔猪副伤寒菌苗；7～8 周龄注射口蹄疫疫苗，4 周后再注射一次加强免疫；8 周龄时再进行一次猪瘟强化免疫注射，同时还要进行猪丹毒疫苗、猪肺疫疫苗预防注射。

8. 确定适宜的断奶时间和方法

（1）确定适宜的断奶时间　断奶时间直接关系到母猪年产仔猪窝数和育成仔猪数，也关系到仔猪的生产效益。据报道，若 60 日龄断奶，母猪一年内只能产 1.8 窝左右，可育活仔猪 16 头左右；若 40～50 日龄断奶，则可年产仔 2 窝，育活仔猪 18 头左右；若 28～35 日龄断奶，可年产仔猪 2.3 窝，育活仔猪 20 头左右。土猪场要根据各自的实际情况，确定适宜的断奶时间，过迟过早都不宜。一般来讲，养猪技术条件好，使用的是乳猪料诱食补料，对断奶仔猪能提供适宜的环境条件，可选择 28 日龄或 30 日龄断奶；对饲养条件和环境条件一般，达不到早期仔猪断奶饲养要求的，以选择 35 日龄断奶为宜。

（2）确定适宜的断奶方法

① 逐渐断奶法　即在预定断奶日期前 4～6 天起，把母猪从原圈隔出单独关养，开始控制哺乳次数。第一天白天哺乳 5 次左右，以后逐渐减少，并且只在哺乳时将母猪放回，哺乳后又分开；或者使母仔白天分开，夜晚将母猪赶回，使母仔有个适应过程，最后于断奶日期顺利断奶。母仔分开后，不能再让仔猪听到母猪声、见到母猪面、闻着母猪味，否则会影响断奶效果。选择此种方法断奶的好处是可减少仔猪断奶应激反应，也减少仔猪断奶后的发病率，对提高仔猪断奶成活率有一定作用。但此法比较繁杂，需要有一定的空圈，也需要一定的人力，适合中小型土猪

场采用。

② 母去仔留法　仔猪到断奶日龄后，将母猪调回空怀母猪舍，仔猪仍留在原圈饲养 3～5 天或 1～2 周，称为母去仔留法。由于是原环境和原窝仔猪，可减少断奶应激，待仔猪适应后，再转入仔猪保育舍饲养，此法适合全进全出饲养模式的早期仔猪断奶，可提高母猪繁殖率和设备利用率，对提高规模养猪生产效益具有一定优势和作用。

第八节　保育仔猪的综合培育技术

一、保育仔猪的饲养目标

保育仔猪的饲养目标有四点：仔猪保育期成活率≥97％，或保育阶段的死亡率小于 4％；9 周龄转出体重≥22 千克，或 70 日龄时的体重大于 25 千克；保育仔猪培育期正品率≥97％；保育仔猪料肉比≥1.3∶1。

二、保育仔猪的饲料要求

保育仔猪的饲料要求相对较高，特别是 40 日龄前，加入适量的喷雾干燥血浆蛋白粉或小肠绒毛膜蛋白粉和油脂，对提高饲料的质量是十分有利的。目前，对保育仔猪都采用三阶段饲养法，即 21～30 日龄、31～40 日龄、41～70 日龄，三个阶段分别用三种不同的饲料。目前市场上有保育仔猪品牌饲料可选择使用。

三、保育仔猪易出现的主要疾病和问题

（一）断奶后仔猪腹泻

仔猪腹泻主要由气候剧变、消化不良、流行性消化道疾病等引起，表现为食欲减退，饮欲增加，排黄绿稀粪。腹泻开始时病猪尾部震颤，但直肠温度正常，耳部发绀。死后解剖可见全身脱水，小肠胀满。临床上仔猪腹泻重点是区分消化不良与流行性疾病，这可以通过仔猪粪便、临床特点进行区别诊断。

消化不良很少有并发症状（例如体表有出血、精神极度沉郁、食欲废绝、发热等），更少见明显的内脏器官病变（例如脾脏肿大、肾脏皮质出血、淋巴结坏死等）。流行性消化道疾病所涉及的范围较广，可能有猪瘟、传染性胃肠炎、猪痢疾、弓形体病、仔猪副伤寒病等，但这些疾病的流行形式、临床症状、病理变化都有各自的特征，一般不难做出诊断。

（二）断奶仔猪多系统衰竭综合征（PMWS）

我国许多地区流行着一种严重影响小猪生长发育，且死亡率及淘汰率极高的复杂呼吸道疾病，特别是在冬春季节或气候多变时发病率极高。此病可引起典型的临床症状和病理变化，临床表现以多系统进行性功能衰竭为特征，称为仔猪断奶后多系统衰竭综合征（PMWS）。

PMWS多发生于4～18周龄的仔猪，以5～12周龄最为常见。PMWS是一种慢性、进行性、高死残率的疾病，受感染的猪群发病率约为10％～60％，病死率达20％～50％，存活的猪群生长明显受阻，甚至成为僵猪。

PMWS临床症状主要表现为仔猪断奶后进行性消瘦、生长缓慢、被毛粗乱、皮肤苍白或黄疸、精神沉郁、喜扎堆、眼睛分泌物增多、体温升高、食欲下降或废绝、呼吸急促、困难、呈腹式呼吸，部分病猪后躯或腹下、四肢皮肤出现紫红色斑点，有的还有腹泻或神经症状。剖检可见全身体表淋巴结肿大，有的甚至坏死；肺表面有红色至灰褐色斑点或出血性病变，肺脏的变化为间质性肺炎；肾脏苍白、肿大；脾脏肿大，周边呈锯齿状或坏死。

PMWS病因较为复杂，猪圆环病毒2型（PCV2）是PMWS的原发病原，但在致病性上，需要与其他病原混合感染或某些因素（如免疫刺激、环境因素等）诱导才能发生广泛的临床症状和病理变化。由于本病是典型的免疫抑制性病毒病，可抑制免疫细胞的增殖，减少T淋巴细胞和B淋巴细胞的数量，使仔猪缺乏有效的免疫应答，导致免疫力低下，抗病力降低。因此，在临床上常见本病与其他病毒性疾病、细菌性疾病或寄生虫病等并发或多发，使病情复杂化，难以防控，这在猪高热综合征和猪呼吸道病综合征中极为多见。因PMWS是由多病原混合感染的结果，到目前为止还没有比较有效的治疗方法。猪群发病后，病猪治疗效果一般不理想，防治上应坚持以防为主，在控制该病时应采取综合防制措施，才能达到理想的效果。

（三）其他传染性疾病

水肿病、败血型链球菌病和附红细胞体病等的流行，也确实影响到保育仔猪的成活率，这些疾病往往此起彼伏，而且停药后又可能反复。但现在看来，问题的根本不在于这些疾病本身，而是由于病毒性疾病或饲料霉毒素造成了仔猪免疫机能的抑制，以致对某些常见的病原体易感染。其中仔猪水肿病多发生于断奶后的第2周，患病猪表现震颤，呼吸困难，运动失调，数小时或几天内死亡。

（四）生长下降（生长倒扣）

母乳满足仔猪营养需要的程度，3周龄为97％，4周龄为37％，因此，只有成功训练仔猪早开食才能缓解3周龄后的营养供求矛盾，刺激仔猪胃肠发育和分泌机能的完善，减少断奶应激的影响。试验表明，仔猪断奶前采食饲料500克以上，能减轻断奶后由于饲粮抗原过敏反应引起的小肠绒毛萎缩、损伤。断奶仔猪由于断奶应激，一般断奶后几天内食欲较差，采食量不够，造成仔猪体重不会增加反而下降。往往需一周时间，仔猪体重才会重新增加。但如果使用低档饲料或不继续用教槽料，必然造成仔猪消化不良，采食少，掉膘严重，生长下降，即出现所说的生长倒扣，各种疾病也会在此时表现出来。断奶后第1周仔猪的生长发育状况会对其一生的生长性能产生重要影响，据报道，断奶期仔猪体重每增加0.5千克，则达到上市体重标准所需天数就会减少2～3天，反之就会延长饲养天数。可见，断奶仔猪若出现生长倒扣现象，其不良影响较严重。

四、保育仔猪的科学饲养与管理

（一）强化日常操作规程，做到科学管理

1. 保育舍进猪前的准备

主要做好以下几项工作：一是圈舍消毒。先将保育舍清洗，待干燥后，用2%～3%烧碱溶液进行1～2次消毒，有条件的土猪场，烧碱喷洒空栏1天后再把烧碱冲净，然后用火焰消毒，或者选择一次熏蒸消毒，再次清洗后，空栏5～7天即可调入断奶仔猪。二是进猪前做好猪栏设备及饮水器的维修。饮水器经常因加一些添加剂而堵塞，所以要经常仔细检查，一般在每天猪饮完药水后应全部检查一遍，并对加药桶进行彻底洗净。

2. 做好分栏和饲养密度控制工作

断奶仔猪转入保育舍后应尽可能保持一窝一栏，如需并栏应将个体重、品种、性别、健康状况等较为接近的仔猪并在一起。每头仔猪体重相差不能超过1千克，体重相差太大会使体重小的仔猪被体重大的仔猪欺负，导致吃不到料而变得越来越瘦，抵抗力降低，进而发病或成为弱仔。一般要求转入保育舍的仔猪（3周龄）体重应大于5千克，并在哺乳期间已能每天采食固体饲料200克。断奶后仔猪至少每次要摄入30克乳猪料才能维持正常的身体功能，采食量不足易出现生长倒扣。此外，要留两个空栏，以便于以后把体质弱和生病的仔猪挑出来单独饲养。一般每栏18头左右，夏天可适当调整到12～15头左右，保证每头仔猪有0.3～0.5米^{2}的躺卧面积，使仔猪有个宽敞的活动空间。经实践证明，保育仔猪有宽敞的活动空间，可显著提高其成活率。此外，要在每个栏靠近过道的四角绑上铁链等玩具，可防止小猪乱排泄粪便和减少因混栏引起的互相斗殴打架，也可在每栋猪舍内安装音响，每天上班时间放一些轻音乐给猪听，这样可减轻猪的应激与压力，能使饲养的仔猪格外温驯，便于饲养管理。研究表明，猪也有情感的交流与需求，关注猪的福利待遇，有利于猪的健康与生长。

3. 温湿度与通风的控制

猪的生活环境，包括空间、温度、湿度、空气流速、地板类型、空气质量以及光照等，都会对断奶仔猪的生产性能和健康产生很大的影响，但生产实践证实，药物保健和保温是养好保育仔猪的关键，尤其温度是保育仔猪饲养成败的关键因素，不管是北方还是南方，在寒冷天气时尤其应当引起重视。断奶仔猪从产房转入保育舍后，第1周的温度要高于产房的温度，一般第1周的温度要求为28~30℃，以后每周降1~2℃，直到22~24℃。一些研究表明，断奶仔猪对环境温度的要求很高，即便空气质量短期下降（氨气水平上升），也要优先满足温度要求。一般来讲，猪舍中的空气质量，特别是氨气水平，是根据猪舍饲养人员的承受能力确定的。氨气水平提高会刺激猪的免疫系统，提升皮质醇（应激激素）水平，一般来讲对猪的生长性能的影响程度有限，其主要影响在于，氨气水平提高可能会降低某些疾病在断奶仔猪当中发生的阈值。因此，在生产中要考虑到实际环境（舍内）温度与有效温度（仔猪实际感受到的温度）之间的差异。一般来讲，有效温度随空气流速、地板类型以及墙壁绝热性能的不同而变化。例如舍内气温是24℃，但用的是塑料地板，并且贼风情况中度，那么，仔猪感觉到的温度实际上是13℃。这种现象表现在，常常发现尽管舍内温度计显示的温度处于适宜水平，然而断奶仔猪却仍然在角落里扎成一堆。因此，必须考虑温度计或温度传感器在猪舍内安放的位置，以便更准确地测量猪体高度上的温度，而不是测量诸如屋顶附近的温度。对于栏圈中安装了供暖地板的情况，猪舍内的温度可以偏低2~3℃，但这种情况下要确保供暖地板空间足够，让所有仔猪都能平躺在供暖地板上。虽然栏内贼风会造成仔猪咳嗽、喷嚏、腹泻和皮肤损伤等，但在生产中，有些土猪场一味过度地关注通风的做法也是不对的，因为猪是恒温动物，对于温度极其敏感，特别是保育舍刚转进来的断奶仔猪，尤其是南方一些省昼夜温差很大，有时相差10℃左右，因此，做好保育舍内温度的恒定就显得尤为关键。冬季转入保育舍后的第1周尽量不要冲洗地面，低床饲养的在天冷时也要尽量减少冲洗次数，防止因潮湿阴冷而诱发疾病。保育舍的湿度宜控制在60%~70%，过高会造成腹泻，过低会造成舍内粉尘增多诱发呼吸道病。

（二）做好断奶仔猪的药物保健工作

断奶仔猪一般转入保育舍后第1周，每天应在饮水中加阿莫西林、葡萄糖等，可减少转群应激和防止腹泻，以后视健康和天气情况而采取药物保健。一般在换料过程中要在料中或饮水中连续加最少1周的保健药物。

（三）做好"三维持"和"三过渡"

在仔猪断奶生产中可实行"三维持、三过渡"的原则。

1. "三维持"

一是仔猪断奶后不直接转入保育舍，而是维持在原圈饲养（将母猪转入空怀母猪舍）一周，然后再转入保育舍饲养；二是仔猪转入保育舍后，继续用原有教槽料

（乳猪料）饲喂 1~2 周；三是维持原窝转群和分群，不要轻易进行并群或调群。

2. "三过渡"

一是在饲料营养上要逐步过渡，防止饲料变化过大而导致营养应激。断奶仔猪的消化系统发育仍不完善，生理变化较快，各个生理阶段特点不一样，对饲料营养及原料组成都十分敏感，营养需求也不一样。为了充分发挥各阶段的遗传潜能，仍需高营养浓度、高适口性、高消化率的日粮。虽然从哺乳到保育由于生长时期不同，饲喂饲料的营养要求也不同，但为了使保育仔猪有一个适应期，避免因饲料品质突然改变而引起胃肠不适，可采取饲料变换逐渐过渡的方法。在断奶后第 1 周继续饲喂乳猪料，第二周第 1 天饲喂乳猪料，第 2 天饲喂 5 份乳猪料＋1 份仔猪料（保育猪料），第 3 天饲喂 4 份乳猪料＋2 份仔猪料，第 4 天饲喂 3 份乳猪料＋3 份仔猪料，直至第 7 天全部改为仔猪料。此外，为防止在换料时部分仔猪拒食或采食量下降，可在饮水中加入葡萄糖、电解多维等，以补充营养，防止因为换料而出现弱仔，也可防止换料不适引起仔猪腹泻，导致猪的小肠绒毛刷状缘不可逆性损伤，使仔猪分泌的消化酶减少，直接影响以后的生长发育。二是实行饲喂方式上的逐渐过渡。哺乳仔猪饲喂教槽料一般有固定时间和次数（饲喂次数一般在 6 次左右），而保育期改用粉料，且实行自由采食，这一改变很容易导致过食、消化不良或下痢等情况的发生，因此，要实行断奶后第一、二周限量饲喂，第三周后再采用自由采食，使保育仔猪慢慢适应饲喂方式的改变。三是环境条件逐步过渡，防止断奶后环境变化过大产生应激。仔猪断奶后离开母乳和母体，要到新的栏舍，而且还要合并和拆群，环境发生很大变化，易产生应激。生产中除让断奶仔猪先在原圈饲喂一周然后再转入保育舍饲养外，重点是在第 1 周将保育舍内的温度控制在 28~30℃，以后每周下降 1~2℃，直到正常的 22~24℃。此外，在合并中要做到夜并日不并，拆多不拆少，留弱不留强，减少环境应激，保证保育仔猪有个良好的生长环境。

（四）保证保育仔猪的饮水充足

断奶仔猪进入保育舍后必须尽快找到栏位里的水源并开始饮水，为了使断奶仔猪能更快适应鸭嘴式饮水器及饮更多的水，生产中可顶开饮水器让其自流 1~2 天，以使刚进入保育舍的仔猪能尽快找到水源。每个饮水器供应的仔猪头数、水压和流速，以及饮水器安装角度对应的高度都会影响仔猪的饮水量。一般在保育舍用鸭嘴式自动饮水器，1 个饮水器能喂 10~15 头猪，饮水器流速 25~50 毫升/秒，水流过急容易呛到仔猪。在采用可调节高度的饮水器的情况下，要确保饮水器的高度调到与栏内最小仔猪的肩部位置齐平。

（五）做好保育仔猪的调教管理

仔猪转入保育栏后，无论是在吃食、卧位、饮水还是排泄方面都尚未形成固定位置，调教后仔猪会很快适应固定采食和饮水。因此，饲养管理人员从仔猪转栏开始，就要精心调教仔猪，使仔猪形成定点吃料、定点饮水、定点睡觉、定点排粪尿的"四定位"的生活规律。训练方法是：仔猪赶进保育舍的前几天，饲养员就要调教仔猪区分睡卧区和排泄区，饲养员在每次清扫卫生时，要及时清除睡卧区的粪便和脏物，同时留一小部分粪便于排泄区，对不到指定地方排泄的仔猪，用小棍哄赶，并加训斥；在仔猪睡卧时，可定时将其哄赶到固定地点排泄，经 3～5 天的调教，即可建立起定点睡卧和排泄的条件反射。这样既可保持圈舍卫生，减轻污染，有利于仔猪健康，又可减轻饲养人员的劳动强度。

（六）搞好清洁卫生和消毒工作

要经常保持保育舍内的清洁和卫生，指定专人定时打扫，及时清除网床、料箱、栏杆及走道内的杂物。饲养过程中不用水冲洗猪栏，粪便以清扫为主，以控制舍内湿度。保育舍一般每周消毒 2 次，可安排在周二、周五进行。带猪消毒包括空气、栏舍地面、高床，消毒液选择复合醛、强效碘等，配制浓度适中。消毒器特别是喷头应良好，以喷出雾状微粒为标准。

（七）坚决执行"全进全出"制度

"全进全出"有利于切断某些病原在不同批次猪之间的循环，有利于猪群的健康。根据"全进全出"的理念，保育舍一定要划分为相对独立的小区间、小单元，按计划将一个个小单元的猪，经过保育期饲养后全部转出，栏舍经过彻底清洗与消毒，并有一定的空栏期，1 周后再转入同一周断奶的仔猪，不要连续饲养、混杂转群，这是防疫的大忌。生产实践已证明，能否坚持"全进全出"的饲养管理制度，是实现生物安全与健康养殖的关键所在。从一定程度上讲，"全进全出"也体现了一个猪场的管理程度和水平。

第九节　土猪商品肉猪生产技术

一、土猪商品肉猪的营养需要与日粮配制要求

（一）土猪商品肉猪的营养需要

1. 能量需要

在各种营养成分中，能量水平的高低与日增重、胴体瘦肉率关系密切。一般来说，在日粮中蛋白质、必需氨基酸水平相同的情况下，生长肥育猪摄取能量越多，日增重越快，饲料利用率越高，胴体脂肪含量也越多，但摄入能量超过一定水平后情况就会有变化。提高饲粮能量水平，虽然可提高增重速度及饲料转化效率，但会使育肥猪的胴体过肥；而饲粮能量水平过低，则增重缓慢，饲料转化效率低。研究表明，生

长育肥猪一般在生长期，饲粮含消化能 13.0～13.5 兆焦/千克，育肥期要控制饲粮能量，饲粮含消化能 12.2～12.9 兆焦/千克。

2. 蛋白质和氨基酸需要

很多研究表明，日粮的蛋白质水平对土猪商品肉猪的日增重、饲料转化率和胴体品质影响极大，并受猪的品种、日粮的能量水平及蛋白质的配比所制约。如果提高日粮中的能量水平可提高日增重，降低胴体瘦肉率，那么，提高日粮中的蛋白质水平，除提高日增重外，还可以获得背膘薄、眼肌面积大、瘦肉率高的胴体，这也是土猪商品肉猪生产的目的。

虽然提高日粮中蛋白质水平能改善生长育肥猪的生产性能，但从经济上分析，用提高蛋白质水平来改善肉质并不划算。根据我国情况及近期科研成果，对日粮蛋白质水平提出的建议是：体重 20～60 千克的生长猪为 17％～16％，60～100 千克为 14％（为了提高日增重）或 16％（为了提高瘦肉率）。在土猪商品肉猪日粮中还应保持一定的消化能与粗蛋白质的比例，即能量蛋白比，活重 20～60 千克时，能量蛋白比为 23∶1；活重 60～100 千克时，能量蛋白比为 25∶1。

生长育肥猪饲粮中赖氨酸等必需氨基酸的供给水平，对增重和饲料转化效率有十分明显的影响，特别赖氨酸作为生长育肥猪的第一限制性氨基酸，对生长育肥猪的日增重、饲料转化效率及胴体瘦肉率提高具有重要作用。因此，生长育肥猪的饲粮，必须注意日粮中赖氨酸占粗蛋白质的比例。从经济角度上考虑，赖氨酸以占风干饲粮的 0.9％～1％或饲粮中蛋白质的 6.2％～6.4％为宜。

3. 矿物质和维生素需要

通常在饲粮中补加的食盐的量为 0.25％～0.5％。生长期为满足骨骼的快速增长，钙的添加量为 0.50％～0.55％，磷为 0.40％～0.45％；育肥期钙的添加量为 0.45％，磷为 0.35％～0.4％。

生长育肥猪对维生素的需要量随其体重的增加而增加，因此，在土猪商品肉猪日粮中必须添加一定数量的多种维生素。生长育肥猪维生素的需要量及其在饲料中的含量在查阅、计算时比较麻烦，有人计算过，生产中若每头生长育肥猪每天喂给 1～2.5 千克的青饲料，基本上可以满足其对维生素的需要。若没有或缺乏青饲料，可购买专业厂家生产的生长育肥猪用多种维生素产品，按说明书添加就行。

4. 粗纤维需要

我国地方猪种对日粮中粗纤维的消化率为 74.2％，有研究表明，生长肉猪日粮中粗纤维最适水平是 6.57％（增重最好）和 6.64％（经济条件最好）。对中国地方猪种而言，生长育肥猪日粮粗纤维含量最高也不应超过 16％。

5. 水的需要

水是生长育肥猪机体的重要组成部分，生长育肥猪机体从幼龄含水 68％到出栏含水 53％都离不开水。水对物质代谢有着特殊作用。生长育肥猪缺水或长期饮水不足，常使其健康受到损害。当生长育肥猪体内水分减少 8％时，即会出现严重的干渴感觉，食欲减退或丧失，消化物质功能减弱，并因黏膜的干燥而降低对疾病的抵抗力；当水分减少 10％时，就会导致严重的代谢失调；若水分减少 20％以上，即可引起死亡。夏季高温季节的缺水要比降温时更严重。生长育肥猪的需水量是每千克饲料干物质的 3～4 倍，即体重的 16％左右，夏季可增加 50％，约占体重的23％。研究表明，对生长育肥猪可采取自由饮水方式，使用自动饮水器要比水槽好。

（二）土猪商品肉猪的日粮配制要求和饲料配制技术

1. 注意饲料对肉脂的影响

土猪商品肉猪的肉脂品质如何主要决定于饲料。饲料中含不饱和脂肪酸多的玉米、糠、大豆等配合比例过大时，育肥猪脂肪会过于松软并呈淡黄色，易腐败也不耐储存；相反，用大麦、小麦、马铃薯等饲料，则肉脂坚实、洁白、易保存。此外，在配合育肥猪饲粮时，同样不能用霉烂变质、有毒有害的饲料，不能添加使用法规禁用的添加剂、兽药等，否则会在育肥猪的肉脂中残留，危害人的健康。

2. 设计饲料配方的要求

（1）饲料配方的设计要体现出良好的饲喂效果和经济效果　饲料配方的设计是养好土猪商品肉猪的关键技术之一，而且良好的饲料配方其效果是饲喂效果好、经济效益高、生产成本低。因此，办好一个土猪场，首先应当了解当地的饲料资源，饲料利用的经济价值；其次，要有一个或两个良好的配方设计，饲料原料种类间配合比例适宜；再其次，要在饲养实践中有一个良好的饲喂效果和经济效果。

（2）根据生长育肥猪的生长发育阶段所需要营养物质来设计配方　饲料配方的设计要根据土猪的生理特点、对饲料的消化能力和需要，设计不同营养成分比例，组成一种完善的日粮，猪只采食后才可获得良好的生长效果。对生长育肥猪而言，首先，饲料配方要满足生长育肥猪生长发育阶段的营养物质需要，如果配方中选用原料不当，所需营养物质得不到满足，就会影响生长和日增重。不同生长发育阶段的土猪，需要的营养物质也不一样，30～60 千克阶段为生长期，此时肌肉进入旺盛生长时期，需要较高的营养水平才能满足营养物质的需要；体重 60 千克以后，脂肪沉积能力增强，瘦肉生长缓慢，此期称为育肥阶段，需要能量饲料较多，如不限制，土猪的采食量加大，摄取能量营养物质越多，日增重相应也越大，而体内脂肪的沉积也就越多，屠宰后胴体瘦肉率也就越低，在经济上很不合适。因此，要根据生长发育阶段和饲养目标，设计并选用好饲料配方，使生长育肥猪不仅增重快，而且符合胴体质量要求。

3. 使用预混料和浓缩料自配全价饲料

在土猪商品肉猪饲养上为了降低生产成本，保证生长育肥猪能获得生长与生产所需的营养物质，根据生长育肥猪的生理阶段、生长状况及对产品的质量要求，按饲养标准或配制饲料条件的不同，可分别采用预混料、浓缩料配制全价配合饲料。一般采用浓缩料配制生长育肥猪全价配合饲料的土猪场较多，即生长猪（60～130日龄，30～60千克体重）全价配合饲料由浓缩料20%、玉米64%、麦麸16%，在玉米粉碎后共同拌匀配制而成；育肥猪（131～160日龄，61～100千克体重）全价配合饲料由浓缩饲料15%、玉米60%、麦麸25%在玉米粉碎后共同拌匀配制而成。自配的全价配合饲料营养标准：15～60千克体重，饲料消化能为13.5兆焦/千克，粗蛋白质为17.5%，赖氨酸为0.9%；60～100千克体重至出售，饲料消化能为12.0兆焦/千克，粗蛋白质为13.5%，赖氨酸为0.75%。使用的预混料和浓缩料，要以我国长期以来应用范围较广、影响力较大的知名厂家生产的产品为主，对影响力较小的产品一般不要选用。

二、土猪商品肉猪的饲养方式

（一）育肥方式

1. 阶段育肥法

阶段育肥法又叫"吊架子"育肥法，过去我国农村多饲养地方猪种，常采用阶段育肥法。这种方法把生长育肥猪的整个饲养过程划分为三个阶段，即小猪阶段、架子猪阶段和催肥阶段，分别给以不同的营养水平，把精料集中用在小猪和催肥阶段，在中间架子猪阶段主要利用青粗饲料，尽量少用精料。

（1）小猪阶段　从断奶时体重12～15千克开始一直到25千克，大概饲养2个月，要求日增重150～200克，主要长骨骼。小猪生长速度较快，对营养要求全面，要求饲料能量和蛋白质水平相对较高，因而日粮中精料多于青粗饲料。

（2）架子猪阶段（中猪阶段）　体重从25千克到60千克饲养4～5个月，饲喂以青粗饲料为主，此阶段主要生长肌肉，增加体长，日增重150～200克。

（3）催肥阶段（大猪阶段）体重达60千克以上，饲养2个月，此阶段为脂肪大量沉积的阶段，日粮中精料比例大，营养浓度高，脂肪沉积迅速，日增重可达500克以上。

阶段育肥法主要是在饲养中控制能量水平，以求达到经济利用饲料的目的，其优点是能大量利用农副产品饲料，节约精料。其缺点一是拖长了饲养期，改变了猪体内组织状况，生产的肉猪胴体瘦肉少，脂肪多，不适应当前市场的需要；二是育肥期消耗饲料多，饲料利用不经济。

2. 直线育肥法

直线育肥法又叫"一条龙"育肥法，即根据肉猪生长发育的不同阶段对营养需要的特点，始终保持较高的营养水平，自由采食，不限量饲养，充分满足生长育肥猪各种营养物质的需要，并提供适宜的环境条件，使其发挥最大生产潜力，以获得较高的增重速度和优良的胴体品质。直线育肥法符合生长育肥猪的生长发育规律，抓住了其生长快和省饲料的特点，强制饲养，充分生长，以求达到经济生产的目的。现代土猪商品肉猪生产多采用直线育肥法，其优点是克服了阶段育肥的缺点，缩短了育肥期，减少了维持消耗，节省了饲料，提高了出栏率和商品率，同时也大大提高了圈舍和设备的利用率；但缺点是由于后期不限量饲喂，胴体瘦肉率会降低，经济效益不理想。

3. "前高后低"育肥法

"前高后低"是在直线育肥的基础上，为了提高瘦肉率而改进的一种前期高营养水平饲养、后期限制饲养的育肥方法，也叫"前敞后控"育肥法。由于育肥猪的瘦肉率主要取决于日粮中蛋白质和必需氨基酸的供给，而脂肪的生长量主要取决于日粮中的能量含量，因此在土猪商品肉猪生产中，一方面在其饲粮中全期都要保持一定的蛋白质和氨基酸供给，以促进体蛋白的沉积，增加瘦肉量；另一方面，应适当降低育肥期饲粮中的能量含量，以限制脂肪的沉积，这样可以多长瘦肉。其具体做法是：体重 60 千克前，采用高能量高蛋白的饲粮，每千克饲粮消化能在 12.5～12.97 兆焦，粗蛋白质为 16％～17％，并让生长猪自由采食；体重 60 千克后，采用限量饲喂精料，而大量饲喂青绿多汁饲料或采取放牧饲养模式，让土猪自由活动，并适当补饲一定量的配合饲料，这样既不会严重影响肉猪增重速度，又可减少脂肪的沉积，或者仍让育肥猪自由采食，但降低饲粮能量浓度，且最低不能低于 11 兆焦/千克，否则虽提高了瘦肉率，却会严重影响日增重，降低经济效益。这种育肥方法可使生长育肥猪饲料利用率提高，瘦肉率也提高，已得到一些生产实践者认可，只不过各自限量程度不同，是土猪商品肉猪比较理想的一种育肥方法。

(二) 饲喂方法和次数

1. 饲喂方法

大规模土猪商品肉猪生产饲养最好采用自动料槽（筒）自由采食，不能断料。自由采食的优点是节省人工，方便，给料充足，发育均匀；缺点是易导致猪"厌食"，采食量小，饲料浪费大，易霉变，不利于猪群的观察，不能及时发现病猪，延缓治疗期。自由采食一般选择干粉料型，喂粉料具有省工、减少应激的优点，但也有易增加空气中的粉尘、不易观察到病猪、浪费水等缺点。粉料的颗料要求：30 千克以下的生长猪，粉料的颗粒直径以 0.5～1.0 毫米为宜；30 千克以上的育肥猪，颗粒直径以 2～3 毫米为宜。过细的粉料易粘于口腔上难咽下，影响采食量。生产中最好采用水料一体的自动干湿料槽喂猪，猪边吃边喝，节约用水，刺激采食，促进增重，提高饲料利用率。

小规模饲养土猪商品肉猪可采用非自动料槽（筒）人工定时喂料，少给勤添，看猪投料，每餐不剩或少剩料。此种喂料方式优点是可提高猪的采食量和生长速度，保证猪群活动同步，易于观察猪群的健康状况及异常变化，并可减少饲料浪费，防止饲料霉变；缺点是饲养人员的工作量大，对饲养员的素质要求高，易出现猪的体重大小明显差异。定时喂料以选择干湿料型（水料比 1：1）最好，喂干湿料具有适口性好、增加采食量、减少空气中粉尘、节约用水等优点。定时喂料要求尽可能"充分喂养"，提高肉猪的采食量，每日每头肉猪的喂料量大约是体重的 3%～5%。

2. 饲喂次数

一般来讲，自由采食不存在饲喂次数，限量饲喂方法有饲喂次数问题，生产中应按饲料形态、日粮中营养物质的浓度以及生长育肥猪的日龄和体重而定。如果日粮的营养物质浓度不高，容积大，可适当增加饲喂次数，相反则可适当减少饲喂次数。但对生长阶段的小猪，日喂次数可适当增加，以后逐渐减少。

3. 饲料形态

（1）湿拌料 也称为水拌料，是一种常用的饲料形态，由于料与水比例不同分为稠料和稀料，稠料的料水比为 1：4，稀料的料水比为 1：8，生产中也有按干粉料与水的比例为 1：1 做湿拌料的。有研究报道表明，湿颗粒料、干颗粒料与湿粉料的对比群饲三个处理，其结果湿粉料处理组在增重速度和饲料利用率上显著超过湿颗粒料处理组和干颗粒料处理组，而湿颗粒料处理组和干颗粒料处理组之间无差异。但不管采用何种饲料形态饲喂，试验证明胴体品质都不受处理的影响。

（2）干粉料 将饲料原料粉碎后根据饲养标准和其营养成分含量按比例配合调制后为干粉料，按一定比例加水调制为湿拌料。试验证明，喂干粉料日增重和饲料利用率均比喂稀粥料好，特别在自由采食、自动饮水的饲喂方式下，可大大提高劳动生产率和栏圈及设备利用率。干粉料的生产成本比颗粒料低，因此，一些猪场采用干粉料饲喂生长育肥猪。饲喂干粉料时饲料的粉碎细度标准为：30 千克以下的小猪，颗粒直径以 0.5～1.0 毫米为宜；30 千克以上的生长育肥猪，颗粒直径以 2～3 毫米为宜，过细的粉料易粘于口腔和舌上较难咽下，影响采食量，而且过细的粉料易使肉猪患溃疡性胃黏膜疾病，同时细粉易飞扬引起肺部疾病。

（3）颗粒饲料 将干粉料通过颗粒机处理就可压制成颗粒饲料。用颗粒饲料饲喂生长育肥猪，便于投食，损耗少，易贮存，不易发霉，并能提高营养物质的消化率。颗粒饲料饲喂生长育肥猪在增重速度和饲料转化率上都比粉料好。一些研究表明，颗粒饲料可使生长育肥猪每千克增重减少饲料消耗 0.2 千克。

三、土猪商品肉猪的科学管理技术

（一）合理分群与合理的饲养密度

1. 合理分群

（1）生长育肥猪栏圈面积与占用面积要求 生产中在仔猪 11 周龄时由保育舍转入生长育肥舍，可采取大栏饲养，每栏 18 头左右，一般栏长 7.8 米、宽 2.2 米、高 1 米，每个栏圈使用面积 17 米^2。也有研究表明，根据肉猪活重达 100 千克出栏，标准床面 0.7~0.8 米^2/头，生产效果最佳。

（2）分群与组群要求　为了提高肉猪的均匀整齐度，必须从仔猪转入保育舍开始，根据其公母、体重、体质等进行合理组群，每栏中的仔猪体重要均匀，同时做到公、母分开饲养。分群时一般应遵守"留弱不留强，拆多不拆少，夜并昼不并"的原则，并注意观察，以减少仔猪争斗现象的发生，对个别弱仔猪要进行单独饲养和特殊护理。

2. 合理的饲养密度

饲养密度直接影响生长育肥猪的群体行为。许多研究证明，随着饲养密度或肉猪群头数的增加，生长育肥猪平均日增重和饲料转化率下降，而且群体越大生产性能表现越差，其原因可能有以下几点：一是密度增高，圈内猪四周的气温上升，而导致采食量减少；二是由于密集的猪群内部积累的亚健康疾病所致；三是密集猪的群居环境不同。而真正的原因，更可能是以上因素的综合。研究表明，在每头肉猪占据相同床面的情况下，每栏养肉猪数不同也直接影响肉猪的采食量和饲料转化率，往往大群比小群的生产指标低。因为大群打乱了强弱位次，表现为互相频繁咬斗，削减了采食和作息时间，所以圈养数量越多，增重越慢，饲料利用率越低。在一般情况下，饲养密度不同能影响日增重达 16%，影响饲料转化率达 8%。

（二）提供充足清洁的饮水

研究表明，肉猪的饮水量随体重、环境温度、日粮性质和采食量等而变化。一般春、秋季其正常饮水量约为采食风干饲料量的 4 倍或体重的 16%，夏季约为 5 倍或体重的 23%，冬季为 2~3 倍或体重的 10%。饮水用的设备以自动饮水器最佳，每个栏圈以 15 头猪安装一个设置，可以防止水质被污染，并保证肉猪自由饮水。但当饮水器高度不合适、堵塞、水管压力小、水流速度缓慢时，都会影响到肉猪的饮水量。饮水器的水流速度控制在 1.0~1.5 升/分，饮水器的高度为：中猪 35~45 厘米，大猪 45~55 厘米。目前采用的鸭嘴式饮水器，其最大缺点是常常漏水，增加了猪舍的湿度。使用碗式自动饮水器能减少水的浪费，不漏水。在无自动饮水器条件下可在圈内单独设一水槽，经常保持充足而清洁的饮水，让猪自由饮水也可。

（三）提供适宜的环境卫生条件

1. 适宜的温度、湿度及光照

（1）温度和湿度对肉猪的影响　猪舍内的小气候乃是主要环境条件，其中猪舍的温度和湿度是肉猪的主要环境条件，直接影响肉猪的增重速度、饲料利用率和经济效益。有研究表明，11~45 千克活重的生长猪最适宜的温度是 21℃，而 45~100 千克的育肥猪最适宜的温度是 18℃。肉猪舍内温度对肉猪增重的影响，也是与湿度相关联的，有试验表明，获得最高日增重的最适宜温度为 20℃，相对湿度为 50%。一般来讲，在最适宜温度条件下，湿度大小对肉猪增重的影响是比较小的，因湿度的高低与其他环境条件相比对猪影响是小的，但湿度的高低与其他环境条件（如空气净化度）有关，并有可能造成疾病发生而间接影响增重。空气湿度过高使空气中带菌微粒沉降度提高，从而降低了咳嗽和肺炎的发病率，但是，高湿度有利病原微生物和寄生虫的滋生，使猪容易患疥癣、湿疹等疾患；此外，高湿常使饲料发霉而造成损失。猪舍空气湿度过低，也易引起皮肤和外露黏膜干裂，降低其防卫能力，使呼吸道疾病及皮肤病发病率提高。一般要求猪舍的相对湿度以 50%～70% 为宜。

（2）光照的影响　一般认为，光照对肉猪的日增重与饲料转化率均无显著影响。也有研究证明，光照对猪体健康及其生产性能都有着重要影响。光照特别是阳光可杀灭病原微生物，促进机体钙、磷的吸收利用，降低猪舍内的湿度。而且适宜的光照能加强机体组织的代谢过程，提高猪的抗病能力；然而过强的光照会引起猪的兴奋，减少休息时间，增加甲状腺分泌，提高代谢率，影响增重和饲料转化率。有研究表明，一定的光照强度有利于提高肉猪的日增重，但过强的光照可使日增重下降，胴体较瘦，而光照过弱能增加脂肪沉积，胴体较肥，特别在黑暗环境下饲养育肥猪，容易造成体质衰弱，抗疾病能力差，以致患慢性病。可见，光照对育肥猪有一定影响，生产中一般育肥猪舍内的光照可暗些，只要便于猪采食和饲养管理工作即可，能使育肥猪得到充分休息。一般要求猪舍窗地比（窗的面积与地面面积之比）1：（15～20），辅助照明（自然光照猪舍设置人工照明以备夜晚工作照明用）强度 50～75 勒克斯；无窗育肥猪舍要采用人工照明，光照强度 30～50 勒克斯，光照时间 8～10 小时。

2. 合理的通风换气

猪舍要保持干燥，就需要进行强制通风。通风，不仅可以降低舍内的湿度和温度，还可以改善猪舍内空气质量，提高舍内空气的含氧量，排出有害气体，对肉猪生长有利。因此对育肥猪舍一年四季都需通风换气，但在冬季必须解决好通风换气与保温的矛盾，特别是冬春寒冷季节，不能只注意保温而忽视通风换气，这会造成猪舍内小气候环境中空气卫生状况恶化，使肉猪增重减少和饲料消耗增加。一般在冬春季，可采取中午打开风机或南窗，下午 3～4 时关风机或窗户，这样就能降低舍内湿度而增加新鲜空气。

3. 保持圈舍卫生

肉猪生产中要保持圈舍卫生及周围环境卫生，经常清除粪便，刷洗饲槽；定期杀灭蚊蝇清除鼠害，并进行环境大消毒。经常保持圈舍干燥卫生，可防止猪群慢性病的发生。

4. 控制噪声

猪舍的噪声来自外界的传入及舍内机械和猪只争斗等方面，噪声会使肉猪的活动量增加而影响增重，还会引起猪的惊恐，降低食欲。因此，要尽量避免突发性的噪声，噪声强度以不超过 85 分贝为宜。

（四）采取合理的调教措施

1. 限量饲喂要防止强夺弱食

当保育舍的猪调入生长育肥猪舍时，要注意让所有的猪都能均匀采食，除了有足够长度的料槽外，对喜争食的猪要勤赶，使不敢采食的能得到采食，这样可帮助维持群居秩序，分开排列，同时采食。

2. 采食、睡觉、排便"三点定位"

生长育肥猪入栏后，最重要的一点是要对猪群进行"采食区""休息区""排泄区"的"三点定位"，保证猪群养成良好的习惯。只要把猪"三点定位"调教好了，饲养人员的劳动量也就减轻了，猪舍的环境卫生也好了。其中，三点定位的关键是"排泄区"定位。因保育猪在保育床上饲养，习惯于金属栏边排泄，因此调教时要把猪舍的栏门守住，不能让其在这个地方排泄。栏圈外无活动栏，可把靠近猪舍窗户的那边作为排泄区，转群的第一天，要求饲养人员对栏圈要不停地清扫粪便，并将粪便扫到靠近窗边的墙脚，这样可引导猪群固定在靠窗墙脚排泄。如果栏圈外有活动栏，猪群入栏时可将猪赶到外面活动栏里去，让猪在外排粪尿，经一天定位基本成功。

（五）土猪商品肉猪疾病的综合防控技术措施

1. 提高生长育肥猪抵抗力是防控的关键

（1）确保生长育肥猪的饲料质量　生长育肥猪的饲料成本占猪场总饲料成本的 70% 左右，为此，在一般情况下一些土猪场饲养管理的重点在母猪或哺乳仔猪饲养上，大部分猪场育肥猪舍设施最简单，饲料的营养水平也最低，总是把最差的饲料用于育肥猪。由于营养不够充分，在生长育肥猪中容易出现腿病、猝死和免疫力低下等问题。育肥阶段的生长猪生长速度快，所以其营养需求较高，特别在应激过程中，如热应激能降低猪的采食量，此时猪对营养物质，特别是对维生素等需求量提高。此时除采取降温措施外，可适当提高饲料中维生素和微量元素的添加量，甚至可在饮水中添加，缓解热应激反应。生长育肥猪的饲养关键是保持饲料营养平衡，确保饲料质量，这样才可提高猪的免疫力和抗病力。生产中要特别注意霉菌毒素的污染。饲喂过程中注意观察，如果生长育肥猪明显饥饿，但添加饲料后只是到料槽边转一圈，就要怀疑饲料的问题，如观察到育肥猪中母猪的外阴红肿，就要考虑饲料霉菌毒素的问题。饲喂被霉菌毒素污染的饲料会引起胃肠道炎症、肺水肿和免疫抑制，从而激发胃肠道疾病及呼吸道疾病。临床常见在治疗猪支原体肺炎

（MPS）、猪痢疾（SD）及增生性肠病（PE）等疾病时，若同时饲喂被霉菌素污染的饲料，则治疗效果极不理想。选用好的饲料原料，合理储存，适当添加霉菌毒素吸附剂能明显改善肉猪的生产水平，降低慢性消耗性疾病等的发病率。

（2）制定合理的免疫程序及适时防病和驱虫 要根据自身的具体情况和疫苗的免疫保护率等因素，确定必须接种的疫苗和可接种可不接种的疫苗，尽可能减少疫苗接种的次数，减少免疫刺激。生长育肥猪阶段需要接种的疫苗不多，一般对65～75日龄生长育肥猪用猪瘟活疫苗（细胞源）每头份抗原含量750 RID（免疫反应量）注4头份，每头份抗原含量7500 RID（免疫反应量）注1头份，或用猪瘟脾淋苗肌内注射1～2头份；猪O型口蹄疫灭活苗60～70日龄肌内注射2毫升，110～120日龄全面免疫1次；副猪嗜血杆菌病灭活疫苗40～50日龄肌内注射2毫升。

侵害生长育肥猪的寄生虫主要有蛔虫、姜片吸虫、疥癣和虱子等体内外寄生虫，病猪多无明显的临床症状，但表现生长缓慢，被毛粗乱而无光泽，严重时增重速度降低30％以上，因此，必须对生长育肥猪进行驱虫。通常在生长猪75日龄左右进行第一次驱虫，必要时在135日龄左右再进行第二次驱虫。常用药物有左旋咪唑、虫必清、驱蛔灵等，具体使用时按说明书要求进行。服用驱虫药后，应注意观察，若出现不良反应，应及时解救。驱虫后排出的虫卵和粪便应及时清除并堆积发酵处理，以防猪再度感染。体表寄生虫（如猪疥癣）对猪的危害也较大，病猪主要表现为生长缓慢，病部痒感剧烈，因而常以患部摩擦墙壁或围栏，甚至摩擦出血，以致患部脱毛、结痂、皮肤增厚形成皱褶或皲裂。其治疗方法很多，常用1％～2％敌百虫溶液等喷洒猪体表或擦洗患部几次后即可痊愈。

2. 调节猪舍环境小气候，降低应激反应

育肥猪舍15～22℃的舍温和55％～65％的湿度最有利于育肥猪生长。高温高湿将有利于细菌生长繁殖，寒冷天气猪躺在潮湿的地板上易受寒感冒，这些都会导致肠道及呼吸道疾病加重；过于干燥时空气中的尘埃增加，并可黏附很多细菌和内毒素，导致呼吸道疾病发生频率增加。利用通风可调节猪舍温度和湿度，但在寒冷天气要特别注意防止贼风侵袭。育肥猪舍的自然通风远远满足不了猪群换气的需要，要改自然通风为强制通风，使用纵向通风风机效果较好。此外，高温季节可安装湿帘风机，降温效果较好。

3. 清洁卫生和消毒是防控猪病的基础

粪便也是疾病传播最重要的媒介，尤其是猪痢疾与增生性肠病，因此，要按时搞好圈舍卫生。猪栏每天上、下午各清扫1次，扫栏时要将猪群赶动，既可及时发现病猪（尤其是有腿疾的猪），又可促进猪排粪排尿，增加采食量。此外，每月要清理1次排粪沟。每周要消毒一次猪舍，舍门外消毒垫药液两天要更换1次。这些常规清洁卫生和消毒工作做好后，可有效防控疾病的发生和传播。清洁和消毒贵在

坚持，要注意的是消毒药不仅要高效，更要安全。

4. 实行"全进全出"管理制度

"全进全出"制度是降低发病率最重要的一环，生长育肥猪舍在进猪前对圈舍要彻底清洗和消毒，能降低病原体数量。可采用"一清、二冲、三喷、四蒸"的消毒程序。"一清"：肉猪出售后1～2天内彻底清除圈舍内的排泄物、垫料、撒落饲料、昆虫等，以及水箱、水管内的污染物、杂物等。"二冲"：先用去污剂低压喷雾栏舍、地面、墙壁和其他设备，使其充分浸泡1小时后，用高压水枪冲洗干净并晾干。"三喷"：对圈舍使用聚维酮碘、复合醛、百胜等药物进行密封汽化消毒，用高压喷雾消毒可触及屋檐、通风口和不易触及的角落、缝隙等处，雾滴直径为80～100微米，然后让圈舍充分干燥。"四蒸"：封闭肉猪舍门窗，将舍温升到26℃，相对湿度保持在80%以上时，每立方米空间按照福尔马林30毫升、高锰酸钾15克的标准计算用量（刚发生过疫病的猪舍，消毒浓度可提高2～3倍），分别将高锰酸钾放入多个消毒容器内置于猪舍的不同位置，并根据高锰酸钾的放入量将福尔马林准备好，放在相应的消毒容器旁边，然后以距门由远至近的顺序将福尔马林全部倒入相应的容器内，迅速撤离。密封熏蒸24小时以上，如不急用，可密闭1～2周。

5. 及时隔离及淘汰发病猪

在远离生产区的地方设立病猪舍，而不是在健康猪舍内设立隔离栏。生产中饲养人员要经常观察猪的健康状况、精神状态以及采食、躺卧、排泄情况，发现猪精神不佳、不愿吃料、粪便稀或干、尿发黄或红、咳嗽气喘等异常情况，及时将病猪隔离治疗，并细心护理。病猪舍由专人管理，有专门的工具和衣服、鞋等。对治愈的猪不能再放到以前的猪群里，以防止再次感染发病。对没有治疗或饲养价值的猪应坚决淘汰。

（六）选择适宜的出栏体重

肉猪最佳出栏活重的确定，要结合饲养方式、日增重、饲料转化率、每千克活重的售价、日饲养费用、种猪饲养成本的分担费等费用综合经济分析。由于我国猪种类型较多，各地猪场饲养条件差别也大，土猪肉猪的最佳出栏活重是不能一样的。根据国内研究成果的总结，地方猪种中较早熟、体形矮小的肉猪出栏体重为70千克左右，体形中等的地方猪种肉猪出栏体重为80千克左右。

第九章

土猪的疾病诊断与防治技术

一、流行病学诊断

（一）流行病学的定义与调查内容

1. 流行病学的定义

流行病，即以群体发病形式表现，而并非以个体发病形式表现的疾病。现代的兽医流行病学的定义是研究动物群体中疾病频率分布及其决定因素的科学，它主要阐述和解释动物群体中为什么发病，如何发病，什么时间发病，什么地方发病，疾病的严重程度如何，从而确定病因，阐明分布规律，制定防制对策并评价其效果，以达到预防、控制和消灭动物疾病的目的。

2. 流行病学的调查内容

流行病学诊断是通过询问、调查、查阅资料、现场察看等，然后进行整理归纳、分析判断，为进一步诊断提供依据和线索。流行病学调查主要是对疫病流行情况、病史、免疫接种与治疗、饲养管理等方面情况进行调查。养殖档案是记载土猪场情况的重要资料，流行病学调查应把查看养殖档案作为一项重要内容。

（二）流行病学的调查结果可作为猪病诊断的依据

在兽医临床上，流行病学与诊断的具体关系，主要反映在流行病学的调查结果可以作为诊断的依据。从以下几个方面可以得出这样的结论：

1. 调查猪的年龄分布，有助于从年龄角度确定和排除一些疾病

有些疾病在猪的年龄分布上范围较窄，比如，C 型魏氏梭菌引起的仔猪红痢，

主要发生于 3 日龄以内的新生仔猪；由大肠杆菌引起的仔猪黄白痢，黄痢主要发生在 7 日龄以内的仔猪，而白痢多发生在 2～3 周龄的仔猪。又比如，由病原性大肠杆菌产生的毒素而引起的猪水肿病，常发生在断奶仔猪阶段；由沙门氏菌引起的猪副伤寒，主要是 2～4 月龄的猪发病。在临床诊断中，如果发现 3 日龄以内的仔猪拉血便或红褐色稀便，而其他阶段猪无此症状，则首先将仔猪红痢锁定为诊断目标；如果发现 7 日龄以内的仔猪拉黄色浆状稀便，30 日龄以内的仔猪拉灰白色或黄白色浆状、糊状稀便，而其他阶段猪无任何症状，也首先将仔猪黄白痢锁定为诊断目标；若 7 日龄以上猪拉稀，初步排除仔猪红痢发病的可能；若 1 月龄以上的猪拉稀，初步排除由大肠杆菌引起的猪黄白痢。但有些疾病分布在猪的各个年龄段，即在各年龄段的猪都可发病，如猪瘟、口蹄疫、弓形体病、传染性胃肠炎等。在临床诊断中，若发现某疾病在各年龄段均有发生，首先怀疑在各个年龄段均有分布的疾病，而排除仅在单一年龄段分布的疾病。

2. 调查猪的性别分布，有利于确定诊断疾病目标

有些病原微生物只引起种猪发病，如布氏杆菌病和细小病毒病。若发现种猪发病，而其他猪未有发病现象，可怀疑为布氏杆菌感染；若发现妊娠母猪流产、产死胎和木乃伊胎等现象，未发现其他病症，同时其他猪也未见发病现象，可怀疑为细小病毒感染。

3. 调查疫情来源，可提供有参考价值的诊断方向

如果发病猪场所在地区大面积流行口蹄疫，诊断时可重点考虑该病。如果发病猪场在发病前引进了猪，未经隔离而直接混入原有猪群，几天后原有猪群发病，可怀疑疫情由外引入。假如得知引进的猪所在地区不久前发生蓝耳病大流行，虽然引进的猪未表现出任何症状，但其携带蓝耳病病原的可能性不容忽视，诊断时可重点考虑蓝耳病。

4. 调查免疫情况，可以有针对性地排除或怀疑某种疾病

如果某猪场对猪瘟已采取了规范性的免疫措施，猪瘟发生的概率就很小，因此，对发生疑似猪瘟症状的病猪，临床诊断时可初步排除猪瘟；但如果该猪场未进行猪瘟免疫或免疫措施明显不规范，症状表现有猪瘟迹象，怀疑该病的可能性就加大。如果某猪场对产前一个月的妊娠母猪已进行了伪狂犬病的规范免疫，仔猪从母体已获得了母源抗体，哺乳仔猪一般不会发生伪狂犬病。临床诊断时，可将该病初步排除，若未进行免疫，症状表现有伪狂犬病迹象，怀疑该病的可能性就大。

5. 调查病猪在舍间分布和舍内分布，可有助于锁定与环境因素有联系的病因和致病因子

如果某猪场有几栋猪舍，仅有一栋猪舍发病，而其他几栋未发病，可从发病猪舍的环境因素入手去寻找病因；若一栋猪舍内有几圈猪发病，而其他圈的猪未发

病，也可从环境因素入手去寻找病因。兽医临床上从环境角度寻找病因的基本方法是，首先区分开发病与未发病栋舍或圈舍的共同环境因素与不同环境因素，排除开共同环境因素，针对发病栋舍或圈舍的特殊环境因素展开调查和分析。若发现病猪表现出呼吸道疾病症状，经调查发现，发病猪舍内有害气体浓度高或灰尘大（特别是喂粉料的猪舍），而未发病猪舍无此现象，可初步确定致病因子是有害气体或灰尘。若一栋猪舍内仅有几个圈舍的猪表现出感冒症状，经调查后发现这几圈舍靠门口，且正值寒冬，而门口又无挡风门帘，可初步确定致病因子为冷空气。

二、临床诊断

（一）临床诊断的内容

1. 猪群整体状况观察与病猪的临床症状表现

兽医临床上首先是着重猪群整体状况的观察，然后是对病猪的临床症状进行观察比较。首先是察看猪群整体的精神状态、营养状况、体态、运动、行为、食欲、饮水等方面正常与否。健康猪精力旺盛，病猪精神状态异常，临床上主要表现为兴奋与抑制；营养良好的猪肌肉丰满，被毛光亮，营养不良的猪骨骼外露，皮肤无弹性，被毛粗糙，病猪躺卧、站立和运动姿态常表现异常。病猪常表现食欲废绝，也有的病猪表现为异嗜，啃食平常不吃的东西，如砖头、木棍等。一般情况下，病猪会表现饮水异常，其因是体温升高，代谢异常等。

2. 体表检查

体表检查的重点是检查猪的被毛、皮肤、皮下组织的变化及体表是否有外部病变。病猪常出现体表淋巴结突出、肿大的病理变化。体表的典型临床症状在皮肤上的病变有：急性丹毒、弓形体、链球菌病，皮肤有大小不等的红斑；猪瘟、丹毒，皮肤有方形、菱形红色疹块；坏死杆菌病，耳部、背部皮肤坏死、脱落；副伤寒、丹毒、弓形体病，体表弥漫性或灶性淤血发紫；疥螨、虱螨，皮肤粗糙、鳞屑、结痂；猪瘟，可见胸、腹和四肢内侧皮肤有出血斑点；猪水肿病，颜面部及头部皮下水肿；口蹄疫、水疱病、水疱性口炎，可见蹄部出现水疱、糜烂、溃疡。体表淋巴结观察：炭疽，可见颌下淋巴结肿大；猪腹泻疾病，肛门周围及尾部常被粪便污染。由此可见，体表检查主要是检查出病猪的典型病变及症状。

3. 口鼻腔、咽部和眼部的检查

（1）口鼻腔检查　用木棒或开口器扩开猪嘴，病猪口腔黏膜常见红肿、溃疡等变化，舌常红肿或变黄，舌苔变厚等。口鼻检查常见典型病变有：猪流感、萎缩性鼻炎，有炎性分泌物流出鼻孔；萎缩性鼻炎，鼻歪斜，颜面部变形；口蹄疫、水疱病、水疱性口炎，上唇吻突及鼻孔周围出现水疱、糜烂；猪瘟，齿龈、口角点状出血；猪坏死杆菌病，唇、齿龈、颊部黏膜溃疡、坏死；猪水肿病，齿龈水肿；口蹄

疫，舌部表现溃疡，舌苔变厚、发黄。

（2）眼部检查　病猪眼结膜常表现红肿、出血、黄染等变化。眼结膜颜色变化除反映局部变化外，还能据此推断全身循环状态及血液某些成分的改变。眼部检查常见的典型病变有：猪流感、猪瘟，眼角有黏液性或脓性分泌物；贫血、黄疸、附红细胞体病，眼结膜充血、苍白、黄染；猪水肿病，表现为眼睑水肿。

（3）咽部检查　典型的病变是：急性炭疽，猪咽喉部明显肿大。

4. 体温、脉搏、呼吸次数测量

体温、脉搏、呼吸次数是猪生命活动体征指标，正常状况下变动在较为恒定的范围内，病猪则常发生不同的体征变化。健康猪体温38～39.5℃（2月龄以下仔猪39.5～40.5℃）。病猪常表现为体温升高或降低，多数病猪在其他症状未出现之前体温升高，测量体温是早发现病猪的重要手段。健康猪脉搏（心跳）每分钟60～80次，病猪脉搏常高于健康猪。健康猪每分钟呼吸次数18～30次，病猪呼吸次数增加或减少，或表现为呼吸急促、衰竭等。临床上猪的体温、脉搏（心跳）、每分钟呼吸次数常常是共同变化的，一般情况下，发病过程中，体温、脉搏（心跳）、每分钟呼吸次数曲线逐渐上升，反映病情加剧；如三者曲线逐渐平行下降接近正常指标，常反映病情逐渐好转。

5. 其他临床诊断方法

其他临床诊断方法还有心脏和肺部听诊、胸腹部检查、腹腔器官检查、排粪排尿的感官检查、生殖器官的检查等。

（二）临床诊断的步骤

1. 第一步：看

看，即是兽医技术人员用肉眼直接观察病猪在疾病过程中的各种异常表现，兽医临床上主要从以下六个方面进行：

（1）一看整体状态　即猪的体格大小、发育程度、营养状况、体质强弱、胸腹四肢的匀称性等。若病猪出现生长缓慢、发育迟缓，甚至成为僵猪，一般多见于慢性传染病（如猪瘟、气喘病、副伤寒等）、寄生虫病及营养物质缺乏等。

（2）二看精神、运动及行为　若猪出现精神沉郁、昏睡、昏厥或过度兴奋甚至狂躁等均表示猪只发病。若病猪先后出现兴奋和沉郁，甚至昏睡，可见于链球菌性脑膜炎、乙型脑炎、李氏杆菌病、食盐中毒、仔猪水肿病等；若初生2～3天仔猪发生昏厥，多是低血糖症；若病猪运动出现跛行，可见于关节炎型链球菌病、副猪嗜血杆菌病、口蹄疫、水疱病、四肢损伤等；若运动时腰部摇晃，多见于猪弓形体病；而运动时做圆周运动，可见于食盐中毒中后期。

（3）三看皮肤　包括皮肤的颜色，是否有红斑、红疹、水疱、脓疱及溃疡等病变。若哺乳仔猪皮肤发白，多见于缺铁性贫血；若皮肤发红或有红色斑点、疹块，可见于猪瘟、猪肺疫、链球菌病、猪附红细胞体病、猪丹毒等；若蹄及乳房皮肤出现水疱、烂斑，多是口蹄疫、水疱病及疱疹等；若猪会阴和四肢皮肤出现明显的红紫色斑块，则多见于圆环病毒病。

（4）四看可视黏膜　主要是观察口腔黏膜、眼结膜等的颜色。若猪口腔黏膜苍白，见于各种贫血、慢性发热病、寄生虫病、营养不良等；若口腔黏膜紫红、充血，可见于各种发热性传染病、中暑、各种肺部感染等；若猪眼球凹陷，口腔黏膜干燥，则主要提示病猪脱水；若鼻黏膜肿胀、充血，有黏液流出，见于感冒、传染性萎缩性鼻炎等；若母猪阴道黏膜肿胀、充血，流恶露，见于阴道炎、子宫内膜炎、产褥热等；若母猪阴唇肿胀、阴道黏膜充血，发情异常，见于玉米赤霉菌毒素中毒；若病猪眼结膜充血、肿胀，叫声嘶哑，多见于猪水肿病。

（5）五看生理活动　包括察看病猪是否有食欲异常、咳嗽、喘气、呼吸困难、呕吐等发生。若病猪出现咳嗽、气喘，多见于猪喘气病；若呼吸困难、咳嗽，多见于流感、肺疫、丹毒、猪瘟等传染病及胸膜炎、支气管肺炎等内科疾病；若出现呕吐，见于传染病中的仔猪传染性胃肠炎、猪冠状病毒病、猪伪狂犬病等，或是器官病（如胃肠炎、胃溃疡、仔猪消化不良等）、中毒病等。

（6）六看粪便及尿液　主要察看粪便的干稀及其中的混合物，尿液的颜色或有无等。临床中一般将粪干量少、排出困难称为便秘，而将粪稀量少、多次多量称为腹泻。若出现单纯性便秘，则主要见于肠道便秘、感冒、许多急性发热病的初期；若出现单纯性腹泻，可见于猪大肠杆菌病、传染性胃肠炎、弓形体病、仔猪伪狂犬病等；若便秘与腹泻交替出现，则见于急性猪瘟、慢性副伤寒、猪某种寄生虫病等；若排出灰白色、灰黄色稀粪，见于仔猪白痢、黄痢；若粪便中混有黏液、黏膜及脓液，见于猪瘟、猪丹毒、副伤寒、胃肠炎及一些中毒病；若粪中混有血液，见于仔猪红痢、血痢；母猪产后出现无尿、后腹部膨大，多为膀胱积尿；一般发热病猪尿颜色深黄、尿量少或无尿。

2. 第二步：问

问，即是以提问的方式向饲养人员了解病猪发病的有关情况。提问时应针对病猪及其实际生活环境、生产情况、饲养水平等提出问题。兽医临床上提问的内容通常包括以下七个方面：

（1）一问表现　表现即症状，包括问病猪就诊前是否有咳嗽、便秘、腹泻、食欲变化等现象出现。问必须问仔细，尽量根据症状表现多提问。

（2）二问经过　具体应问病猪发病的时间，确切掌握发病的经过。

（3）三问可能的病因　应重点了解病猪是否是饲料更换或是应激等原因引起疾病，猪场还应了解新购进猪的发病情况等。

（4）四问发病头数　即问有多少猪发病，有可能的话还要打电话询问邻近猪场的猪是否也有类似疾病发生等。

（5）五问发病史 即了解病猪（群）过去是否发生过类似疾病，其经过和结果如何，是否曾被划定为某传染病的疫区等。

（6）六问防疫情况 应问清猪场疫苗接种的种类、预防接种的程序以及实施接种的时间、方法、效果等；此外，还应了解疫苗运输、保存方法是否恰当等。若作为猪场兽医也应从这些方面对防疫情况进行评估，从中找出是否是防疫中某一个方面的工作失误而造成的。

（7）七问饲料、饲养情况 主要询问病猪（群）中饲料的配比是否均衡，能否满足猪的生长发育需要；检查饲料是否霉变、饲料配方是否近期有调整或更换，饲喂方法是否有改变等。

3. 第三步：摸

摸，即用不同的力度触摸猪的体表及部分内脏器官，了解猪在发病时的各种病理变化，主要有三个方面的内容：

（1）一摸皮温 即用手背触摸耳、背等处皮肤，了解皮温的高低，主要用于判断病猪是否发热，局部是否有明显炎症等。在正常情况下，全身皮肤应温和，不烫手也不冰手。在病态时，往往因体温变化而引起皮温也发生改变，特别是皮肤较薄、血管较丰富的耳根、鼻端、肘后胸窝处等，皮温变化明显，这在临床上有一定参考价值。临床实践所见，皮温升高多为热性传染病，尤其是在高热期，皮肤发红、干燥，表现灼热，如疹块型猪丹毒等。皮温下降多发生在体温上升期，如猪瘟、猪丹毒初期；病猪发抖，表现肌肉震颤，测体温升高，病猪在中期寒战消失。皮温不均，多在传染病发热期，如猪瘟常表现为腹部发烧，猪肺疫常表现为咽部肿、腹部发烧。病猪瘫痪也常表现四肢发凉。如果病猪四肢冰手，体温降至常温以下，多属病危。

（2）二摸有关部位 用手摸腹底胃部，了解胃内食物的多少，可判断是否发生胃积食；摸腹后部，了解膀胱是否积尿；摸注射部位，了解是否注射针孔感染；摸公猪睾丸，了解是否有红、肿、痛等。

（3）三摸敏感性 发现病猪跛行或站立异常，摸四肢关节，了解是否疼痛，以判断病猪是否发生了关节炎；摸卧地不起病猪后躯及肢蹄末梢，了解是否有知觉，以判断神经功能障碍的情况。

4. 第四步：听

听，即用听诊器听取病猪的心、肺、胃肠等发出的生理性或病理性的音响。

（1）一听心音 听心音可以了解病猪心脏功能的状态。正常时，猪每一次心音均由第一心音和第二心音组成，第一心音低沉，持续时间略长，第二心音响亮、清晰，持续时间略短。猪的正常心率为 68～80 次/分。若病猪心音减弱，频率加快，多提示心功能障碍，可见于一些传染病（如猪瘟、猪丹毒、败血型链球菌病等）、中毒病及一些营养代谢病等经过中；若心音微弱，多为心力衰竭的末期或猪传染性胸膜肺炎等；若心音微弱，频率减慢，多见于疾病末期或濒死期。

（2）二听肺呼吸音　可以了解猪支气管及肺的健康状态。正常时，猪肺呼吸音由支气管呼吸音和肺泡呼吸音组成，其频率为10～20次/分。若病猪气管、支气管听诊有啰音，可见于猪感冒、猪流感、最急性链球菌病；若肺部听诊有啰音，可见于猪肺疫、一些其他传染病的败血症（如猪丹毒、李氏杆菌病）等；若有胸膜摩擦音，则见于慢性猪肺疫和胸膜炎等；若肺泡音减弱或消失，而支气管音增强，可见于猪喘气病、蓝耳病等。

（3）三听肠音　可了解猪消化功能的状态。若肠音高朗，持续时间较长，且频发，可见于胃肠炎、消化不良及有腹泻症状的各种传染病、寄生虫病等；若肠音低沉，持续时间较短，次数少，则见于各种发热、便秘等。

5. 第五步：测体温

（1）测体温的方法　在猪病诊疗过程中，有经验的兽医，通过用手摸猪耳根、鼻端、体表皮肤、左侧肘后胸窝处，可以判定猪是否发烧。最科学的方法，是用体温表（即水银体温计）测定直肠的温度（肛温），作为判断体温的指标。测定体温时，一是要注意先用力将体温计水银柱甩到35刻度附近或以下；二是要注意体温计插到猪肛门内后，保持至少3分钟才能取出读数。读数时先把上面的粪擦去，举手拿平齐眼目，白线对准亮闪处，两眼向棱看刻度。

（2）猪发生疾病时体温的六种情况　一是极高热（42～43℃），临床见于中暑（热射病）；二是高热（41～42℃）稽留热型，可见于猪瘟、乙型脑炎、蓝耳病、急性链球菌病及弓形体病等；三是高热（41～42℃）但无稽留热型，可见于流感、猪水疱病、败血型链球菌病、猪丹毒、败血症等；四是中热（40～41℃），可见于猪急性喘气病、感冒及其他传染性疾病等；五是微热（39.5～40℃），见于消化不良及各种应激等；六是体温降低，指体温降低到正常体温以下，见于仔猪低血糖症、仔猪多系统衰竭综合征、各种混合感染的后期及濒死期等。

（3）测定体温在诊断中的作用　测定体温对于发现病猪、判断疾病的种类及性质、推断病情及预后、了解疾病治疗效果等都有十分重要的作用。对于体温检查获得的数据，应结合临床特征症状、治疗效果进行综合分析，这对于诊断和治疗有极大的帮助。

三、剖检诊断

（一）剖检诊断的要求

剖检诊断是通过对病猪或病死猪的尸体进行解剖，观察体表和体内各组织脏器的病理变化，根据病理变化，为确诊提供依据。很多疫病往往在临床上不显示典型症状，而剖检时却常能发现一定的特征性病变。

剖检最好选择临床症状比较典型的病猪或病死猪，尤其是比较明显的临床症状，缩小对所患疫病的考虑范围，使剖检有一定的导向性。通过对外观病变及临床症状的了解，可初步诊断为相关疫病，为确诊打下基础。然后进行尸体剖检，对病变器官进行全面检查，找出胸腹腔内部器官病变。

（二）剖检诊断典型疫病的脏器病变特征

1. 淋巴结病变

猪瘟剖检全身淋巴结有大理石出血样变化；结核可在咽喉、颈及肠系膜淋巴结出现黄色干酪样坏死灶；急性肺疫、丹毒、链球菌病有淋巴结充血、水肿、小点出血；霉形体肺炎、仔猪副伤寒分别表现支气管淋巴结、肠系膜淋巴结髓性肿胀；弓形体病可见胃、肝门和肠系膜等部淋巴结切面有黄色坏死灶。

2. 胃肠道病变

猪瘟胃黏膜斑点状出血，胃黏膜下水肿，小肠黏膜小点出血，盲肠、结肠黏膜扣状肿和回盲瓣附近浅表性溃疡；猪丹毒胃黏膜充血，卡他性炎症，呈大红布样；仔猪红痢可见小肠节段性坏死，肠系膜有灰色成串的小气泡；仔猪黄痢可见以十二指肠为主的卡他性炎症；慢性仔猪副伤寒有盲肠、结肠黏膜灶状或弥漫性坏死；猪痢疾有大肠卡他性、出血性炎症；猪水肿病有大肠黏膜下高度水肿，肠系膜水肿。

3. 肝脏病变

沙门氏菌病、弓形体病、伪狂犬病有肝小点坏死；猪蛔虫病可见肝表面有灰白色斑点及硬块。

4. 脾脏病变

猪瘟脾边缘有出血性坏死灶；非洲猪瘟脾脏异常肿大 2～5 倍；猪丹毒脾肿大呈樱桃红色；弓形体病脾淤血肿大，有灶状坏死；仔猪红痢脾边缘有小点状出血。

5. 肾脏病变

猪瘟肾脏变为白色，有小点状出血；急性丹毒肾脏病变为高度淤血、小点出血。

6. 肺脏病变

猪瘟肺脏病理变化为出血斑点；猪肺疫有纤维素性肺炎；气喘病肺脏有肉样变；传染性胸膜肺炎肺脏表面附有纤维素性渗出物，肺出血，间质增宽，有肝变；结核病肺脏表面或肺脏内有结节；寄生虫病肺脏表面有白色斑点；支气管内可发现丝虫。

7. 心脏病变

弓形体病心脏水肿、小点坏死；结核病有粟粒性干酪样结节；猪瘟、链球菌病有心外膜斑点状出血；口蹄疫有心肌条纹坏死灶；猪丹毒可见心脏瓣膜有菜花样增生物；囊虫病心肌内有米粒至豌豆大灰白色囊泡。

8. 生殖系统病变

布鲁氏菌病公猪有睾丸肿大、发炎、坏死。

9. 浆膜（包括胸膜、腹膜和心包膜）病变及胸腹腔积液

猪瘟、链球菌病表现为浆膜出血；猪肺疫病理变化为纤维素性胸膜炎及浆膜粘连；弓形体病有胸腔积液、腹腔积液。

（三）猪尸体剖检方法

1. 外部检查

尸体剖检前先做外部检查，检查四肢、眼结膜的颜色、皮肤等有无异常，下颌淋巴结是否有肿胀现象，肛门附近有无粪便污染等。

2. 仰卧尸体

尸体取背卧位，一般先切断肩胛骨内侧和髋关节周围的肌肉（仅以部分皮肤与躯体相连），将四肢向外侧摊开，以保持尸体仰卧状。

3. 剖开腹腔

从剑状软骨后方沿腹壁正中线由前向后至耻骨联合切开腹壁，再从剑状软骨沿左右两侧肋骨后缘切开至腰椎横突。这样可把腹腔切成大小相等的两楔形，将其向两侧分开，腹腔脏器即可全部露出。剖开腹腔时，应结合进行皮下检查。

4. 采出腹腔器官检查

腹腔切开后，须先检查腹腔脏器的位置和有无异物等。胃肠全部取出，先将小肠移向左侧，以暴露直肠，在骨盆腔中单结扎。切断直肠，左手握直肠断端，右手持刀，从前向腰背部分离割断肠系膜根部等各种联系，至膈时，在胃前端结扎剪断食管，取出全部胃肠道。取出腹腔的各器官要逐一地细细检查，可按脾、肠、胃、肝、肾的次序检查。

5. 胸腔剖开与器官的检查

先检查胸腔压力，然后从两侧最后肋骨的最高点至第一肋骨的中央作二锯线，锯开胸腔。用刀切断横膈膜附着部、心包、纵隔与胸骨间的联系，除去锯下的胸骨，胸腔即被打开。打开胸腔后先看肾包膜有无粘连，是否有纤维状物渗出，看左右肺的大小、质地、颜色等，再检查心脏和浆膜是否有病变及胸腹腔是否有积液。

6. 采出口腔和颈部器官检查

剥去颈部和下颌部皮肤后，用刀切断两下颌的内侧和舌连接的肌肉，左手指伸入下颌间隙，将舌牵出，剪断舌骨，将舌、咽喉、气管一并采出。看气管有无黏液、出血点等，扁桃体有无肿大、出血点等。

（四）猪尸体剖检要注意的事项

1. 尸体剖检时间

在病猪死亡以后，要及时进行尸体剖检，死后时间过长会因组织自溶和腐败而难以判断组织与器官有病变。夏季须在病猪死后 4～8 小时之内完成，冬季也不得超过 18～24 小时。剖检应在白天进行，此时光线较好，能够保证看得更清楚。

2. 做好记录

剖检时要做好记录，将每项检查的各种异常现象详细记录下来，以便根据异常现象做出初步诊断。

3. 注意个人防护

剖检过程中要注意个人的防护，剖检人员必须穿防护服，戴手套，防止手划伤感染。

4. 严禁剖检患炭疽病的死猪

对炭疽病死猪严禁解剖，对患人畜共患病（如破伤风、布氏杆菌病等）的病死猪剖检时一定要注意个人防护。剖检现场不允许其他人围观。

5. 对剖检后的尸体要进行无害化处理

尸体剖检应在规定的解剖室进行，剖检后要进行尸体无害化处理。若在室外应选距猪场、道路、水源较远且地势高燥之处剖检，以防病原扩散。剖检可先挖 2 米左右深坑，撒上石灰，铺上塑料布，将尸体放在上面，剖检后将尸体及污染物掩埋坑内，并做好消毒工作。

6. 做好消毒工作

剖检完后所用的器具要用消毒液浸泡消毒，对解剖台、解剖室进行熏蒸消毒处理；剖检人员换衣、换鞋并进行消毒处理。

四、实验室诊断

（一）实验室诊断的内容及作用

在一些情况下，通过流行病学诊断、临床诊断、剖检诊断仍不能确诊时，还应在剖检的同时，采取某些病料进行实验室诊断。实验室诊断包括病理组织学诊断、病原学诊断、动物试验接种、免疫学诊断等。兽医实验室诊断是猪病综合诊断的重要诊断方法之一，是对猪疾病确诊的重要手段。其优点是准确率高，缺点是耗时较长，往往费用较高，需要专业的技术人员和专门的设备设施等。实验室诊断必须是有资质条件的检验单位方可进行。实验室诊断的主要内容包括：病料的采集、保存、包装和运送，血、尿、粪的常规检验及生化分析，细菌学检查、病毒学检查、血清学试验、寄生虫学检查和毒物检验等。一般要求，猪病在经临床检查、病理剖检以后，根据已获得的资料和症状，还不足以做出明确的诊断时，就需要拟定实验室诊断方案，进一步选择并实施实验室诊断项目的内容。

（二）采集病料的要求

实验室诊断先是要采取病料。病料要根据疫病种类有目的地取样，要选择临床典型的病猪，在病理变化明显的组织采取病料。病料必须新鲜，遵循无菌操作原则。所采病料要安全、迅速送检，送检中严防容器破损。病料勿接触高温及日光，防止腐败和病原微生物死亡。送检要附有记录，供检验单位参考，对确诊有一定的帮助。

五、治疗性诊断

（一）治疗性诊断要点

治疗性诊断也称药物诊断，是在流行病学诊断、临床诊断和病理解剖学诊断的基础上进行的。由于发生群发性疾病时，一时难以确定是何种疾病，在临床用药时要采取试探性用药的方法进行诊断治疗，也就是采用多种药物进行试探性治疗，选取其中最有效的用药方案。作为治疗群发性疾病的用药方案，其诊断要点如下：

（1）混合感染时的确诊　根据临床表现和解剖症状，有针对性地采用几种不同的药物组合，然后根据最理想的方案，可以判定最主要疾病的种类，并有针对性地采用治疗方案。

（2）为进一步确诊提供缓冲的时间　猪发病后及时使用药物可以使病情得以缓解，可为进一步采血化验和病料培养并确诊提供临床依据。

（3）排除细菌抗药性的影响　当出现症状明显但药物效果不理想时，还要考虑是否是细菌产生了抗药性，并考虑针对该菌的其他抗生素品种，再结合药敏试验，最后选出最理想的药物组合。

（二）治疗性诊断的关键是选择适宜的药物

治疗性诊断常用的药物是生物药品和特效药（用抗生素类药物之前，有条件的应做药敏试验）。生物药品包括疫苗、类毒素、高免血清、抗毒素等。一些药物对某类疫病有较好疗效，可以辅助进行治疗性诊断，根据治疗效果，结合临床症状和剖检病理变化，也可对某些疫病进行确诊。如疑似仔猪副伤寒用四环素类、氨基糖苷类广谱抗菌药；疑似猪丹毒用大剂量青霉素；疑似猪霉形体肺炎用猪喘平、卡那霉素；疑似仔猪白痢用庆大霉素、卡那霉素、磺胺间甲氧嘧啶、黄连素；疑似链球菌病用青链霉素、氟苯尼考、罗红霉素、阿奇霉素等；疑似传染性萎缩性鼻炎用氟苯尼考、卡那霉素、磺胺间甲氧嘧啶；疑似附红细胞体病用贝尼尔、黄色素、土霉素、四环素等。一般来说，只要选准适宜的药物，病猪有可能出现好转，这样根据治疗效果，结合临床症状及流行病学诊断或剖检诊断，能对某些疫病进行确诊。

第二节 土猪的主要病毒性传染病及其防治技术

一、非洲猪瘟

非洲猪瘟（ASF）是一种由非洲猪瘟病毒（ASFV）引起的猪病，1957年以前它一直在非洲大陆流行，现阶段该病在世界许多地区呈地方流行性，所有年龄段或生产阶段的猪均可发病，感染会造成猪出现较高的发病率和死亡率。该病是世界动物卫生组织（OIE）法定报告疾病，猪感染该病毒可以带来与产量减少、贸易限制和扑灭程序相关的严重经济影响。

（一）病毒特征

ASFV是非洲猪瘟病毒属中一种大颗粒、有囊膜的复杂的双股DNA病毒，会造成家猪和一些野猪种暴发出血性疾病。ASFV至少存在22个分型，因此发病后能够追溯到源头。该病毒对腐败作用和阳光极端耐受，可以在冷却的肉和胴体中存活长达6个月，冷冻后存活时间更长。非洲猪瘟病毒在蛋白质环境中高度稳定，且对高温的抵抗力相当强，需要在60℃经过20min才能失活。

（二）传播方式

ASFV可以通过与感染的动物——家猪或野猪直接接触传播。猪的感染通常通过分泌物和粪便形成的气溶胶从猪传播到猪，但是猪也可通过摄入烹饪不当的感染肉、被软蜱、虱和蝇虫叮咬以及通过污染的器具感染并在运输途中扩散。该病毒可以在带毒猪体内、感染圈舍内存活，可在感染的钝缘蜱属蜱体内存活长达4年。家猪中猪与猪之间的传播主要通过上呼吸道感染发生，ASFV在家猪的口鼻液中浓度尤其高。感染猪病死后，ASFV在死猪的血液和组织中能够持续存活非常长的时间，因此，给猪饲喂生的泔水会导致非洲猪瘟的传播。验尸后的污染、猪群打架后的流血和感染后的便血可能会成为感染的新路径。空气传播途径已在动物高密度饲养的实验室环境中被证实。

（三）临床症状

非洲猪瘟具有高度传染性，感染在整个猪场中迅速扩散。临床病变可以通过多种途径表现，从无征兆的死亡（最急性型，死亡率约为100%）到无症状感染；ASFV的大多数分离株会使家猪出现急性出血热，并引发近100%的死亡率。研究证实，所有年龄段的猪对ASFV感染均表现出相同的易感性，这与经典猪瘟病毒（CSFV）不同——幼龄猪更易感染CSFV。急性感染是由强毒株造成的，其典型的特征性症状表现为高热、食欲减退、昏睡、虚弱、卧地不起、腹泻和/或便秘、腹痛、出血症、呼吸困难、流涕和流泪以及妊娠母猪的流产。感染猪的死亡通常出现在临床症状出现后的 7～10 天。根据 ASFV 毒株的毒力，急性感染通常是无该病区域开始暴发疫情的主要形式，但该病一旦发生，通常会发展成为可以长期持续存在的亚急性临床型。中等毒力的 ASFV 毒株引发亚急性感染，通常幼龄猪表现出高死亡率，年龄较大的猪死亡率较低。临床症状通常表现流产、发热、短暂性出血，在 3～4 周内死亡或恢复。慢性感染的猪死亡率非常低，病猪以间歇热或低热、食欲减退和精神沉郁为特征，在某些情况下，会引发致死性感染。感染持续数月的猪，如病毒储库、亚临床症状或慢性感染的猪，可能对疾病在流行地区的持续存在起一定作用。据研究，它们可能有助于非洲猪瘟的散发性暴发和将疾病传入无 AS-FV 的地区。

（四）诊断

尸体通常表现末端发绀；全身广泛性出血，淋巴结可能出血，严重时呈脾样；脾脏异常肿大 2～5 倍；心脏表面的出血可能流入心包液，胸膜出血进入胸膜腔；出血常见于肺脏、心脏、肾脏和膀胱，所有病例的肝淋巴结出血，胆囊水肿；慢性病例出现关节炎、胸膜炎、肺炎和皮肤溃疡；如有流产，流产胎儿皮肤和胎盘有出血。这些表现表明可能有非洲猪瘟存在，但是确诊需要通过实验室检验。

（五）防治措施

本病目前尚无治疗方法。一旦疾病确诊，即通过扑杀、胴体销毁和消毒措施来预防蔓延。本病是法定报告疫病，发病国家和相关兽医部门负责疫病的控制，禁止猪的流动，监督感染猪场全部扑杀和尸体的销毁，生产场所要彻底清洗和消毒。所有可能接触病源的猪要进行追踪，并检查本病症状，感染的肉品应进行销毁。目前，虽然已有报道疫苗已研发成功，且培育出抗病毒猪品种，但这两者都未被用于该疾病的控制。研究表明，本病不影响人类健康。

二、猪瘟

猪瘟是由猪瘟病毒引起的一种急性、高度接触性传染病。本病传染性大、发病率和死亡率均高。临床特征为急性型呈败血性变化；慢性型在大肠发生坏死性炎症，特别在回盲口附近常见纽扣状溃疡，俗称"烂肠瘟"。

（一）临床症状

1. 最急性型

最急性型较为少见，在流行初期可见的主要症状是体温升高和急性型一般症状，突然死亡。

2. 急性型

急性型表现为精神委顿，被毛粗乱，寒战喜卧，尤喜钻入草堆或较温暖处；体

温升高到 $40.5\sim42℃$，稽留于同一高温直至濒死前开始下降；眼结膜发炎，分泌脓性眼屎，有时将眼睑粘住；初期大便干燥，像算盘珠样，以后拉稀，粪便恶臭，常有黏液或血液；病猪鼻端、耳后、腹部、四肢内侧的皮肤出现大小不等的紫红色斑点，指压不褪色；公猪包皮发炎，阴茎鞘膨胀积尿，用手挤压，可挤出恶臭乳白色浊液。病程大多 $1\sim2$ 周，死亡率很高。

3. 慢性型

慢性型症状不规则，体温时高时低，甚至长时间不呈体温反应；食欲不良，便秘、腹泻交替出现，间或正常；病猪消瘦，精神委顿，被毛粗乱，后驱无力，行走蹒跚，最后多衰竭而死。病程可拖至 1 个月以上或更长时间。

4. 温和型

温和型或称非典型猪瘟，这是国内近些年来新的表现类型，其特点是病势缓和、病程较长，病状及病变局限且不典型，发病率和死亡率均较低，以仔猪（小猪）发生和死亡为多，大猪一般可耐过。

（二）诊断

常以流行特点、症状及病理变化进行综合判定，可作出初步诊断。但由于近些年来急性型猪瘟少见，常有温和型病猪出现，呈散发等不典型表现，这就需要经实验室检验后才可作出可靠的诊断和鉴别。此外，仔猪猪瘟和以繁殖障碍为特征的猪瘟，也要经实验室检验，并需与以相似症状为主的疫病相区别。实验室诊断猪瘟的方法主要有：酶联免疫吸附试验（ELISA）、正向间接血凝试验、兔体交互免疫试验、免疫荧光试验、琼脂扩散试验。

（三）防治措施

1. 治疗措施

治疗猪瘟除早期应用抗猪瘟血清有一定疗效外，尚无一种药物对本病确实有效。

2. 预防措施

（1）免疫措施　开展猪瘟疫苗预防注射是预防猪瘟发生的根本措施，土猪场无论规模大小，都要根据当地和本场近年来的传染病流行情况制定科学合理的免疫程序。在猪瘟免疫方面，要按照公猪、母猪和商品猪的免疫需求，分别制定免疫程序。

（2）实行免疫监测　疫苗免疫接种后，应加强对猪群进行免疫检测，以掌握猪群的免疫水平和免疫效果。试验表明，间接血凝抗体滴度为 1：（32～64）时攻毒可获得 100% 保护，1：（16～32）时尚能达 80% 保护，1：8 时则完全不能保护。免疫良好的群体总保护率应在 90% 以上，小于 50% 者则为免疫无效或为猪瘟不稳定地区，此时需要加强免疫。

三、猪口蹄疫

口蹄疫是由口蹄疫病毒感染引起的偶蹄目动物共患的急性、热性、高度接触性传染病。

（一）临床症状

猪感染口蹄疫病毒后潜伏期 1～4 天。主要症状是在蹄冠、蹄踵、蹄叉、副蹄和吻突皮肤、口腔腭部、颊部以及舌面黏膜等部位出现大小不等的水疱和溃疡，水疱也会出现在母猪的乳头、乳房等部位。病猪精神不振，体温升高，厌食，当病毒侵害蹄部时，蹄温升高，跛行明显，常导致蹄壳变形或脱落，病猪卧地不能站立。水疱内充满浆性液体，破溃后露出边缘整齐的暗红色糜烂面。如无继发感染，经1～2 周病损部位结痂愈合。口蹄疫对成年猪的致死率一般不超过 3％；仔猪受感染时，水疱症状不明显，主要表现为胃肠炎和心肌炎，致死率可达 80％以上。

（二）诊断

根据流行病学、临床症状及病理变化可作出初步诊断，确诊必须经过实验室诊断，可采取病毒分离与鉴定、血清学诊断进行确诊。

（三）防治措施

接种疫苗只是综合预防措施中的一个环节，必须同时做好检疫、隔离、消毒等工作。目前全国没有统一的口蹄疫免疫程序，可结合本场实际，制定免疫程序。根据兰州兽医研究所的建议，口蹄疫灭活苗，种猪每 3 个月免疫一次，仔猪 40～45日龄首免，100～105 日龄育成猪加强免疫一次，肉猪出栏前 15～20 天进行三免。在疫区最好用与当地流行的同一血清型或亚型的减毒活苗和灭活苗进行免疫接种。

发现疫情应立即上报，确诊后坚决扑杀病猪及同群猪，彻底消毒环境，未发病的猪群紧急接种疫苗。

四、猪繁殖与呼吸障碍综合征

猪繁殖与呼吸障碍综合征又称蓝耳病，是由猪繁殖与呼吸综合征病毒引起的母猪繁殖障碍和仔猪呼吸系统损伤及免疫抑制和持续性感染的传染性疾病。临床特征以繁殖障碍、呼吸困难、耳朵蓝紫、并发或继发其他传染病为主要特征。主要表现为母猪流产、早产、死胎、木乃伊胎等繁殖障碍，仔猪断奶前高死亡率，育成猪的呼吸道疾病三大症状。

（一）临床症状

（1）母猪临床症状　经产和初产母猪多表现为高热（40～41℃）、精神沉郁、突然厌食、昏睡，并出现喷嚏、咳嗽、呼吸困难等呼吸道症状，但通常不呈高热稽留。少数母猪耳朵、乳头、外阴、腹部、尾部发绀，以耳尖最为常见；皮下出现蓝紫色血斑，逐渐蔓延致全身变色。有的母猪呈现神经麻痹等症状。出现这些症状后，大量妊娠母猪流产或早产，产下木乃伊胎、死胎或病、弱仔猪。

（2）仔猪临床症状　仔猪特别是乳猪，死亡率很高，可达 80% 以上。早产的仔猪出生时或数天内即死亡。大多数新生仔猪出现呼吸困难（腹式呼吸）、肌肉震颤、后躯麻痹、共济失调、打喷嚏、嗜睡、精神沉郁、食欲不振。断奶仔猪感染后大多出现呼吸困难，咳嗽，厌食，发热，体温达 40℃ 以上，有些下痢、关节炎、皮肤有斑点，生长缓慢，后期皮肤青紫发绀。

（3）育肥猪临床症状　育肥猪双眼肿胀，结膜发炎，出现呼吸困难、耳尖发紫、沉郁昏睡等症状，体温可升高到 41℃ 左右，食欲明显减少或废绝，多数病猪全身发红，呼吸加快，咳嗽明显，个别病猪流少量黏稠鼻液。无继发感染的病猪死亡率较低。

目前，猪繁殖与呼吸障碍综合征以慢性型、亚临床型为主，且没有规律，有的猪群呈持续性感染、隐性感染和带毒现象。感染猪群的免疫功能下降，常继发其他疾病，也会影响其他疫苗的接种效果。

（二）诊断

本病仅根据临床症状及流行病学特征很难作出诊断，必须排除其他有关的猪繁殖和呼吸系统的疾病才能怀疑为此病。因此，本病的确诊需借助于实验室技术，包括病理组织学变化、病毒分离与鉴定、检测抗原及血清学诊断，其中病毒分离与鉴定是本病最确切的一种诊断方法，一般采取易感细胞分离法。

（三）防治措施

加强饲养管理，切实搞好环境卫生，严格消毒制度，实行封闭管理，严防外疫传入。做好猪蓝耳病疫苗免疫注射，一般情况下，仔猪在断奶后免疫一次高致病性猪蓝耳病疫苗，种母猪在配种前应加强免疫一次，种公猪每半年免疫一次。

本病死亡率不高，但可影响免疫系统，继发感染各种疫病，特别是猪瘟，因此要开展一次猪瘟免疫，每头接种猪瘟疫苗 4 头份。临床治疗无特效药剂，一般采取综合治疗与对症治疗，防止继发细菌感染。

五、猪圆环病毒病

猪圆环病毒病是由猪圆环病毒 2 型（PCV-2）引起的断奶后多系统衰竭综合征（PMWS）、皮炎与肾病综合征（PDNS）、猪呼吸系统混合疾病、繁殖障碍等，感染猪只主要表现为渐进性消瘦、生长发育受阻、体重减轻、皮肤苍白或有黄疸，有呼吸道症状，时有腹泻，有的则表现为肾型皮炎。

（一）临床症状

1. 断奶后多系统衰竭综合征

病猪发热，精神、食欲不振，被毛粗乱，进行性消瘦，生长迟缓，呼吸困难，咳嗽、气喘、贫血，皮肤苍白，体表淋巴结肿大。有的皮肤与可视黏膜发黄，腹泻、嗜睡。临床上约有 20％的病猪呈现贫血与黄疸症状。

2. 皮炎与肾病综合征

主要发生于保育猪和育肥猪。病猪发热、厌食、消瘦，皮下水肿，跛行，结膜炎，腹泻。特征性症状是在会阴部、四肢、胸腹部及耳朵等处皮肤上出现圆形或不规则的红紫色斑点或斑块，有时这些斑块融合呈条带状，不易消失。

3. 母猪繁殖障碍

发病母猪体温升高，食欲减退，流产，产死胎、弱仔及木乃伊胎。病后受胎率低或不孕。断奶前仔猪死亡率可达 10％以上。

4. 间质性肺炎

多见于保育猪和育肥猪。病猪气喘、咳嗽、流鼻液，呼吸加快，精神沉郁，食欲不振，生长缓慢。

5. 传染性先天性震颤

发病仔猪站立时震颤，由轻变重，卧下睡觉时震颤消失，受到外界刺激时可引发或加重震颤，严重时影响吃奶，以致死亡。如精心护理，多数仔猪 3 周内可恢复。

（二）诊断

根据本病的流行特点、临床症状和病理变化只能作出初步诊断，诊断时应注意与繁殖与呼吸障碍综合征、猪瘟以及引起繁殖障碍的其他疾病进行鉴别。但任何单一疑似 PMWS 感染的临床症状或病理变化都不足以确诊该病。确诊依赖于病毒分离与鉴定以及间接免疫荧光技术、多聚酶链式反应（PCR 技术）和 ELISA 等。

（三）防治措施

购入种猪要严格检疫、隔离观察，创造良好的饲养环境，定期消毒，科学使用保健添加剂。接种基因工程疫苗是预防猪圆环病毒病发生和流行最有效的办法，母猪产后 2 周、仔猪 2 周龄免疫一次，能提供 4 个月的免疫保护期。

本病无特效治疗药物。当出现圆环病毒病继发感染或并发感染细菌病症状时，可试用下列处方。

处方 1：注射用长效土霉素，一次肌内注射，哺乳仔猪分别在 3、7、21 日龄按 1 千克体重 0.5 毫升各注射一次。

处方 2：注射黄芪多糖＋头孢噻肟钠，连用 5～7 天。

六、猪细小病毒病

猪细小病毒病是由猪细小病毒引起的一种猪的繁殖障碍病，以妊娠母猪发生流产及产死胎、木乃伊胎为特征，母猪本身无明显的症状。

（一）临床症状

仔猪和母猪的急性感染，通常都呈亚临床症状，主要的通常也是唯一的临床症状是母猪的繁殖障碍。母猪在不同妊娠时期感染，临床表现有一定差异。在妊娠早期感染时，胚胎、胎儿死亡，死亡胚胎被母体吸收，母猪可能再度发情；在妊娠30～50天感染，主要是产木乃伊胎；妊娠50～60天感染，主要产死胎；妊娠70天感染时常出现流产；妊娠70天之后感染，母猪多能正常生产，但产出的仔猪带毒，成为新的重要的传染源。母猪可见的临床症状是在妊娠中期或后期因胎儿死亡、羊水被重吸收而使母猪腹围减小。

（二）诊断

根据流行病学、临床症状和剖检变化可作出初步诊断，但最终确诊有赖于实验室工作。实验室检验可进行病毒的细胞培养和鉴定，也可进行血凝试验或荧光抗体染色试验，其中荧光抗体检查病毒抗原是一种灵敏可靠的诊断方法。

引起母猪繁殖障碍的原因很多，可分为传染性和非传染性两方面。仅就传染性病因而言，应注意与乙型脑炎、伪狂犬病、猪瘟、布氏杆菌病、衣原体感染、钩端螺旋体感染、弓形体病等引起的流产相区别。

（三）防治措施

坚持自繁自养的原则，防止将带毒猪引入无本病的猪场。如果必须引进种猪，应从未发生过本病的猪场引进，引进种猪后隔离饲养，经两次血清学检查为阴性后，方可合群饲养。注射疫苗可使母猪妊娠前获得主动免疫，从而保护母猪不感染细小病毒。由猪细小病毒引起的繁殖障碍主要发生于妊娠母猪受到初次感染时，因此疫苗接种对象主要是初产母猪。

本病尚无有效治疗方法。对延时分娩的病猪要及时注射前列烯醇注射液引产，防止胎儿腐败、滞留子宫引起子宫内膜炎及不孕。

七、猪乙型脑炎

猪乙型脑炎是由虫媒传播日本乙型脑炎病毒引起的一种急性人兽共患传染病。猪感染后的主要特征为高热、流产、产死胎和公猪睾丸炎。

（一）临床特征

本病主要在夏秋季节流行，主要症状表现为妊娠母猪流产和产死胎，公猪发生睾丸炎，育肥猪持续高热和新生仔猪脑炎。

（二）临床症状

猪只感染乙型脑炎时，常突然发生，体温升至 40～41℃，呈稽留热，病猪精神萎靡，食欲减少或废绝，粪干呈球状，表面附着灰白色黏液；有的猪后肢呈轻度麻痹，步态不稳，关节肿大，跛行；有的病猪兴奋、乱撞，最后麻痹死亡。妊娠母猪突然发生流产，产出死胎、木乃伊胎和弱胎，胎儿大小不等，小的如人拇指大小，大的与正常胎儿无多大差别。流产后母猪症状很快减轻，体温和食欲恢复正常。公猪除有一般症状外，常发生一侧性睾丸肿大，也有两侧性的，发病睾丸阴囊皱襞消失、发亮，有热痛感，约经 3～5 天后肿胀消退，有的睾丸变小变硬，失去配种繁殖能力。

（三）诊断

根据发病的明显季节性、地区性及其临床特征不难作出诊断，但确诊还必须进行病毒分离和血清学试验等特异性诊断。

在临床上，猪乙型脑炎与猪布鲁氏菌病、细小病毒病以及伪狂犬病极为相似，它们的区别在于：猪布鲁氏菌病无明显的季节性，流产多发生于妊娠的第三个月，多为死胎，胎盘出血性病变严重，极少出现木乃伊胎，公猪睾丸肿胀多为两侧性，有的猪还出现关节炎而跛行；猪细小病毒病引起的流产、死胎、木乃伊胎或弱仔多见于初产母猪，经产母猪感染后通常不表现繁殖障碍现象，且都无神经症状。

（四）防治措施

驱灭蚊虫，注意消灭越冬蚊；做好死胎儿、胎盘及分泌物等的处理；流行地区的土猪场，在蚊虫开始活动前 1～2 个月，对 4 月龄以上至两岁的公母猪，应用乙型脑炎弱毒疫苗进行预防注射，第二年加强免疫一次，免疫期可达 3 年，有较好的预防效果。本病尚无有效治疗方法，一旦确诊最好淘汰。

八、猪传染性胃肠炎

猪传染性胃肠炎是由冠状病毒科冠状病毒属的猪传染性胃肠炎病毒引起的以猪的呕吐、腹泻和脱水为特征的急性、高度接触性传染病。本病发病快，传播率高，多发于冬春寒冷季节，以呕吐、严重腹泻、脱水为特征，各年龄段的猪均可感染发病，其中以仔猪的症状最为严重，死亡率最高；成年猪呈温和型，主要以水样腹泻、厌食、掉膘、转为慢性经过为特征。

（一）临床症状

症状依日龄而异，一般两周龄以内的仔猪感染后，出现呕吐，继而出现严重的水样或糊状腹泻，粪便呈黄色，常有未消化的凝乳块，恶臭；仔猪明显脱水，体重迅速下降，发病 2～7 天死亡，死亡率达 90％～100％。大于两周龄的仔猪死亡率明显降低。断奶仔猪感染后，表现水样腹泻，呈喷射状，粪便呈灰色或褐色，个别猪呕吐，5～8 天后腹泻停止，极少死亡，但体重下降，康复后发育不良，生长迟缓，成为僵猪。有些母猪与患病仔猪同时发病，体温升高，呕吐，食欲不振，喷射状腹泻，泌乳减少或无乳。个别妊娠母猪会出现流产。有些母猪症状轻微或不表现症状。发病母猪 3～7 天病情好转，随即恢复，极少死亡。育肥猪精神不振，食欲减退，体温正常或偏低，水样腹泻呈喷射状，口渴，消瘦，脱水，粪便呈黄绿色、灰色、茶褐色等，含有少量未消化的食物，有的有气泡，一般情况下可耐过，极少死亡。

（二）诊断

本病根据流行病学和症状可作出初步诊断。必要时，可检查空肠绒毛萎缩情况，如果呈弥漫无边际性萎缩，可诊断为本病。确诊用血清学方法。

（三）防治措施

预防注射猪传染性胃肠炎弱毒冻干苗，按标签说明稀释，妊娠母猪产前 20～30 天，后海穴注射 2 毫升。发病猪场，新生仔猪未吃初乳前，后海穴注射 0.5 毫升，30 分钟后吃母乳。

采用腹腔注射方法，给腹泻仔猪补充水分、电解质、葡萄糖、抗生素等，以达到抗菌消炎、补充营养、防止仔猪脱水和酸中毒的目的，促进仔猪恢复健康，降低死亡率。

注射液配方：A 液，10％葡萄糖注射液 500 毫升加入 5％碳酸氢钠注射液 25 毫升；B 液，复方氯化钠注射液 500 毫升加入 5％碳酸氢钠注射液 25 毫升。治疗仔猪时，吸取等量的 A 液和 B 液，注射于腹腔内，根据仔猪的腹泻和脱水程度，每次补液量掌握在 5～10 毫升，每日 2 次。重症哺乳母猪，每次注入 A 液和 B 液各 525 毫升，每日 2 次，注意在注射前将注射液加温到 37℃。仔猪和母猪同时肌内注射复方黄连素注射液，按体重计算药量，连用 3 天或直到治愈。断奶仔猪，饲料中添加黄芪多糖等中药制剂，饮水改换为补液盐水（每 1000 毫升水中含氯化钠 3.5 克、碳酸氢钠 2.5 克、氯化钾 1.5 克、葡萄糖 20 克），让其自由饮用，症状稍重的再注射复方黄连素。

其他腹泻类疾病也可参照本治疗方法。

第三节　土猪的主要细菌性传染病及其防治技术

一、猪丹毒

猪丹毒（swine erysipelas，SE）是由猪丹毒杆菌（红斑丹毒丝菌）引起的一种急性、败血性人畜共患传染病，为国家规定的二类动物疫病，是严重威胁养猪业的一种重要传染病，其特征为高热、急性败血症、皮肤疹块、慢性疣状心内膜炎或皮肤坏死与多发性非化脓性关节炎。

（一）临床症状

1. 急性型（败血症）

此型较为多见，以突然发病、急性经过和病死率高为特征，多见于流行初期。大多数病猪体温升高至 41～42℃，甚至更高，呈稽留热；皮肤潮红，结膜充血，有时伴有分泌物；多数病猪表现精神高度沉郁，食欲减退或废绝，粪便干燥，表面附有黏液；呼吸加快，黏膜发绀；妊娠母猪容易发生流产；体温高的病猪出现颤抖、喜卧、不愿走动；强迫站立时，四肢紧靠，头下垂，背腰弓起，表现惊恐，并伴有尖叫声；走路时表现步态僵硬或跛行，似有疼痛。患病猪病程短促，突然死亡，个别病例可不表现任何症状而死亡，不死亡者转为亚急性型或慢性型。

一般在感染后的第三天（最早在感染后的第二天）皮肤上出现特征性病变，粉红色和黑褐色丘疹块，其大小和形状不一，方形或菱形居多，以耳部、颈背、腹部、尾部和大腿后部等处较多见，开始时指压褪色，指去复原。临床上这种皮肤病变的严重程度直接与病的预后有关。在急性致死性病例中，常在腹部、耳部、尾部、大腿后部及下颌出现大面积的黑褐色病变，黑紫色病灶通常表示患病猪将要死亡，病程为 2～4 天，病死率达 80%～90%。在急性非致死性病例中，这些皮肤病变可能广泛分布。疹块出现后，症状即渐退，疹块也将在首次出现后的 4～7 天内逐渐消失，10 天内有痊愈的可能。有些病猪部分或大部分皮肤坏死，久之形成黑色干燥的革样痂皮；如果是耳和尾部感染严重，则出现坏死脱落，可能需要数周后才能痊愈。

2. 亚急性型

亚急性型以皮肤疹块为特征性变化，疹块中央苍白，四周红色，俗称"打火印"。症状较轻，无病态，体温不高，或者升至 41℃，但持续时间短，食欲不振，口渴，便秘。体温升高 2～3 天后，皮肤出现方形、菱形和圆形疹块，凸出皮表，形状和大小不一、数量不等。初期指压褪色，后期淤血，呈蓝紫色，指压不褪色。疹块发出后，体温下降，中央坏死，结痂痊愈，病程 1～2 周，通常取良性经过。也有不少病猪在发病过程中，临床症状恶化转变为败血症而死亡。

3. 慢性型

慢性型猪丹毒多数是由急性型或亚急性型转变而来，最普遍的特征是关节炎，有时在感染后 3 周出现慢性关节炎，引起四肢关节不同程度炎性肿胀、僵直、变形，跛行或卧地不起。

（二）诊断

皮肤上出现特征性的菱形、方形、圆形等不同形状、大小不一的疹块病灶，这是猪丹毒唯一的具有诊断意义的病变。而当这种病灶全身化时，它们是一种可靠的败血症的标志。但急性猪丹毒的多数病变与许多病原菌引起的败血症相似。而急性猪丹毒的病理变化为肉眼病变，包括弥漫性皮肤出血；淋巴结的外观取决于受感染的程度，表现为不同程度的肿胀、充血、出血；脾脏出血，显著肿大，呈樱桃红色；肾淤血肿大呈不均匀的紫红色，俗称"大红肾"。慢性猪丹毒的病变主要是增生性、非化脓性关节炎，有一个或几个关节肿大，关节囊内液体增多，有纤维素性渗出物，时间久者可见滑膜呈绒毛样增生，关节变形。患心内膜炎的猪，大多数见于左心室的房室瓣（二尖瓣）上出现典型的菜花样赘生物。根据本病的病理变化、流行特点、临床症状和剖检病变可作出初步诊断，进一步确诊可进行实验室诊断。

（三）治疗

1. 治疗用药

临床用药治疗应避免盲目，应在药敏试验指导下进行。研究证实，利用分离到的猪丹毒杆菌进行药敏试验，结果表明分离菌对头孢曲松、头孢唑林、阿莫西林、青霉素 G、氨苄西林、苯唑西林表现较高的敏感性，对氯霉素、卡那霉素、强力霉素中度敏感，而对链霉素、磺胺甲噁唑、阿米卡星、庆大霉素、复方新诺明表现出抗药性。为此，可用头孢类和青霉素类药物对猪群进行治疗。有研究报道，青霉素 G 虽然作为治疗猪丹毒的特效药而被广泛应用，但在近几年的治疗过程中发现治疗效果不佳，其原因就在于猪只患猪丹毒时身体处于免疫抑制状态，而且使用时若不能很好控制青霉素的使用剂量、次数和时机，可导致猪丹毒菌株变异和抗药性产生。同时，临床中猪丹毒的感染常常与蓝耳病、猪瘟、圆环病毒病、副猪嗜血杆菌病、气喘病、猪肺疫等伴发，因此，在治疗本病时，要实行交替用药和联合用药。

① 急性暴发的早期治疗可用青霉素钠，肌内注射，一次量 4 万～5 万单位/千克体重，每天 3 次，连用 4 天，可在 24～36 小时内取得显著效果；非急性发病，可采用长效青霉素，每天肌内注射 2 次，连用 3 天。

② 治疗急性猪丹毒可选用头孢噻呋钠，肌内注射，一次量 5 毫克/千克体重，每天 1 次，连用 3 天；也可选用 2.5%硫酸头孢喹肟注射液，肌内注射，一次量 2 毫克/千克体重，每天 1 次，连用 3 天。经过治疗后，病猪体温下降，食欲和精神好转时，不要急于停药，仍需继续注射 2～3 次，巩固疗效，防止复发或转为慢性猪丹毒。

③ 发病及可疑猪群，可在饲料中添加阿莫西林治疗，每吨饲料添加 10%阿莫西林可溶性粉 2000 克，连用 5～7 天；有条件的土猪场，最好是饮水投药，每吨水添加 1000 克，连用 3 天。也可同时添加黄芪多糖、板蓝根等中药以提高猪群抵抗力，连用 7～10 天。采用上述治疗措施 3 天后，猪群死亡能得以控制。

2. 特异性疗法

特异性疗法可使用猪丹毒抗血清，仔猪 5～10 毫升，架子猪 30～50 毫升，成年猪 50～70 毫升，皮下或静脉注射，经 24 小时再注射 1 次。

（四）综合防控措施

1. 定期免疫预防

疫苗免疫依然是预防该病的一个有力措施。定期免疫预防主要是制定适宜的免疫程序，选择适合的疫苗。猪丹毒疫苗主要有猪丹毒灭活菌苗，猪丹毒弱毒活菌苗，猪瘟、猪丹毒、猪肺疫三联活疫苗，猪丹毒、猪肺疫氢氧化铝二联灭活苗。但是传统的灭活苗、弱毒苗或多联苗都存在着一定的缺陷，如病猪、弱猪不能使用，弱毒株可能恢复毒力或者激发隐性感染，暴发猪丹毒等；猪丹毒疫苗最严重的缺陷是免疫接种不能对慢性猪丹毒产生坚强的保护力。因此，目前广泛使用的传统疫苗不是最佳的选择，而且在使用时要有针对性地选择疫苗，了解各种疫苗的特点与不足。此外，猪丹毒杆菌属于细菌，抗生素的使用对弱毒疫苗的使用有一定的影响，故在使用疫苗前后 8～10 天，停止使用对治疗和预防猪丹毒有效的抗生素及其他化学药物，否则影响免疫效果。猪丹毒弱毒疫苗的保存和运输条件要求较高，一般要求 -15℃ 冷暗保存，运输过程中应保持"冷链"，保存期一般为 1 年；灭活疫苗一般保存在 2～8℃ 条件下，不能结冰，保存期为一年。有条件的土猪场在大规模免疫前，最好先试验疫苗的效果。接种完后也要及时检测抗体水平，避免免疫失败。

2. 注意亚健康猪群

预防猪丹毒最好是通过做好猪群的健康管理来实现，猪群的免疫力低下是引起猪丹毒发病的主要原因，要想彻底预防猪丹毒必须从提高猪群的免疫力（特异性免疫力和非特异性免疫力）着手，尤其是注意亚健康状态的猪群。亚健康状态的猪群是猪丹毒重要的易感对象，及时治疗正处于亚健康状态的猪群，对于预防猪丹毒有重要的现实意义。实践证明，在饲料中添加一些免疫调节剂效果良好，如黄芪多糖等植物提取物以及转移因子等。

3. 消毒

环境卫生是影响该病的一个重要因素，所以环境卫生消毒在控制猪丹毒病中也就显得至关重要。这也是猪丹毒在冬春季节很难控制，而夏季却很容易消除的一个重要原因。猪场猪只一旦发病，将猪场猪舍内外环境全面清洁，用 1‰ 氢氧化铝水溶液进行彻底消毒，每天 1 次，平时可每周 2～3 次。

4. 加强体表寄生虫的治疗

研究证明，猪丹毒发病严重的猪场有一个共同的特点，就是猪群体表寄生虫都较严重。由此可以证实，寄生虫也是引起猪丹毒的重要诱因。所以控制与治疗寄生虫病是预防猪丹毒的一种有效措施。

二、猪肺疫

猪肺疫是由多杀性巴氏杆菌引起的一种猪的传染病，又称猪肺炎性巴氏杆菌病，俗称"锁喉疯"或"肿脖子瘟"。主要特征为败血症，咽喉部急性肿胀，高度呼吸困难，或表现为纤维素性胸膜肺炎症状。本病分布广泛，呈散发性发生，发病急，但发病率不高，常继发于其他传染病，在我国属于二类动物疫病。

（一）临床症状

临床症状的严重程度一般取决于多杀性巴氏杆菌的种类以及猪的免疫情况，因此潜伏期长短不一，自然感染的猪快者为 1～3 天，慢者为 5～12 天。临床上常分为最急性型、急性型和慢性型 3 种类型。

1. 最急性型

常见于流行初期，病猪无明显临床症状，呈败血症经过，常突然死亡。病程稍长者可见体温升高至 41℃ 以上，食欲废绝，精神萎靡；咽喉部肿胀，呼吸极度困难，叫声嘶哑，口鼻流出泡沫样液体，有时混有血液；耳根、颈、腹部等皮肤出现紫红色斑，可视黏膜因缺氧而发紫；严重时呈犬坐姿势，张口呼吸，病程 1～2 天，终因呼吸困难窒息而死。最急性型病死率很高。

2. 急性型

急性型又称为胸膜肺炎型，是此病常见的病型。表现为纤维素性胸膜肺炎症状，体温升高至 41℃ 左右，食欲减少或废绝，干咳或湿咳，有脓性鼻液和脓性眼分泌物，呼吸困难，结膜发绀，皮肤上有红斑。有的病猪先便秘后腹泻，消瘦无力。病程为 4～6 天，大多患病猪死亡，不死者常转为慢性型。

3. 慢性型

慢性型表现为慢性肺炎症状，咳嗽及呼吸困难，体温忽高忽低，消瘦无力，有的发生关节肿胀、跛行，皮肤可见湿疹。如不及时治疗常于发病 2～3 天后衰竭而死亡。

（二）诊断

多杀性巴氏杆菌感染后不产生特异性的病理变化，因此不能依据病理变化作为诊断本病的唯一标准。临床上应根据流行病学、临床症状、病理变化综合分析后作出初步诊断。依据高热、咽喉部红肿、呼吸困难、剖检时见有败血症变化或纤维素性肺炎变化，即可作出初步诊断。确诊需进行细菌学检查和动物接种试验。近年来建立在现代分子生物学基础上的 PCR 是一种快速、简捷、敏感、特异的检测方法，可以用猪多杀性巴氏杆菌 PCR 诊断方法进行诊断。

（三）治疗与预防

1. 治疗措施与紧急接种

最急性型和急性型病猪，用抗猪肺疫血清治疗效果最好。药物治疗时一般采用交叉用药，用药前尽可能先做药敏试验，而后选用最敏感的药物。个体治疗可选用第三代头孢菌素类和氟喹诺酮类，这是目前治疗本病最有效的药物。对症状明显的发病猪可注射盐酸头孢噻呋、头孢喹肟（混悬液），按每千克体重 0.1 毫升，每日 1 次，连用 3 天；或青霉素、链霉素合用，按每千克体重各 1 万单位，肌内注射，每天 2～3 次，连用 2～3 天。也可选用氨基糖苷类、氨苄西林、阿莫西林、氟苯尼考、长效土霉素、强力霉素和磺胺类药物。

对未发病的猪可口服猪多杀性巴氏杆菌活疫苗（679-230 株），每头猪 3 头份。

2. 预防措施

（1）定期预防接种　每年春、秋两季定期进行预防注射，可选用猪肺疫氢氧化铝甲醛灭活苗、猪多杀性巴氏杆菌病灭活疫苗、猪丹毒-猪多杀性巴氏杆菌病二联灭活疫苗进行免疫接种，其接种途径和剂量等参照各种疫苗的使用说明书。

（2）加强饲养管理　预防本病，在于加强饲养管理，严格执行兽医卫生防疫制度，并减少各种应激，发现病猪后应立即隔离治疗，对圈舍、场地、用具等必须彻底消毒。

三、猪布鲁氏菌病

布鲁氏菌病是由布鲁氏菌引起的人畜共患传染病，公元 708 年我国即有本病的记载，1887 年英国大卫·布鲁斯（David Bruce）首先在地中海马耳他岛分离到该病病原，故而得名。该病是一种危害性极大的人畜共患病，在国际上被列为二类生物恐怖战剂，其发病机理复杂，群体感染后难以净化根除，在世界各国均存在和流行，严重危害人类健康和畜牧业的发展。猪布鲁氏菌病（简称布病）从 1914 年发现以来，一直被认为是一种特殊的传染病，该病是由布鲁氏菌通过体表黏膜、消化道、呼吸道侵入机体引起的一种以妊娠母猪流产、公猪睾丸炎为特征的人兽（畜）共患传染病，是国家二类动物疫病。

（一）临床症状

感染猪大部分呈隐性经过，少数猪呈现典型症状，表现为流产。临床上妊娠母猪流产可发生在妊娠的任何时期，有的在妊娠的第 2～3 周即流产，有的则接近妊娠期满而早产，但流产最多发生在妊娠的 4～12 周，流产胎儿可能只有一部分死亡。病猪流产前的主要征兆是精神沉郁，发热，食欲明显减少，阴唇和乳房肿胀，有时从阴道流出黏性红色分泌物。后期流产时胎衣不下的情况很少，偶见因胎儿不下而引起子宫炎和子宫内膜炎，以致下次配种不孕。但如果配种后已妊娠，则第二次可正常产仔，极少见重复流产。母猪流产后一般经过 8～16 天方可自愈，但排毒时间需经过 30 天以上才能停止。

种公猪常常表现为睾丸炎，呈一侧性或两侧性睾丸肿胀、发硬，触摸热痛，有时可波及附睾及尿道。病情严重时，有病侧的睾丸极度肿大，状如肿瘤。随着病情的延长，后期睾丸萎缩，甚至阳痿，失去配种能力和种用价值。

临床上不论公猪和母猪，在本病过程中还会出现一后肢或双后肢跛行及麻痹，关节肿大，甚至瘫痪。

（二）诊断

依据流行病学、临床症状和病理变化，能对本病作出初步诊断，确定本病需进行细菌学和血清学检查。细菌学检查可用流产胎儿胃内容物或阴道分泌物等材料制成菲薄的涂片，干燥、火焰固定后，用沙黄-孔雀绿染色法染色，布鲁氏菌一般为淡红色的小球杆菌，其他细菌或细胞为绿色或蓝色。也可用小动物感染试验，取子宫分泌物、流产胎儿胃内容物、羊水、精液或病变组织，制成混悬液及乳汁等，给2只体重350～400克的豚鼠皮下或腹腔接种，一般为0.5～2.0毫升，接种后第2周开始采血，以后每隔7～10天采一次血，检测血清抗体，如凝集价达1∶5以上，可判断为阳性反应，证明已感染了布鲁氏菌。此时可用豚鼠心血分离培养细菌，也可根据接种鼠的解剖变化进行判断。在进行细菌学检查的同时，也应进行血清学检查，这样才能使诊断更具准确性。

（三）预防和治疗

1. 疫苗接种

对健康猪群，应有计划地进行疫苗接种，可用布鲁氏菌猪型二号弱毒活疫苗（S2株）进行接种。但不受布鲁氏菌病威胁和已控制的地区，一般不主张接种疫苗。此外，对布病免疫还要注意以下事项：一是免疫接种时间在配种前1～2个月较好，妊娠母猪不进行预防接种；二是本疫苗对人有一定的致病力，接种人员应注意消毒和防护，避免感染或引起过敏反应。用过的器具须煮沸消毒。

2. 药物治疗

对于感染本病的猪，目前尚无很好的治疗方法，也无治疗价值，因此，一般不予以治疗。

3. 综合防控措施

虽然布病是一种可以净化根除的疾病，但许多发达国家通过动物检疫-扑杀-补偿等综合技术措施历经十几年甚至更长时间才完成。在我国，猪布鲁氏菌病的防控除了采取疫苗接种外，一般多采取检疫和淘汰的方法来清除猪群布鲁氏菌病。

四、猪链球菌病

链球菌病是一种人兽共患传染病，C群、D群、E群及L群链球菌能引起猪的多种链球菌病。感染猪常发生化脓性淋巴结炎、败血症、脑膜脑炎及关节炎。其病原体多为溶血性链球菌。以 E 群引起淋巴结脓肿最为常见，流行最广；以 C 群引起败血型链球菌病危害最大。

（一）临床症状及病变

1. 败血症型

在流行初期常有最急性型病例，往往头晚未见任何症状，次晨已死亡；或停食一两顿，体温 41.5～42℃或以上，精神委顿，腹下有紫红斑，也往往死亡。急性型病例，常见精神沉郁，体温 41℃左右，呈稽留热，减食或不食，眼结膜潮红，流泪，有浆液性鼻汁，呼吸浅表而快。少数病猪在病的后期，于耳、四肢下端、腹下有紫红色或出血性红斑，有跛行，病程 2～4 天。死后剖检，呈现败血症变化，各器官充血、出血明显，血液增量，脾肿大，各浆膜有浆液性炎症变化等。

2. 脑膜脑炎型

病初体温升高，不食，便秘，有浆液性或黏液性鼻汁。继而出现神经症状，运动失调，转圈，空嚼，磨牙，仰卧于地，四肢游泳状划动，甚至昏迷不醒。部分猪出现多发性关节炎，病程 1～2 天。死后剖检，脑膜充血、出血，脑脊髓液浑浊，增量，有多量的白细胞，脑实质有化脓性脑炎变化。

3. 关节炎型

由前两型转变而来，或者从发病起即呈关节炎症状，表现一肢或几肢关节肿胀、疼痛、跛行，甚至不能站立，病程 2～3 周。死后剖检，见关节周围肿胀、充血，滑液浑浊，重者关节软骨坏死，关节周围组织有多发性化脓灶。

上述三型很少单独发生，常混合存在，或者先后发生。

4. 化脓性淋巴结炎型

多见于颌下淋巴结，其次是咽部和颈部淋巴结。受害淋巴结肿胀、坚硬，有热痛，可影响采食、咀嚼、吞咽和呼吸。有的咳嗽，流鼻汁。淋巴结化脓成熟，肿胀中央变软，皮肤坏死，自行破溃流脓，脓带绿色、黏稠，无臭，不引起死亡。

（二）诊断

猪链球菌病的病型复杂，流行情况无特征，需进行实验室检查才能确诊。根据不同的病型采取相应的病料，如脓肿、化脓灶、肝、脾、肾、血液、关节液、脑脊髓液及脑组织等，制成涂片，用碱性美蓝液和革兰氏染色液染色，显微镜检查，见到呈革兰氏阳性的单个、成对、短链或长链的球菌，可以确诊为本病。也可进行细菌分离培养鉴定。

（三）综合防治

1. 治疗

将病猪隔离，按不同病型进行相应治疗。对淋巴结脓肿，待脓肿成熟变软后，及时切开，排除脓汁，用3%双氧水或0.1%高锰酸钾冲洗后，涂以碘酊。对败血症型及脑膜炎型，应早期大剂量使用抗生素或磺胺类药物。青霉素每头每次40万～100万国际单位，每天肌内注射2～4次。也可用乙酰环丙沙星治疗猪链球菌病，2.5～10毫克/千克体重，每隔12小时注射一次，连用3天，能迅速改善症状，疗效优于青霉素。

2. 预防

（1）免疫预防　疫区的猪在60日龄首次接种猪链球菌病氢氧化铝胶苗，以后每年春、秋各免疫1次。或采用猪链球菌弱毒苗，每半年注射一次。

（2）药物预防　猪场发病后，如果暂时买不到菌苗，可用药物预防，每吨饲料中加入四环素125克，连喂4～6周，以控制本病的发生。

五、仔猪副伤寒

仔猪副伤寒是由沙门氏菌引起的1～4月龄仔猪发生的一种传染病，以急性败血症或慢性坏死性肠炎、顽固性下痢为特征。常引起断奶仔猪大批发病，如伴发或继发其他疾病或治疗不及时，死亡率较高。

（一）临床症状

1. 急性型（败血型）

多见于断奶后不久的仔猪，体温升高至41～42℃，精神不振，不食，下痢，鼻端、耳和四肢末端皮肤发绀，很快消瘦，被毛粗乱，步态不稳，呕吐、腹泻，粪便呈粥状或水样，黄褐色、灰绿色或黑褐色，恶臭；发生肺炎时有咳嗽和呼吸加快等症状，呼吸困难。有时出现症状后24小时内死亡，但多数病程为2～4天。病死率很高，不死的猪多发育停滞，成僵猪。

2. 亚急性型和慢性型

是本病临床上多见的类型。病猪体温突然升高至40.5～41.5℃，精神不振，食欲减退或不食，虽然外界气温较高，但病猪仍出现寒战，扎堆、钻草窝，眼角有黏性分泌物。初期便秘，后期下痢，粪便淡黄色或灰绿色，恶臭，有的粪中带血，肛门失禁，脱水严重，眼球下陷，行走摇摆，很快消瘦。部分病猪在病的中后期，皮肤会出现弥漫性湿疹，特别是在腹部皮肤，有时可见绿豆大、干涸的浆性覆盖物，揭开见浅表溃疡。病程往往拖延2～3周或更长，最后极度消瘦，衰竭而死。有时病猪症状减轻似痊愈，但过一段时间又复发，转为慢性型，以致影响生长发育。

（二）诊断

根据流行病学、临床症状和病理变化可作出初步诊断。确诊需从病猪的血液、脾、肝、淋巴结、肠内容物等进行沙门氏菌分离和鉴定。

（三）防治措施

在本病常发地区和猪场，对仔猪应坚持菌苗接种。采用 C_{500} 弱毒菌株生产的猪副伤寒弱毒冻干苗，用于 1 月龄以上哺乳或断奶仔猪，口服或注射接种，能有效预防本病的发生和流行。但使用该菌苗时应注意，抗生素对菌苗的免疫力有影响，在用苗的前 3 天和用苗后 7 天应停止使用抗菌药物。

常用的治疗药物有：土霉素，每日 50～100 毫克/千克体重；新霉素，每日 5～15 毫克/千克体重，分 2～3 次口服，连用 3～5 天后剂量减半，继续用药 4～7 天；强力霉素，每次 2～5 毫克/千克体重，口服，每日一次，对早期病例有较好效果。对顽固性腹泻病例可用恩诺沙星，按 215 毫克/千克体重，肌内注射，每天 2 次，连用 3 天。

六、仔猪红痢

仔猪红痢又叫猪梭菌性肠炎，是一种由 C 型产气荚膜梭菌引起的仔猪的肠毒血症，主要侵害出生后 3 天以内的仔猪，表现为死亡率极高的急性出血性肠炎。

（一）临床症状

本病病程短促，有些在生后 3 天内全窝死完，大于 3 日龄的发病较少。最急性型的临床症状多不明显，一发现打蔫拒食等症状即迅速死亡。病仔猪主要症状是排出红褐色血性稀粪，含有少量灰色坏死组织的碎片和气泡，腥臭味，后肢沾染血样便。有的病猪呕吐、尖叫而死。

（二）诊断

根据多发于出生后 3 天内的仔猪，呈现血痢，病程短促，感染率高，很快死亡，一般药物和抗生素治疗无明显效果，剖检见出血性肠炎等病理变化，不难作出诊断。如需要，可进行细菌学检查，方法包括肠内容物涂片镜检、肠内容物毒素检查、细菌分离与鉴定等。

（三）防治措施

本病发病迅速，病程短，发病后用药物治疗往往疗效不佳。

给妊娠母猪注射菌苗，仔猪出生后吮食初乳可以获得免疫，这是预防仔猪红痢的最有效办法。目前有采用 C 型魏氏梭菌 C_{59-2} 制成 C 型魏氏梭菌福尔马林氢氧化铝菌苗，于母猪临产前一个月进行免疫，两周后重复免疫一次。

七、仔猪黄痢

仔猪黄痢又称早发性大肠杆菌病，是一种由致病性大肠杆菌引起的初生仔猪急性、致死性传染病。本病无明显的季节性，患病猪和带菌者是主要传染源，通过粪便排出病菌，散布于外界，污染圈舍、空气及母猪的乳头和皮肤。当仔猪吮乳时，经消化道而感染。仔猪发生黄痢时，常波及一窝，严重影响仔猪的成活率。

（一）临床症状

仔猪出生后 24 小时左右出现症状，一窝仔猪中有 1～3 头突然发病。病猪精神沉郁，全身衰弱，迅速死亡，其他仔猪相继发病。主要症状为：排黄色稀粪或水样粪便呈黄色或黄白色，混有凝乳状小片和小气泡，带腥臭味，肛门失禁；病猪停止吃奶，脱水，迅速消瘦。由于脱水和电解质的缺失，病猪双眼下陷，腹下皮肤呈紫红色，昏迷死亡。

（二）诊断

根据发病情况、临床症状和剖检变化可作出初步诊断。进一步诊断需取病料进行实验室细菌学检查。

（三）防治措施

1. 治疗

采用中西医结合的疗法，从治疗母猪入手，母仔同治，可取得较好效果。

中药方剂：升麻 50 克、勾丁 50 克、荆芥 50 克、防风 50 克、化石 80 克、甘草 30 克，研为细末或煎水加入料中喂母猪，每天 1 剂，连用 3 天。

0.5％恩诺沙星注射液、1％黄芪多糖注射液各 20 毫升，母猪一次肌内注射，每天 2 次，连用 3 天；或 0.5％恩诺沙星注射液、1％黄芪多糖注射液各 2 毫升，阿托品注射液 0.5 毫升，仔猪后海穴注射，一天一次，连用 3 天。

在药物治疗的同时，对患病仔猪还需要进行补液，在 1000 毫升蒸馏水中加入葡萄糖 20 克、氯化钠 35 克、碳酸氢钠 2.5 克、氯化钾 1.5 克，混合溶解，让猪自由饮用；或仔猪腹腔注射 5％葡萄糖盐水（加温到 37℃左右）。

2. 免疫预防

（1）血清预防　本场 5 岁以上的老母猪的血清，往往可以防止本场致病性大肠杆菌的感染，口饲血清比注射血清更为有效。

（2）疫苗预防　目前疫苗有 3 种，即 K_{88}-K_{99}、K_{88}-LTB、K_{88}-K_{99}-987P，于母猪产前 40 天和 15 天各注射一次。因我国某些地方存在不同的黏菌素 K 抗原，疫苗免疫有的效果好、有的不理想，有一定的局限性。

另一种是自家疫苗免疫，即从本场分离出致病性大肠杆菌，研制成疫苗用于本场的母猪免疫，其优点是针对性好，缺点是制备较麻烦。

八、仔猪白痢

仔猪白痢也叫迟发性大肠杆菌病，是由致病性大肠杆菌引起的一种急性肠道传染病。本病的特征是排出灰白色、浆糊状稀便，带有腥臭味。多发于 10～30 日龄的仔猪，发病率高，死亡率低。患病猪只生长缓慢甚至停滞，成为僵猪，严重影响仔猪的生长发育，对养猪业造成极大的危害。

（一）临床症状

病猪突然呕吐、腹泻。病初排乳白色、灰白色、黄绿色带黏液的腥臭稀粪，有的混有气泡，排泄次数增多。体温基本正常。病猪消瘦无力，被毛粗乱，弓背，行动迟缓，摇晃，吃奶次数减少或不食，尾根及肛周被粪污染，经 2～5 天治疗多数仔猪康复，部分因虚脱或并发其他疾病而死亡。

（二）诊断

根据流行病学特点、临床症状、病理变化可以作出初步诊断。如需确诊，需要进行实验室检查，只要从肠内容物中分离并鉴定出仔猪白痢致病血清型大肠杆菌即可。

（三）防治措施

1. 治疗措施

治疗仔猪白痢的方法和药物种类很多，一般是抑菌、收敛及促进消化的药物。

处方 1：链霉素 1 克、胃蛋白酶 3 克，混匀，供 5 头仔猪分服，每天 2 次。

处方 2：磺胺脒 15 克、次硝酸铋 15 克、胃蛋白酶 10 克、龙胆末 15 克，加淀粉和水适量，调匀，供 15 头仔猪上、下午各服一次。

2. 预防措施

加强母猪饲养管理，给妊娠母猪和哺乳母猪饲喂全价饲料及青绿多汁青饲料，促使胎儿发育健全，母猪分泌更多更好的乳汁。加强仔猪饲养管理，初生仔猪应尽快吃上初乳，在出生后 24 小时内肌内注射或内服铁制剂，在 2 周龄左右合理补饲全价乳猪料。

第四节　土猪的其他常见传染病及其防治技术

一、猪附红细胞体病

猪附红细胞体病是由附红细胞体寄生于猪的红细胞或血浆中引起的一种寄生虫病，国内外曾有人称之为黄疸性贫血病、类边虫病、赤兽体病和红皮病等。猪附红细胞体病主要以急性、黄疸性贫血和发热为特征，严重时导致死亡。

（一）临床症状

小猪最早 3 月龄发病，病猪发烧、扎堆，步态不稳、发抖、不食，个别弱小猪很快死亡。随着病程发展，病猪皮肤发黄或发红，胸腹下及四肢内侧更甚。可视黏膜黄染或苍白。耐过仔猪往往成为僵猪。

母猪的症状分为慢性和急性两种：急性感染的症状为持续高热（40~41.7℃），厌食，妊娠后期和产后母猪易发生乳房炎，个别母猪发生流产或死胎；慢性感染母猪呈现衰弱，黏膜苍白，黄疸，不发情或屡配不孕，如有其他疾病或营养不良，可使症状加重或死亡。

（二）诊断

根据流行病学、临床症状和病理变化不难作出初步诊断。确诊需查到病原，方法有如下几种：

（1）直接检查　取病猪耳尖血 1 滴，加等量生理盐水后用盖玻片压置油镜下观察。可见虫体呈球形、逗点形、杆状或颗粒状，虫体附着在红细胞表面或游离在血浆中，血浆中虫体可以做伸展、收缩、转体等运动。由于虫体附着在红细胞表面有张力作用，红细胞在视野内上下震颤或左右运动，红细胞形态也发生了变化，呈菠萝状、锯齿状、星状等不规则形状。

（2）涂片检查　取血液涂片用姬姆萨染色，可见染成粉红或紫红色的虫体。

（3）血清学检查　用补体反应、间接血凝试验以及间接荧光抗体技术等均可诊断本病。

（4）动物接种　取可疑动物血清，接种小鼠后采血涂片检查。

（三）综合防治

1. 治疗

在猪发病初期，采用贝尼尔疗效较好。按 5~7 毫克/千克体重深部肌内注射，间隔 48 小时重复用药一次，但对病程较长和症状严重的猪无效。

2. 预防

目前防治本病一般应着重抓好节肢动物的驱避，实践经验证明，在疥螨和虱子不能控制的情况下要控制附红细胞体病是不可能的。加强饲养管理，给予全价饲料保证营养，增加机体的抗病能力，减少不良应激，这些都是防止本病发生的条件。在发病期间，可用土霉素或四环素添加到饲料中，剂量为 600 克/吨，连用 2~3 周。

二、猪钩端螺旋体病

钩端螺旋体病是一种复杂的人畜共患传染病和自然疫源性传染病。在家畜中主要发生于猪、牛、马、羊、犬，临床表现形式多样，主要有发热、黄疸、血红蛋白尿、出血性素质、流产、皮肤和黏膜坏死、水肿等。

（一）临床症状

在临床上，猪钩端螺旋体病可分为急性型和慢性型。

1. 急性型

多见于仔猪，特别是哺乳仔猪和保育猪，呈暴发或散发流行，潜伏期 1～2 周。临床症状表现为突然发病，体温升高至 40～41℃，稽留 3～5 天，病猪精神沉郁，厌食，腹泻，皮肤干燥，全身皮肤和黏膜黄疸，后肢出现神经性无力、震颤；有的病例出现血红蛋白尿，尿液色如浓茶；粪便呈绿色，有恶臭味，病程长可见血粪。死亡率可达 50％以上。

2. 慢性型

主要以损害生殖系统为特征。病初体温有不同程度升高，眼结膜潮红、浮肿，有的泛黄，有的下颌、头部、颈部和全身水肿。母猪一般无明显的临床症状，有时可表现出发热、无乳。但妊娠不足 4～5 周的母猪，受到钩端螺旋体感染后 4～7 天可发生流产和死产，流产率可达 20％～70％。妊娠后期的母猪感染后可产弱仔，仔猪不能站立，不会吸乳，1～2 天死亡。

（二）诊断

本病需在临床症状和病理剖检的基础上，结合微生物学和免疫学诊断才能确诊。

1. 微生物学诊断

病畜死前可采集血液、尿液。死后检查要在 1 小时内进行，最迟不得超过 3 小时，否则组织中的菌体大部分会发生溶解。可以采集病死猪的肝、肾、脾和脑等组织，病料应立即处理，在暗视野显微镜下直接进行镜检或用免疫荧光抗体法检查。病理组织中的菌体可用姬姆萨染色或镀银染色后检查。病料可用于病原体的分离培养。

2. 动物试验

可将病料（血液、尿液、组织悬液）经腹腔或皮下接种于幼龄豚鼠，如果钩端螺旋体毒力强，接种后动物于 3～5 天可出现发热、黄疸、不吃、消瘦等典型症状，最后发生死亡。可在体温升高时取心血作培养检测病原体。

（三）综合防治

1. 治疗

发病猪群应及时隔离和治疗，对污染的环境、用具等应及时消毒。

可使用 10％氟甲砜霉素（每千克体重 0.2 毫升，肌内注射，每天 1 次，连用 5 天），磺胺类药物（磺胺-5-甲氧嘧啶，每千克体重 0.07 克，肌内注射，每天 2 次，连用 5 天）对发病猪进行治疗；病情严重的猪可用维生素、葡萄糖进行输液治疗；链霉素、土霉素等四环素类抗生素也有一定的疗效。

感染猪群可用土霉素拌料（0.75～1.5 克/千克），连喂 7 天，可以预防和控制病情的蔓延。妊娠母猪产前 1 个月连续用土霉素拌料饲喂，可以防止发生流产。

2. 预防

猪钩端螺旋体病的预防必须采取综合措施，一是做好猪舍的环境卫生消毒工作；二是及时发现、淘汰和处理带菌猪；三是搞好灭鼠工作，防止水源、饲料和环境受到污染，禁止养犬、鸡、鸭；四是存在有本病的猪场可用灭活菌苗对猪群进行免疫接种。

三、猪气喘病

猪气喘病又叫猪喘气病、猪地方流行性肺炎、猪霉形体肺炎、猪支原体肺炎，是由猪肺炎支原体引起的猪的一种慢性、接触性呼吸道疾病。

（一）临床特征

表现咳嗽、气喘和生长迟缓，感染率高，死亡率低。感染猪的呼吸道纤毛屏障被破坏，使其他疾病（如猪蓝耳病、圆环病毒病、胸膜肺炎、副猪嗜血杆菌病等）混合感染的概率大大增加，肺脏病变加重，呼吸功能和饲料转化率下降，经济损失巨大。本病是一种原发性呼吸道疾病，本病病原也是呼吸道病复合体最重要的病原之一，多与其他病原混合感染，使临床表现和剖检症状变得复杂。

（二）临床诊断要点

本病的主要临床症状为咳嗽与气喘。根据病的经过，大致可分为急性型、慢性型和隐性型三种类型，而以慢性型和隐性型最多。

（1）急性型 常见于新发本病的猪群，尤以妊娠母猪及小猪多见。病猪突然精神不振，头下垂，站立一隅或趴伏在地，呼吸次数剧增，呼吸困难，口鼻流沫，发出哮鸣声，似拉风箱，数米之外可闻，咳嗽少而低沉。体温一般正常。病程约 1～2 周，致死率较高。

（2）慢性型 常见于老疫区的架子猪、育肥猪和后备母猪。病猪常于清晨、晚间、运动及进食后发生咳嗽，由轻而重，严重时呈连续的痉挛性咳嗽。随着病程发展，出现不同程度的呼吸困难。症状时而明显、时而缓和。病程 2～3 月，甚至长达半年。

（3）隐性型 感染后不表现症状，但体内存在着不同程度的肺炎病灶。外表看不出明显变化，个别剧烈运动后偶见咳嗽。

（三）防治措施

1. 治疗措施

① 土霉素盐酸盐　50 毫克/千克体重，第一次倍量，肌内注射，每日一次，连用 5～7 天。

② 泰乐菌素　4～9 毫克/千克体重，肌内注射，每日一次，连用 3 天。

③ 泰妙菌素（支原净）　饮水中添加 0.008％的颗粒剂，即 9 克药溶于 50 千克水中，作为猪的唯一饮水，连续给药 10 天。

2. 预防措施

加强饲养管理，控制好环境因素（温度、湿度、空气质量、光照、猪圈清洁度等）；提供全面的营养；减少应激因素；全进全出，空圈进行严格消毒；三点式繁育体系，将产房、保育和育肥分开；坚持自繁自养，如需引猪，要做好严格的检疫和隔离措施；适时进行猪肺炎支原体弱毒疫苗免疫。

四、猪痢疾

猪痢疾又称血痢、黑痢、黏液出血性下痢等，是由猪痢疾短螺旋体引起的猪的一种严重的肠道传染病。其主要特征为大肠黏膜发生黏液性、渗出性（卡他性）、出血性、坏死性炎症。本病一旦侵入，不易根除，给养猪业造成很大的经济损失，已成为危害养猪业比较严重的传染病之一。

（一）临床症状

主要症状为程度不等的腹泻。在受污染的猪场，几乎每天都有新的病例出现。病程长短不一，一般分为最急性型、急性型和慢性型三种类型。

1. 最急性型

此型病例偶尔可见。病程仅数小时，病猪多有腹泻症状而突然死亡。有的先排带黏液的软便，随后迅速下痢，粪便色黄稀软或呈红褐色水样从肛门流出；重症者在 1～2 天粪便充满血液和黏液。

2. 急性型

大多数病猪为急性型，病程一般为 1～2 周。初期，病猪精神沉郁，食欲减退，体温升高，排出黄色至灰红色的软便；继之，发生典型的腹泻，当持续下痢时，可见粪便中混有黏液、血液及纤维素碎片，使粪便呈油脂样或胶冻状，棕色、红色或黑红色。此时，病猪常弓背吊腹，出现明显的腹痛；极度消瘦，虚弱，显著脱水；体温降至常温，死亡前则低于常温。

3. 慢性型

病程一般在1个月以上。病猪表现时轻时重的黏液出血性下痢，粪呈黑色。病猪生长发育受阻，进行性消瘦。部分病猪可以自然康复，但经过一段时间后还可以复发。

（二）诊断要点

根据本病的特征性流行规律、临床症状及病理变化可以作出初步诊断。一般取急性型病例的猪粪便和肠黏膜制成涂片染色，在暗视野显微镜检查，每个视野下见有3～5条猪痢疾短螺旋体，可作为定性诊断依据。但确诊还需要从结肠黏膜和粪便中分离与鉴定出致病性猪痢疾短螺旋体。进一步鉴定，可做肠致病性试验（口服感染试验猪和结肠结扎试验），若有50%的感染猪发病，即表示该菌株有致病性。血清学诊断方法有凝集试验、琼脂扩散试验和ELISA等，比较实用的ELISA和凝集试验，主要用于猪群检疫和综合诊断。

（三）防治措施

坚持自繁自养，严禁从疫区引进生猪，严格落实消毒制度，加强猪群饲养管理，做好各项生物安全工作。

（1）预防用药　对发病猪群的同栏无症状猪，可用硫酸新霉素，按每天0.1克/千克体重，连服3～5天；也可用三甲氧苄氨嘧啶（TMP），按每天0.02克/千克体重，连服5天。对假定健康猪群，可用痢菌净，按每天5毫克/千克体重，拌料饲喂，连喂5天。

（2）治疗用药　0.5%痢菌净注射液，按仔猪5毫升、生长猪10毫升、育肥猪20毫升，每天两次肌内注射，连用2～3天；或庆大霉素注射液，按2000国际单位/千克体重，每天两次肌内注射，连用5天，再用预防药物治疗。

药物治疗有较好效果，可以很快达到临床治愈，但停药2～3周后又可复发，较难根治。

第五节　土猪主要寄生虫病及其防治技术

一、猪疥螨病

猪疥螨病俗称癞、疥癣，由疥螨虫在猪的皮内寄生，使皮肤发痒和发炎为特征的一种接触性传染的慢性皮肤寄生虫病。

（一）临床症状

瘙痒不安，痂皮脱落，皮肤增厚，粗糙变硬，形成皱褶或龟裂，生长发育不良，消瘦，甚至成为僵猪。

（二）诊断

根据临床症状可初步怀疑此病，进一步确诊需通过螨检找到病原，最可靠的方法是对耳部鲜痂进行检查，采集病料送实验室镜检。

（三）治疗方法

20％杀灭菊酯（速灭杀丁）乳油300倍稀释，全身药浴或喷雾治疗，连续7～10天。并用该药液喷洒圈舍地面、猪栏及附近地面、墙壁，以消灭散落的虫体。药浴或喷雾治疗后，在猪耳廓内侧涂擦灭虫软膏（杀灭菊酯与凡士林，1：100比例配制）。因为药物无杀灭虫卵作用，根据疥螨的生活史，在第1次用药7～10天后，用相同的方法进行第2次治疗，以消灭新孵化出的螨虫。

（四）预防措施

猪疥螨病是一种具有高度接触传染性的体外寄生虫病，患病公猪通过交配传染给母猪，患病母猪又将其传染给哺乳仔猪，转群后断奶仔猪之间又互相接触传染，如此形成恶性循环。所以需要加强防控与净化相结合，对全场猪群同时杀虫。在对猪使用驱虫药7～10天内必须对环境杀虫与净化。对环境的杀虫，可用1：300的杀灭菊酯溶液或2％液体敌百虫稀释溶液，彻底喷洒猪舍、地面、墙壁、屋面、周围环境、栏舍周围杂草和用具，以彻底消灭散落的虫体。同时注意对粪便和排泄物等采用堆积发酵杀灭虫体。杀灭环境中的螨虫，也是预防猪疥螨病最有效的、最重要的措施之一。

二、猪球虫病

猪球虫病是由球虫寄生于猪肠道的上皮细胞内引起的一种寄生虫病，主要引起仔猪腹泻、消瘦及发育受阻。成年猪多为隐性感染或成为带虫者，是本病的传染源。

（一）临床症状

主要临床症状是腹泻，持续4～6天，粪便呈水样或糊状，显黄色至白色，偶尔由于潜血而呈棕色，恶臭。有的病例腹泻是受自身限制的，其主要临床表现为消瘦及发育受阻。虽然本病发病率一般较高（50％～75％），但死亡率变化较大，有些病例低，有的则可高达75％，死亡率的这种差异可能是由于猪吞食孢子化卵囊的数量和猪场环境条件的差别，以及同时存在其他疾病问题所致。

（二）诊断

根据流行病学和临床症状可作出初诊，确诊可进行粪便虫卵检查和直肠刮取物涂片检查，但要注意的是在腹泻期间卵囊可能不排出，因此粪便漂浮检查卵囊对于猪球虫病的诊断并无多大价值。确定性诊断必须从待检猪的空肠与回肠中检查出球虫内生发育阶段的虫体。各种类型的虫体可以通过组织病理学检查，或通过空肠和回肠压片或涂片染色检查而发现，后一种方法对于临床兽医来说是一种快速而又实用的方法。虽然对腹泻粪便可用漂浮法检出卵囊，但最好的诊断方法是在小肠内查出内生发育阶段的虫体。球虫病必须区别于轮状病毒感染、地方性传染性胃肠炎、大肠杆菌病、梭菌性肠炎和类圆线虫病。由于这些病可能与球虫病同时发生，因此也要进行上述疾病的鉴别诊断。

（三）防治措施

1. 治疗

治疗上以驱杀虫卵为原则。对已发生球虫病的仔猪应用磺胺类药物和氨丙啉等可有效地加以控制。

处方1：磺胺二甲嘧啶，100毫克/千克体重，1次内服，每天1次，连用3～7天。

处方2：氨丙啉，15～40毫克/千克体重，1次喂服，每天1次，连用5～6天。

处方3：百球清（5％混悬液），20～30毫克/千克体重，1次喂服，每天1次，连用2～3天，可使仔猪腹泻减轻，粪便中卵囊减少，又能杀死有性阶段的虫体，也能杀死无性阶段的虫体。

2. 预防

良好的饲养管理条件有助于本病的控制，因此，最佳的预防办法是搞好环境卫生。首先要搞好产房的清洁和消毒。产仔前母猪的粪便必须清除，产房应用漂白粉（浓度至少为50％）或氨水消毒数小时以上或熏蒸。消毒时猪圈应是空的。其次，应限制饲养人员不消毒进入产房，以防止由鞋或衣服带入卵囊；严防宠物进入产房，因其爪子可携带卵囊而导致卵囊在产房中散布；大力灭鼠，以防鼠类机械性传播卵囊。在每次分娩后应对猪圈再次消毒，以防新生仔猪感染球虫病。在加强饲养管理的条件下，还有可能发生猪球虫病时，应使用抗球虫药物添加剂进行预防。母猪在产前2周和整个哺乳期内添加250毫克/千克体重的氨丙啉对等孢球虫病可达到良好的预防效果。

三、猪弓形体病

猪弓形体病，又称为弓浆虫病或弓形虫病，是由弓形体感染动物和人而引起人畜共患的寄生虫病。本病以高热、呼吸及神经系统症状、动物死亡和妊娠动物流产、死胎、胎儿畸形为主要特征。

（一）临床症状

一般猪急性感染后，经 3～7 天的潜伏期，呈现和猪瘟极相似的症状，体温升高至 40.5～42℃，稽留 7～10 天，病猪精神沉郁，食欲减少至废绝，喜饮水，伴有便秘或下痢；呼吸困难，常呈腹式呼吸或犬坐式呼吸；后肢无力，行走摇晃，喜卧；鼻镜干燥，被毛粗乱，结膜潮红。随着病程发展，耳、鼻、后肢股内侧和下腹部皮肤出现紫红色斑或间有出血点。病后期严重呼吸困难，后躯摇晃或卧地不起，病程 10～15 天。耐过的病猪一般于 2 周后恢复，但往往遗留有咳嗽、呼吸困难及后躯麻痹、斜颈、癫痫样痉挛等神经症状。妊娠母猪若发生急性弓形体病，表现为高热、不吃、精神委顿和昏睡，此种症状持续数天后可产出死胎或流产，即使产出活仔也会发生急性死亡或发育不全，不会吃奶或畸形怪胎。母猪常在分娩后迅速自愈。

（二）诊断

根据弓形体病的临床症状、病理变化和流行病学特点，可作出初步诊断，确诊必须在实验室中查出病原体或特异性抗体。

1. 直接观察

将可疑病畜或死亡动物的组织或体液做涂片、压片或切片，甲醇固定后，姬姆萨染色，显微镜下观察，如果为该病，可以发现有弓形虫的存在。

2. 动物接种

取肝、脾、淋巴结制成 1：10 匀浆，小白鼠腹腔注射 0.5～1 毫升，或脑内注射 0.03 毫升，1 个月内小白鼠死亡，查腹水可见多量虫体。

（三）防治措施

1. 治疗

治疗本病有效的药物是磺胺类药，而且在发病初期使用效果较好，抗生素类药物无效。

处方 1：对急性型病例，磺胺嘧啶 70 毫克/千克体重，或甲氧苄氨嘧啶 14 毫克/千克体重口服，每天 2 次，连用 3～4 天。由于磺胺嘧啶溶解度较低，较易在尿中析出结晶，内服时应配合等量碳酸氢钠，并增加饮水。

处方 2：磺胺-6-甲氧嘧啶 20～25 毫克/千克体重，每天 1～2 次，肌内注射或口服，病初使用效果更佳。

2. 预防

猪舍要定期消毒，一般消毒药如 1％来苏儿、3％烧碱、5％草木灰都有效。防止猪捕食啮齿类动物，防止猫粪污染饲料和饮水。加强饲养管理，保持猪舍卫生。消灭鼠类，控制猪猫同养，防止猪与野生动物接触。

第六节 母猪常见产科病及其防治技术

一、母猪无乳综合征

母猪无乳综合征，又称母猪泌乳失败或泌乳不足。其特征主要是母猪产后1～3天，泌乳逐渐减少，厌食，精神萎靡，体温升高，乳腺肿大，不分泌乳汁，仔猪吸吮乳头时，母猪拒绝哺乳。

（一）临床症状

母猪在开始分娩至分娩结束这段时间还有奶，在产后12～48小时左右泌乳量减少或完全无乳，乳房及乳头缩小而干瘪，乳房松弛或肥厚肿胀，但挤不出乳汁。整体症状是病猪食欲不振，精神沉郁，体温升高达39.5～41.5℃，鼻盘干燥，不愿站立，喜伏卧，对仔猪感情冷漠，对仔猪尖叫的吮乳要求没有反应。因乳房炎造成泌乳失败的母猪可见乳房肿大，触诊疼痛。非传染性因素引起的泌乳失败除母猪表现无乳以外，其他症状多不明显。

（二）临床诊断

根据临床表现和流行病学分析，一般不难诊断。即使乳房无炎症表现，也可以通过仔猪饥饿、脱水消瘦等一系列表现得出诊断。

（三）治疗方法

处方1：对有乳汁而泌乳不畅的，肌内注射缩宫素5～6毫升，每日2次；或者肌内注射垂体后叶素5～6毫升，每日2次，一般2天后恢复泌乳。

处方2：肌内注射青霉素、链霉素等抗生素或磺胺类药物，以消除炎症。

处方3：王不留行40克、川芎30克、通草30克、当归30克、党参30克、桃仁20克，研末，加鸡蛋5个作引喂服。

（四）预防措施

一是加强妊娠母猪的饲养管理，在妊娠期间及产前产后，要适量补饲青绿多汁饲料及按饲养标准饲喂富含蛋白质、矿物质以及维生素的全价配合饲料；二是让母猪多运动，同时排除猪场内外的应激源，把猪舍内的噪声控制在最低限度，在临产前7天将母猪转移到产房，让母猪适应新的安静环境；三是对母猪分娩前要做好产前消毒工作；四是可对产后母猪肌内注射催产素3～4毫升，以促使子宫收缩，排出胎盘碎片和炎症分泌物。

二、乳房炎

乳房炎是哺乳母猪常见的一种疾病，多发于一个或几个乳腺，临床上以红、肿、热、痛及泌乳减少为特征。

（一）临床症状

1. 急性乳房炎

发病乳房有不同程度的充血（发红）、肿胀（增大、变硬）、温热和疼痛，乳房上淋巴结肿大，乳汁排出不畅或困难，泌乳减少或停止；乳汁稀薄，含凝乳块或絮状物，有的混有血液或脓汁。严重时，除局部症状外，尚有食欲减退、精神不振、体温升高等全身症状。

2. 慢性乳房炎

乳腺患部组织弹性降低，硬结，泌乳量减少，挤出的乳汁变稠并带黄色，有时内含凝乳块。多无明显的全身症状，少数病猪体温略高，食欲降低。有时由于结缔组织增生而变硬，致使泌乳能力丧失。

3. 感染性乳房炎

结核性乳房炎表现为乳汁稀薄似水，进而呈污秽黄色，放置后有厚层沉淀物；无乳链球菌性乳房炎表现为乳汁中有凝片和凝块；大肠杆菌性乳房炎表现为乳汁呈黄色；绿脓杆菌和酵母菌性乳房炎表现为乳腺患部肿大并坚实。

（二）诊断

根据临床症状不难作出诊断。

（三）防治措施

1. 治疗

（1）全身疗法　抗菌消炎，常用的有青霉素和链霉素，或青霉素与链霉素联合使用治疗效果较好。青霉素 80 万单位，链霉素 50 万～100 万单位，注射用水 5～10 毫升，混合后一次肌内注射，每天 1～2 次，连用 3 天。

（2）局部疗法　发生慢性乳房炎时，将乳房洗净擦干后，选用鱼石脂软膏（或鱼石脂鱼肝油）、樟脑软膏、5％～10％碘酊，将药涂擦于乳房患部皮肤，或用温毛巾热敷。另外，乳头内注入抗生素，效果很好，即将抗生素用少量灭菌蒸馏水稀释后，直接注入乳管。青霉素 50 万～100 万单位，溶于 0.25％普鲁卡因溶液 200～400 毫升中，做乳房基部环形封闭，每日 1～2 次。

（3）中药治疗　蒲公英 15 克、金银花 12 克、连翘 9 克、丝瓜络 15 克、通草 9 克、芙蓉花 9 克，碾末后开水冲调，候温一次灌服。

2. 预防

加强母猪舍的卫生管理，保持猪舍清洁，定期消毒。母猪分娩时，尽可能使其侧卧，助产时间要短，防止哺乳仔猪咬伤乳头。

三、子宫内膜炎

子宫内膜炎是母猪在分娩过程中或由于多种原因引起的子宫内膜发炎症状。它是母猪最为常见的一种生殖器官疾病，往往造成母猪发情不正常或不发情，引起母猪的配种率、产仔率等降低。

（一）临床症状

1. 急性子宫内膜炎

母猪体温升高至 $39.5\sim42\,℃$，食欲下降或废绝，鼻镜干燥，频尿，弓背，努责，阴道中流出带有腥臭味的灰白色或红褐色的黏液或脓性分泌物。

2. 慢性子宫内膜炎

慢性子宫内膜炎往往由于急性时治疗不及时转变而来。母猪全身症状不明显，体温有时可能会略有升高，泌乳性能下降；母猪躺卧时常排出脓性分泌物，阴门及尾根上常黏附黄色脓性分泌物；有些母猪断奶后常常不排出分泌物，采食、体温、行动等都正常，在发情、配种（尤其是人工授精）时或配种后，排出大量黄色或灰白色较黏稠的脓液。

（二）治疗方法

1. 急性子宫内膜炎

（1）药物治疗　当发生全身症状的患猪体温升高时，可用药物治疗。

处方1：青霉素80万单位、链霉素100万单位，肌内注射，每日2次。

处方2：复方磺胺嘧啶钠或复方磺胺间甲氧嘧啶40毫升，用40毫升注射用水稀释（不能用葡萄糖注射液或生理盐水）做静脉注射，同时，用5％碳酸氢钠注射液，按1毫升/千克体重做静脉注射。此法使用1~2次后，磺胺类药物改为肌内注射，再注射2天，同时将碳酸氢钠粉配成1％水溶液供母猪饮用，直到磺胺类药物停用为止。

（2）子宫清洗与投药　对急性型病例要先清除积留在子宫内的炎性分泌物。

处方1：0.1％高锰酸钾溶液（用凉开水配制）冲洗子宫，然后向子宫内注入头孢菌素类药物和链霉素，每日1~2次，连用3~5天。

处方2：最有效的药物是0.1％雷夫奴尔溶液，每次取100毫升注入子宫内（注药前2小时，先用0.1％高锰酸钾溶液500毫升冲洗子宫），每日1次，连用4~5天。

2. 慢性子宫内膜炎

对慢性型病例可用青霉素 40 万单位、链霉素 100 万单位，混入 20 毫升经高压灭菌的植物油中，注入子宫内。

（三）预防措施

1. 免疫措施

做好种公、母猪免疫，主要是乙型脑炎、细小病毒病、猪瘟、伪狂犬病、蓝耳病等繁殖障碍性疾病的免疫。

2. 做好卫生消毒

加强配种舍、分娩舍的消毒工作，保持舍内干燥、清洁、卫生，提高人员操作的规范性，以减少母猪子宫内膜炎的发生。降低夏季热应激对母猪的伤害，控制母猪便秘的发生。产前产后用消毒水对母猪的阴部、乳房每天进行消毒。对于已发生子宫内膜炎的母猪及早治疗，并及时淘汰老、弱、病、残的种公、母猪。

四、母猪产后不食症

母猪发生不食现象是由于母猪产后消化系统紊乱、食欲减退引起，它不是一种独立的疾病，而是由多种因素引起的一种症状表现。它是指母猪自然分娩之日到哺乳结束这段时间内发生的以食欲不振（甚至废绝）为主要临床症状的一种病理现象。

（一）症状类型

1. 消化不良型

母猪产前精料喂得过多，运动不足，随着产期临近，胎儿明显增大挤压胃肠，使得胃肠蠕动受限，引起消化不良。此病常发于分娩前数日，母猪体温正常，食欲不振，粪便干硬。有的病猪喜欢饮水，吃点青绿多汁饲料，但数量不大，严重者食欲废绝。

2. 营养不良型

妊娠和哺乳母猪长时间采食量低，或饲料搭配不合理，造成机体营养不良。这种病例病程较长，早期表现食欲不振，日渐消瘦，结膜苍白，被毛粗乱无光，粪便干燥而少，体温正常。严重者卧地不起，尤其当 B 族维生素缺乏时，造成胃肠蠕动减弱、胃液分泌量下降、食欲下降等消化障碍。再就是有的猪场饲养管理不善，母猪食欲不好时，没能得到及时的治疗和重视，造成营养不良，猪体衰弱，致使母猪分娩时间过长，损伤元气，失血过多，造成气血亏损，产后虚弱，食欲进一步减少。

3. 低血糖缺钙型

日粮中缺钙或钙磷比例不当，母猪舍日照不足或缺乏运动时，均可使母猪血钙降低，胃肠蠕动缓慢，再就是由于母猪产后大量泌乳，血液中钙的浓度降低，导致母猪消化系统发生紊乱。此种病例母猪常常卧地而不愿站立，行动迟缓，肌肉震颤，食欲废绝，甚至跛行或瘫痪。

4. 外感风湿型

母猪产后过度劳累，圈舍潮湿，致使机体抵抗力下降，风、寒、暑、湿及某些致病微生物侵入母猪体，导致感冒发烧，从而引起消化机能减退。

5. 产前环境疾病应激型

因气候炎热，猪舍隔热性能不好，通风不良所致。母猪卧床不动，毫无食欲，严重者张口呼吸呈中暑状。如中暑抢救不及时，易造成母猪死亡。

6. 产后体质虚弱型

饲养管理不善，猪体衰弱，元气不足；分娩时间过长，疲劳过度，损失元气；产时失血过多，致使气血亏损，造成产后虚弱，致食欲减少。

（二）诊断

根据临床症状和饲养管理情况不难确诊。

（三）防治措施

1. 治疗

（1）消化不良型　以调节胃肠功能为主，结合强心补液疗法。胃蛋白酶 10 克，稀盐酸 10 毫升，食母生 40 片，温水适量，用胃管 1 次灌服，每天 1 次，连用 2～3 天。改变日粮的组成，调整日粮中的钙、磷量，使其比例恰当，并适当使母猪增加运动量和接受日光照射。中药治疗可采用麦芽 60 克，神曲、山楂、芒硝、莱菔子（炒）各 30 克，大黄 20 克，煎水灌服。

（2）营养不良型和低血糖缺钙型　以补糖、补钙、补磷为主，加强营养，结合调节胃肠功能，以补气血，加强胃肠蠕动。10% 葡萄糖酸钙 100 毫升、10%～25% 葡萄糖 500 毫升、10% 维生素 C 注射液 5 毫升，混合静脉注射，连用 2～3 天。中药治疗可采用党参 10 克、当归 10 克、黄芪 10 克，碾末过筛，用开水冲调，待温后用胃管灌服，每天 1 次，连用 2～3 天。

（3）外感风湿型　可用 10% 水杨酸钠溶液 20～50 毫升、50% 葡萄糖 40 毫升，分别耳静脉注射，每天 1 次，连用 3 天；或用氢化可的松 30 毫升、30% 安乃近 30 毫升，混合静脉注射，每天 1～2 次，连用 3 天。中药治疗可采用党参、黄芪、当归、白芍、熟地、白术各 20 克，茯苓、远志、甘草各 15 克，煎服，每日 1 剂，连服 2～3 剂。

（4）产后体质虚弱型　临床上分为产后血虚、产后气血两虚。产后血虚者以补血为主，若气血亏损，致母猪食欲下降，产后无乳或乳汁不足，可以双补气血，通经活络。同时保持适当运动，增喂有营养、易消化的饲料。

2. 预防

（1）加强饲养管理　按科学的饲养标准饲养，临产母猪要喂以优质饲料，并配以青绿多汁饲料。猪舍、产房以及接生仔猪时严格消毒，产房内保持清洁干燥，避免污水侵袭，冬季防寒保暖，夏季防暑降温。

（2）合理药物预防　母猪进入预产期后，在最前一对乳头能挤出乳汁时，灌服莱菔子或红糖水，以加快产仔，促使胎衣排出和子宫恶露排净。产后内服酵母片、乳酸菌素片、人工盐等，以增进食欲、促进产后恢复及净化子宫。

第七节　土猪常见内科病及其防治技术

一、胃肠炎

胃肠炎是指胃肠黏膜表层和深层组织的重剧炎症。以体温升高、剧烈腹泻及全身症状为特征。

（一）临床症状

病猪精神萎靡，食欲废绝，饮欲增加，鼻盘干燥，可视黏膜初暗红带黄色，以后则变为青紫色，口腔干燥，气味恶臭，舌面皱缩，呕吐，腹痛。少见便秘，多数腹泻，粪便恶臭，混有黏液、血丝或气泡，重症时肛门失禁，呈现里急后重现象。出血性胃肠炎，可视黏膜苍白，粪便变黑呈柏油状。

（二）诊断

根据腹泻、粪便中有黏液或脓性物等症状，剖检可见肠道内容物混有血液，味腥臭，肠黏膜充血、出血、坏死，并有溃疡或烂斑，可作出确诊。

（三）治疗方法

以补液、解毒及清理胃肠为治疗原则。可内服氨苄青霉素、新霉素、黄连素、庆大霉素。

单纯性胃肠炎用阿莫西林5～10克、小苏打2～3克混合1次内服。下痢不止时，用鞣酸蛋白、林可霉素各5～6克，日服2次。对严重胃肠炎，也可用12.5%葡萄糖液250～500毫升内服或灌肠，效果良好。

（四）预防措施

加强饲养管理，不喂变质和有刺激性的饲料，定时定量饲喂，猪圈保持清洁干燥，发现消化不良时及早治疗，以防加重转为胃肠炎。

二、肠便秘

肠便秘是由于肠内容物停滞、水分被吸收，造成粪便干燥而滞留于肠道，造成肠腔阻塞的疾病。该病主要发生于小猪和母猪，便秘部位常在结肠。

（一）临床症状

病猪不断做排粪姿势，但只排出少量附有黏液的干硬粪球；精神沉郁，食欲减退，饮水增多，呼吸增数。偶见有腹胀、起卧不安，因腹部疼痛而回视腹部。后期排粪停止，肠音减弱或消失，伴有肠臌气时，可听到金属性肠音。触诊腹部，小型或瘦弱的病猪可摸到肠内干硬的粪球，多呈串珠状排列。十二指肠便秘时，有呕吐或黄疸表现；结肠便秘时，粪块压迫膀胱，会伴发尿闭症状。后期肠壁坏死，可继发局限性或弥漫性腹膜炎。

（二）诊断

根据病史、饲喂的饲料及临床症状可作出诊断。

（三）防治措施

科学合理地搭配饲料，适量增喂食盐，排出积粪，给予足够的饮水和促其多运动，多饲喂青绿多汁饲料。病初宜停食 1 天，多次用温肥皂水灌肠，按摩腹部，促进粪便软化而排出。对状况较好的病猪，可胃管投服硫酸钠或硫酸镁 50～100 毫升，或内服植物油或石蜡油 50～100 毫升，以疏通肠道。腹痛明显者，肌内注射氯丙嗪 2～4 毫升或 20％安乃近 3～5 毫升。对心力衰竭的猪可肌内注射安钠咖。

三、感冒

感冒是由寒冷刺激引起的以呼吸道黏膜炎症为主的全身性疾病，临床特征为体温升高、咳嗽、羞明流泪、流鼻涕、精神沉郁、食欲下降。

（一）临床症状

病猪精神沉郁，食欲减退，严重时食欲废绝，体温升高，病程一般 3～7 天；咳嗽，打喷嚏，流鼻液；皮温不均，鼻盘干燥，耳尖、四肢末梢发凉；结膜潮红，畏寒怕冷，弓腰战栗，呼吸用力，脉搏增数。本病若无继发感染，一般不会引起死亡。

（二）诊断

根据临床症状，综合气候、管理和应激等因素，可作出诊断。类症上要与猪流感区别。猪感冒在病因上与猪流感有着本质的区别，猪流感是由 A 型猪流感病毒引起的急性、高度接触性呼吸道疾病；而猪感冒主要是由于寒冷刺激所引起的、以上呼吸道黏膜的炎症为主要特征的急性全身性疾病，临床上表现体温突然升高、咳嗽和流鼻涕等，且本病以个体发病，无传染性。因此从发病率和死亡率、临床症状上不难与猪流感相鉴别。

（三）治疗方法

本病一般无须治疗，3～7天可自愈。对重症和体质较差的病猪，以解热镇痛、补液治疗为原则。若有继发感染，要针对病因进行治疗。

内服阿司匹林或氨基比林，每次2～5克，以解热镇痛，或肌内注射柴胡注射液3～5毫升，30%安乃近或安痛定5～10毫升，每日1～2次。配合使用抗生素或磺胺类药物，以防继发感染，如肌内注射氨苄青霉素0.5克，每日2次，连用2～3日。也可使用中药进行治疗，如生姜10克、大蒜5克、葱3根，泡水后内服。穿心莲注射液3～5毫升肌内注射，或金银花40克，连翘、荆芥、薄荷各25克，牛蒡子、淡豆豉各20克，竹叶、桔梗各15克，芦根30克，煎汤灌服。

（四）预防措施

加强饲养管理，注意防寒保暖，给予清洁新鲜的饮水。根据季节和天气变化，提前采取预防措施。

四、仔猪缺铁性贫血

仔猪缺铁性贫血又称仔猪营养性贫血，是由于机体铁缺乏而引起仔猪贫血和生长受阻的营养代谢性疾病，多发于5～21日龄的哺乳仔猪。临床上以红细胞数减少、血红蛋白含量降低、皮肤和可视黏膜苍白为主要特征。

（一）发病原因

母猪的乳汁一般含铁量较低，新生仔猪生长发育迅速，对铁的需要量急剧增加，在最初数周，铁的日需量约为15毫克，而通过母乳摄取的铁量每日平均仅有1毫克，且新生仔猪体内存在的铁质也较少，因此仔猪发生缺铁性贫血较为常见。

（二）临床症状

最常发生在5～21日龄的仔猪，轻症经过，仔猪生长发育正常，但增重率比正常仔猪明显降低，食欲下降，容易诱发肠炎、呼吸道感染等疾病，轻度呼吸加快。病情严重时，头颈部水肿，白猪皮肤明显苍白且显出黄色，尤其是耳和鼻端周围的皮肤，嗜睡，精神不振，心跳加快，心音亢盛，呼吸加快且困难，尤其在哄赶奔跑后呼吸急促，呼吸动作明显加强，而且需较长的时间才能缓慢地恢复平静。严重的贫血，可突然死于心力衰竭，但这种情况很少发生。

（三）诊断

根据流行病学调查、临床症状及特异性治疗（用铁制剂）时疗效明显，可作出诊断。

（四）防治措施

由于在妊娠期和产后给母猪补充含铁的药物，不能提高新生仔猪肝铁的贮存水平，基本上也不能增加乳中铁的含量，因此，防治哺乳仔猪缺铁性贫血，通常是直接给仔猪补铁。补铁的方法有肌内注射和内服两种。

（1）肌内注射　肌内注射生产上应用较普遍。右旋糖酐铁、牲血素、含糖氧化铁等，用以上一种含铁注射液对 3～4 日龄仔猪每头肌内注射 100～150 毫克剂量的铁，10～14 日龄再用同等剂量注射一次。肌内注射时可引起局部疼痛，应深部肌内注射。

（2）内服补铁　对水泥地面的猪舍，经常放入清洁的含铁量较高的红泥土是缓解本病的有效方法；也可用铁铜合剂补饲，把 2.5 克硫酸亚铁和 1 克硫酸铜溶于 1000 毫升水中配成溶液，装在奶瓶中，于仔猪生后第 3 天开始补饲，每日 1～2 次，每头每日 10 毫升。也可以制成含铁的淀粉糊剂，从产后第 3 天开始，间隔数天，共 2～3 次向母猪乳房及乳房周围涂抹，最好在母猪临哺乳前涂抹。参考配方：硫酸亚铁 450 克，硫酸铜 75 克，水 2000 毫升，加适量的葡萄糖、淀粉等；或硫酸亚铁溶液配成滴剂，仔猪每次约 0.1～0.3 克内服。另外要让仔猪提早开食，一般在 7 日龄就可训练仔猪采食哺乳用全价配合的乳猪料，以获取饲料中的铁元素。在内服补铁时，要注意防止含钴、锌、铜、锰等元素过多而影响铁的吸收。

五、肺炎

猪肺炎是肺组织受到病原微生物或异物的刺激而引起的一种以急性或慢性炎症变化为特征的疾病，一般分为小叶性肺炎和大叶性肺炎。猪以卡他性肺炎较为常见。

（一）临床特征

病初精神沉郁，食欲明显减弱或消失，脉搏增数，咳嗽，呼吸困难明显加剧，体温增高达 40℃ 以上，呼吸音变粗，肺部听诊有啰音，鼻流出黏稠液体，呈白色、黄白色或铁锈色。病后期黏膜发绀，咳嗽加剧，呼吸极困难，脉搏快而弱，食欲废绝。异物性肺炎，病初咳嗽，体温常升高，继之咳嗽增剧，食欲不振，鼻腔有黏液流出，呼吸困难，精神沉郁，窒息而死。

（二）诊断

根据对病史的调查分析、临床症状观察、病理学变化及 X 射线检查等可作出诊断。

（三）治疗

青霉素 80 万～100 万单位，用氨基比林注射液 5～10 毫升稀释，1 次肌内注射，每天 2 次，连用 2～3 天；或 20％磺胺嘧啶钠 10～20 毫升，1 次肌内注射，连用 2～3 天。

（四）预防

预防猪肺炎首先要做好饲养管理，对饲料给予适当调剂，要做到营养充足，加强猪自身的免疫力和抵抗力。猪舍要做到清洁卫生和保暖，避免猪感冒。在长途运输中不要使猪过于疲劳和饥饿。给病猪灌药时，应固定好猪体，防止灌呛。

六、佝偻病

佝偻病是生长期的仔猪由于维生素 D 及钙、磷缺乏或饲料中钙磷比例失调所致的一种骨营养不良性代谢病，特征是生长骨的钙化作用不足，并伴有持久性软骨肥大与骨骺增大。

（一）临床症状

食欲减退，消化不良，出现异嗜癖，发育停滞，消瘦，出牙延迟，齿形不规则，齿质钙化不足，面骨、躯干骨和四肢骨变形，站立困难，四肢呈"X"形或"O"形，贫血。先天性猪佝偻病，仔猪生后衰弱无力，经过数天仍不能自行站立。扶助站立时，腰背弓起，四肢弯曲不能伸直。后天性猪佝偻病发生慢，早期呈现食欲减退、消化不良、精神沉郁，然后出现异嗜癖。仔猪腕部弯曲，以腕关节着地，后肢则以跗关节着地。病期延长则骨骼软化、变形。硬腭肿胀、突出，口腔不能闭合，影响采食、咀嚼。行动迟缓，发育停滞，逐渐消瘦。随病情发展，病猪喜卧，不愿站立和走动，强迫站立时，弓背、屈腿、痛苦呻吟。肋骨与肋软骨结合部肿大呈球状，肋骨平直，胸骨突出。

（二）诊断

根据猪发病日龄（佝偻病发生于幼龄猪，软骨症发生于成年猪）、饲养管理条件（日粮中维生素缺乏或不足，钙磷比例不当，光照和户外活动不足）、病程经过（慢性经过）、生长迟缓、异嗜癖、运动困难以及牙齿和骨骼变化及治疗效果可作出诊断。必要时结合血液学检查、X 线检查、饲料成分分析等。

（三）治疗

10％葡萄糖酸钙注射液 20～50 毫升 1 次静脉注射，每天 1 次，连用 5～7 天。

（四）预防

一是满足哺乳母猪维生素 D 的需要，确保冬季猪舍有足够日光照射和使猪摄入经太阳晒过的青干草；二是饲料中补加鱼肝油或经紫外线照射过的酵母，补充鱼粉、磷酸钙以平衡钙、磷。

第八节　土猪常见外科病及其防治技术

一、脓肿

猪脓肿是猪由于感染致病菌而引起的一类以组织或者器官内形成的外有脓肿膜包裹、内有脓汁潴留的局限性脓腔为特征的疾病。猪常见有颌下、阴囊、腹股沟、耳后、乳房、脐部及四肢脓肿。

（一）临床症状

脓肿常发生于皮下结缔组织、筋膜下及表层肌肉组织内。病初局部红肿，无明显的界限，稍高出周围皮肤表面，触诊局部温度增高、坚实、疼痛。以后肿胀的界限逐渐清晰，几天后形成局限性球状肿块，中间逐渐转化并出现波动。有时可自溃排脓。严重者出现全身症状。

（二）防治措施

1. 药物治疗

处方 1：马齿苋、蒲公英各 100 克，或用鲜菊花连茎叶 100 克煎水，一次内服；对于尚未化脓的脓肿，鲜品尚可捣烂外敷。

处方 2：体表红肿初期，可用 10％鱼石脂软膏或 5％碘酊涂布，以消炎退肿；后期已形成脓肿的，应待成熟后切开排脓，并用 3％双氧水或 0.1％高锰酸钾冲洗干净，再敷上消炎粉。有全身症状的，可内服磺胺类药物。

2. 手术治疗

脓肿尚未成熟时，可涂抹鱼石脂软膏，或做局部热敷处理，待成熟后手术切开，彻底排除脓汁，清除污血及坏死组织。选用 3％过氧化氢、0.1％新洁尔灭或 5％氯化钠溶液洗涤，抽净腔中的残液，最后灌注青霉素溶液。若伤口较深，可用 0.2％雷夫奴尔纱布条引流，以利于排脓。

二、蜂窝织炎

猪蜂窝织炎是皮下、筋膜下及肌间等处的疏松组织发生的急性进行性化脓性炎症，多是由金黄色葡萄球菌、溶血性链球菌或腐生性细菌引起的皮肤和皮下组织广泛性、弥漫性、化脓性炎症，并出现明显的全身性反应。

（一）临床症状

皮下、筋膜下、肌间隙等处或深入疏松结缔组织中形成浆液性、化脓性或腐败性渗出物，病变不易局限，扩散迅速，与正常组织无明显界限，能向深部组织蔓延，并伴有明显的全身性反应。

（二）防治措施

将患处剪毛清洗，然后用 5％碘酊涂布。早期可用抗生素或磺胺类药消除炎症，同时，在患部局部涂敷以醋调制的复方醋酸铅散；肿胀处可用鱼石脂软膏外敷，局部可用 0.5％盐酸普鲁卡因 10～20 毫升，加入青霉素 20 万～40 万单位做患部周围封闭注射。为防止酸中毒，可静脉注射 5％碳酸氢钠 50～80 毫升，每天 1次，连用 3～5 次，可防止病变部的蔓延。

三、子宫脱垂症

母猪的子宫部分或全部从子宫颈内脱出到阴道内或阴道外，称子宫脱垂症。

（一）临床症状

1. 不完全脱出

分娩后，弓腰努责，频排粪尿，阴户稍肿，伸手入阴道可摸到内翻的子宫角，突出于子宫颈口或阴道内。有时阴唇张开，可见凸出鲜红的球状物。如此时不及时整复，很快即会全部脱出。

2. 完全脱出

阴门露出长圆形的囊状物，脱出不久子宫黏膜即呈暗红色并水肿。如时间较久，部分干燥破裂，或部分黏膜发紫溃烂，并粘有泥土、碎草，甚至粪污，常见破损处流血液或血水。

（二）诊断

临床上根据不完全脱出和完全脱出能作出诊断，类症主要是与阴道脱出相鉴别。阴道脱出：相似之处有阴门脱出 1 个肉球样物；不同之处是手入阴道检查，凸出物与阴道壁之间没有空隙，且多在产前发生。

（三）治疗

方法一：用 2％明矾水或 0.5％高锰酸钾水或 1％新洁尔灭水洗净脱出的子宫黏膜，洗净后放在消毒过的塑料布上，避免洗净后再次碰着地面被污染。在准备送入子宫时，在黏膜上涂抹油剂。还纳时，将子宫角先向里翻，使患病母猪前低后高站立保定，后躯抬高固定在长板凳上，有利于将子宫向体内送入。子宫送入腹腔后，为防止再次脱出，应将阴户做纽扣状缝合。在粗丝线的一端拴一纽扣，将阴户自上至下分缝 4 针。先在阴户右侧距阴裂 1.5 厘米处下针刺入皮肤，针在皮下潜行 0.5 厘米，于距阴裂 1 厘米处将针刺出皮肤。将线拉紧，使阴门完全闭合，而后再拴 1 个纽扣并拴牢靠，以防子宫再次脱出。

方法二：用青霉素 80 万单位（先用 10 毫升蒸馏水稀释），再加 2% 普鲁卡因 10 毫升混合后注入患病母猪后海穴（进针 5 厘米），以减轻整复时努责。

（四）预防措施

加强妊娠母猪饲养管理，注意使其多运动及补充矿物质饲料，猪舍地面倾斜度适当，发现子宫脱垂时应及时整复治疗。

第九节　土猪主要中毒性疾病及其防治技术

一、猪肉毒梭菌毒素中毒

肉毒梭菌毒素中毒是由肉毒梭菌所产出的毒素引起的人兽（畜）共患的一种高度致死性疾病。此病以运动中枢神经、延脑麻痹为特征而表现为运动器官迅速麻痹。猪肉毒梭菌毒素中毒是由于猪摄入含有肉毒梭菌毒素的饲料或饮水，而引起的一种急性致死性的中毒性疾病。

（一）临床症状

猪食入肉毒梭菌毒素后，多在 3～10 小时发病。一般体温始终不高，但也有少数病猪体温有变化。表现为精神萎靡，呆立，食欲废绝，吞咽困难，唾液外流，两耳下垂，视觉障碍，反应迟钝。前肢软弱无力，行走困难，继而后肢发生麻痹，倒地伏卧，不能起立。呼吸困难，心律不齐，可视黏膜发紫，少数病猪皮肤发绀非常严重，最后由于呼吸麻痹窒息而死。少数不死的病猪，经数周甚至数月才能康复。

（二）诊断

根据流行病学、临床症状可作出初步诊断，确诊必须进行实验室检查，类症要与霉变玉米中毒、猪传染性脑脊髓炎进行鉴别。

1. 病理学诊断

肝肿大，呈黄褐色；肾呈暗紫色，有出血点；肺充血、水肿；气管黏膜充血，支气管有泡沫状液体；咽喉、胃肠黏膜及心内外膜有出血点；脑和脊髓有广泛变性，全身淋巴结水肿。尤其胸、腹、四肢骨骼肌色淡，如煮过一样，且松软易断。

2. 动物试验诊断

取标本离心，将上清液分为三份，第 1 份加等量稀释剂煮沸 10 分钟，第 2 份加等量各型毒素诊断血清于 37℃作用 30 分钟，第 3 份不作任何处理。将三份分别腹腔注射于 5 只 15～20 克的小白鼠，每只 0.5 毫升，观察时间为 4 天。如前两份注射的小白鼠均健活，而第 3 份注射的小白鼠呈现典型的麻痹症状，1～2 天死于呼吸衰竭，可表明标本含有肉毒梭菌毒素，进而可判断为肉毒梭菌毒素中毒。

3. 类症鉴别

（1）与霉变玉米中毒的鉴别　临床上两者均表现神经症状，不同点为霉变玉米中毒的猪食欲减退，消化不良，日渐消瘦，妊娠母猪流产。中毒严重的腹泻，呼吸困难，最后导致死亡。而肉毒梭菌毒素中毒则主要表现后肢麻痹，伏卧不起，吞咽困难，最后窒息死亡。

（2）与猪传染性脑脊髓炎的鉴别　两者虽然均表现为神经症状，但猪传染性脑脊髓炎主要表现为共济失调，肌肉抽搐，肢体麻痹。而肉毒梭菌毒素中毒则表现为后肢麻痹，吞咽困难，最后窒息死亡。

（三）防治措施

1. 治疗

猪肉毒梭菌毒素中毒后，其细菌和毒素在猪体内存留时间较长，致使病猪反复发病，在没有临床表现的情况下应持续用药才能达到理想的治疗效果，尤其是体温变化不大的病猪。

处方 1：静脉注射或肌内注射多价抗毒素血清（视中毒轻重）30 万～100 万国际单位/（头·次），1～2 次/天，以中和体内的游离毒素，连用 3～5 天。早期应用可获得较好效果。

处方 2：每次每千克体重双氢氯噻嗪 2～3 毫克，肌内注射，1～2 次/天，疗程依据病情确定。

2. 预防

平时要加强猪场的卫生与消毒工作，注意保管好饲料，凡霉变饲料及变质的动物性饲料禁止喂猪。

二、食盐中毒

食盐中毒又称为钠离子中毒或缺水症，猪食入过多的食盐或钠离子且饮水不足时，则会发生以神经症状和消化功能紊乱为特征的食盐中毒，中毒以消化道炎症和脑组织水肿、变性，脑膜和脑实质的嗜酸性粒细胞浸润性脑膜脑炎为病理基础。

（一）临床症状

临床上主要以神经症状为主，最初的临床症状是口渴和便秘，随后出现中枢神经系统机能障碍。摄盐过多的中毒，有呕吐和腹泻症状。最急性型表现为肌肉震颤，阵发性惊厥，昏迷，倒地，病程数小时至数天不等而死亡。急性型表现为食欲减少，口渴，不断咀嚼流涎，口角有少量白沫；视力减退，头碰撞物体；步态不稳，转圈运动；肌肉痉挛，呈犬坐姿势；张口呼吸，呈间歇性癫痫样神经症状；角弓反张，四肢呈游泳动作，继而衰竭昏迷死亡。

（二）临床诊断

根据临床症状和病死猪的病理剖检及管理因素，可作出初步诊断。在病史不明或症状不典型时，可将胃内容物连同黏膜一起取出，加适量的水使食盐浸出后过滤，将滤液蒸发至干，可残留呈强碱性的残渣，其中有食盐结晶。此外，也可分析饲料中的食盐含量，但分析饲料中的食盐含量往往不能作出完全正确的诊断，这是在临床诊断中要注意的问题。因为有饲料中含盐量正常却引起中毒的报道，而高含盐量的饲料，机体对钠离子的耐受性升高时，也有可能不会引起中毒。

（三）治疗

以解毒、强心、利尿、镇痉、调整神经系统机能、降低颅内压为治疗原则。采取辅助治疗和对症治疗的办法促使食盐排出，恢复阳离子平衡。对中毒猪群要立即停喂含盐量高的饲料或不合格的动物性饲料，治疗中严格控制饮水，采取逐渐增加供水量的措施，少量多次，促进钠离子快速排出，防止组织进一步脱水。但要注意不能一次饮水太多，否则会加重脑水肿，使神经症状更严重，促使病猪死亡。

处方1：静脉或腹腔注射25％山梨醇注射液100～250毫升、20％甘露醇100～250毫升或50％葡萄糖注射液20～100毫升，可减轻脑水肿，降低颅内压。

处方2：5％葡萄糖注射液300～500毫升，5％维生素C注射液5～10毫升，20％安钠咖注射液2～10毫升，一次静脉注射，1～2次/天，连用2～3天。

（四）预防

严格按照猪的营养需要在日粮中添加食盐，使用鱼粉时要考虑鱼粉的含盐量，尤其是用泔水或酱渣作为饲料喂猪时，要注意长期使用很容易发生食盐中毒。在饲养管理方面，要保证给猪群供给充足的清洁饮水。

三、猪霉菌毒素中毒

霉菌是丝状真菌，意即"发霉的真菌"。霉菌毒素是指存在于自然界的产毒真菌所产生的有毒二次代谢产物，全球的谷物有25％以上受到霉菌污染，饲料及原料霉变现象更为普遍，猪吃进污染霉菌毒素的饲料所引起的疾病，称为猪霉菌毒素中毒。

（一）临床症状

（1）急性中毒　病猪精神不振，食欲废绝，体温一般正常，有的体温升高可达40℃。粪便干燥，垂头弓背，步态不稳。有的呆立不动，有的兴奋不安，口腔流涎，皮肤表面出现紫斑，角弓反张，死前有神经症状。

（2）慢性中毒　病猪精神沉郁，食欲下降，体温正常。机体消瘦，被毛粗乱，皮肤发紫，行走无力，结膜苍白或黄染，眼睑肿胀。有的异食、呕吐、拉稀，病后期不能站立，嗜睡，抽搐。

（3）种猪中毒特征　空怀母猪不发情，屡配不孕。妊娠母猪阴户、阴道水肿，严重时阴道脱出，乳房肿大，早产、流产、产死胎或弱仔等。种公猪乳腺肿大，包皮水肿，睾丸萎缩，性欲减退等。

（二）治疗

霉菌毒素中毒无特效药物治疗，中毒后动物肝脏和肾脏损伤最大。治疗时应以提高机体免疫力，中和毒素，保肝解毒、排毒，维持电解质平衡，恢复胃肠道功能为原则。根据具体情况可采用中药疗法、支持疗法与对症治疗等综合救治措施。

1. 立即停止饲喂发霉变质饲料

发现猪群有中毒症状后，要立即停喂发霉变质的饲料，更换饲料，供给青绿饲料和维生素A、维生素C缓解中毒，并适当地在饲料中增加蛋白质、维生素与硒的含量。

2. 导泻排毒

处方1：硫酸钠25～50克、液体石蜡50～100毫升，加水500～1000毫升灌服，以保护肠道黏膜，尽快排除肠内毒素；同时用0.1％高锰酸钾水溶液＋2％碳酸氢钠溶液混合灌肠，每日上、下午各1次。

处方2：10％葡萄糖注射液200～300毫升、25％维生素C注射液5～8毫升、40％乌洛托品20～60毫升、10％樟脑磺酸钠溶液5～8毫升混合静脉注射，每天1次，连用3天，以解毒排毒、强心利尿、保护肝脏与肾脏功能。

（三）预防

防霉应从饲料原料的采购、贮存、运输和加工配制等环节加以注意，不能采购霉变、湿润和虫蛀的原料，采购玉米时，其水分含量应控制在12％左右。加强饲料原料及成品饲料的保管，严防受潮霉变；搞好饲料仓库杀虫灭鼠工作，防止虫蛀和鼠害，减少霉菌传播，避免毒素危害。严禁使用霉变的原料加工饲料，不使用霉变的饲料喂猪。

四、猪有机磷制剂中毒

有机磷制剂中毒是由于猪接触、吸入或误食有机磷制剂所致。临床上猪有机磷制剂中毒以神经功能紊乱为特征。

（一）临床症状

由于有机磷制剂中毒因其摄入数量、毒性、途径及猪体状况不同，临床症状表现也不相同。最急性中毒猪往往来不及抢救即死亡。大多数中毒猪病症很急，表现为口吐白沫、流涎、流泪及水样鼻涕，眼结膜高度充血，瞳孔缩小，肌肉震颤，兴奋不安，狂奔乱走。肠蠕动亢进，呕吐，不时腹泻。体温上升至 40℃ 以上，心跳微弱，呼吸促迫。病情严重者，卧地不起，四肢呈游泳动作，阵发性抽搐，最后昏迷不醒，常因伴发肺水肿窒息或衰竭死亡。慢性中毒者则表现四肢软弱，不能起立，食欲不振，病程可达 5～7 天，最终死亡。

（二）诊断

根据临床症状，了解有机磷制剂的接触史，剖检肺脏水肿和胃肠炎变化，采用阿托品、解磷定等有疗效，依此可作出诊断。

（三）治疗

治疗原则为尽快除去毒物，及早使用特效解毒药。对于中毒严重的病猪，可配合强心补液、镇静等辅助支持疗法。

处方 1：硫酸阿托品，按每千克体重 0.5～1 毫克，皮下注射，每隔 2～3 小时再注射 1 次，直至瞳孔散大、口腔干燥等康复症状出现。

处方 2：解磷定，按每千克体重 20～50 毫克，用生理盐水配成 2.5%～5% 注射液，缓慢静脉注射、腹腔注射或皮下分点注射。需要注意的是禁止与碱性药物配伍，以防产生剧毒。

处方 3：经内服中毒者，应立即采取催吐、洗胃、灌肠等措施；经皮肤中毒者，应用清水或肥皂水洗刷皮肤，但敌百虫中毒者，禁止用肥皂水，因其在碱性溶液中可生成毒性更强的敌敌畏。

（四）预防

严格防止有机磷制剂污染饲料、饮水及环境，严禁用 6 周内有机磷制剂喷洒过的蔬菜、牧草等青饲料喂猪；应用有机磷制剂驱杀体内外寄生虫时，严格操作规程及用药剂量，以防发生中毒。

第十章

土猪养殖经营管理及品牌建设

土猪养殖生产经营与管理

一、土猪养殖生产经营管理的重要性与特点

（一）土猪场经营管理的重要性

近些年来，土猪场的数目越来越多，但纵观各地土猪场，发现大多生产经营情况并不理想，一部分以失败告终。究其原因，土猪场的生产过程不同于其他行业，入门时许多人才认识到土猪生产并不是个低端产业，现代的土猪生产是个系统工程，土猪难养，难在牵涉到的学科太多，而且风险大，相对利润空间却不是很高，就是有一定生产管理基础的土猪场，也由于地理位置、运行机制、管理水平、技术力量、基础设施、职工素质等千差万别，导致生产水平差异也大。通过对一些土猪场的经营管理方式及生产状况的调查分析，发现导致生产状态差异的主要原因是没把理论与生产管理有机地结合起来。历年有一定经济效益的土猪场，其业主或者是管理者都有一套系统的土猪场生产经营管理方法，能按部就班，比较规范化地管理好土猪场，从而实现了规模饲养土猪的效益最大化。由此可见，土猪场的经营管理就是科学地组织生产力，正确地调整生产关系，才能保证规模养殖土猪经济效益持续提高。

（二）土猪场的生产过程与经营特点

1. 土猪场的生产过程

土猪的养殖生产活动是一个"投入-产出"的过程，它包括三个阶段，即资金和资源的投入阶段、物质和能量的转换阶段、产品的产出阶段。

（1）投入阶段 土猪养殖在生产前，首先要解决资金、设施和饲料等生产条件，购买土猪种猪、饲料等，之后才能进行生产活动。对于土猪场生产的投入量，主要从两个方面进行衡量：一是看土猪场生产的实际规模，即饲养土猪的头数，投入劳力数和生产设施等；二是看土猪场投入的资金数量。在土猪场生产过程中，只有有效地运用资金，才能更好地开展养猪生产经营活动。

（2）转换阶段 转换阶段是土猪场经营者在饲养土猪的生产过程中，通过土猪的生理作用，将各种饲料中的能量转化为动物性能量的过程。一种产品的产出和其所需要的投入之间的关系，可以用函数表示：

$$Y = f(X_1, X_2, X_3, \cdots, X_n)$$

简写为：

$$Y = f(X_n)$$

式中，Y 是产出，在土猪场生产中 Y 表示产品的数量；X 表示各种投入，如饲料、劳动力、资金等；f 表示投入和产出之间的函数关系。衡量土猪场生产投入与产出的比例关系，可以从能量和价值两方面进行。从能量转换规律来看，由于物质能量在生物转换过程中的损耗，一般产出能量低于投入能量，能量转换率在 1 以下，如肉料比大约为 1：3，也就是所谓的饲料报酬。如何提高能量转换率是衡量土猪场生产管理水平的重要标志。如把生产成本作为投入的价值量，产品销售收入作为产出的价值量，则产出价值高于投入价值，它给土猪场生产者带来一定数量的盈余，因此，如何获得更大的利润是土猪场生产管理需要考虑的主要问题。

（3）产出阶段 土猪场生产的"产出"包括种猪繁殖、肉猪增重等，一般用产品的数量和质量来表示。土猪场生产管理者在计算产出时，必须具备饲养时间、生产成本、产品数量等几方面的资料，以便衡量其投资的效益和生产的水平。

2. 土猪场的经营特点

土猪场生产经营以传统经营和规模经营两种模式为主。传统经营模式指小型土猪场饲养 50～100 头猪，很多农户一般不进行经济核算。规模经营模式是在一定规模上投入较多的生产资料和劳动量，采用先进的技术措施，并以资金、劳力和技术集约的综合表现形式进行土猪场规模经营和生产。规模经营是生产力水平提高的集中表现，也是土猪场规模养猪的生产特点，特别是土猪场规模养猪的技术，集约在技术进步上，主要表现为良种的繁育、适宜的经济杂交模式、使用配合饲料、应用先进的饲养设施、采用饲料营养调控技术和改进饲养管理技术等。

二、土猪养殖生产管理的内容和重点

（一）土猪养殖生产管理的内容

1. 生产要素的管理

生产要素包括劳力、资金、种猪、生长育肥猪、饲料与兽药等，对这些要素进行合理组织，才能形成一定的生产能力。

2. 生产过程的管理

土猪的生产过程，是指从准备生产一直到种猪的繁殖、肉猪出栏上市为止的全部过程。合理组织生产过程是生产管理的主要内容。土猪场生产经营者首先要熟知饲养对象的特征，要按其饲养条件考虑生产组织问题；其次要弄清猪的生育繁殖阶段，以及各阶段对环境和饲养条件的要求，确定哪些阶段是饲养管理的关键阶段，还要计算各个饲养阶段的时间，如母猪的妊娠期、仔猪的哺乳期和断奶时间、肉猪育肥时间；最后计算各饲养阶段的生产效率和生产成本，根据猪的生长特性来确定饲养标准，确定生长育肥猪各个阶段应达到的生长发育标准与体重，并且还要保证生产成本在计划成本之内。

3. 猪产品管理

猪产品主要指仔猪、肉猪、种猪等，必须经过销售活动以实现其生产经营的目标。其中肉猪的出栏时间、肉猪的育肥技术与饲养模式、肉猪的销售价格与方式等是管理的重点。

（二）土猪养殖生产管理的重点

1. 抓好人员的管理是规模养殖土猪的基础

要养好土猪，首先要管好人，其因是土猪靠人去养，人员的管理是土猪场管理的根本，也是规模养殖土猪发展和运行的主要动力。对人的管理，必须实行分层管理、分工负责的管理制度，加上激励机制，才能有效地把人管理好。

2. 制定主要的经济技术指标

经济技术指标的制定要切实可行，过高过低都不好，要给员工一个竞争与努力的平台，使员工工作有目标，薪酬与绩效挂钩，可调动员工的积极性和自觉提高技术水平。而且经济技术指标可供业主或管理者考核分析生产水平、猪群健康状况以及饲养人员和兽医的工作业绩，以便找出问题及时改进。

3. 制定适合本场的各种技术操作规程

在土猪场的技术环节中，各个生产环节细化的科学的技术操作规程是重中之重，是土猪场的生产指南。它包括各类猪的饲养管理、猪病防控、饲料加工、人工授精、遗传育种等方面的技术规程。技术规程的制定，应本着"专、精、细、严"的原则，要让员工参与制定，让他们多提意见，尽量做到先进性、实用性和可操作性，一旦定好就要认真组织学习，让员工熟记操作程序和内容，一丝不苟地去执行，并在执行过程中指导监督，查找漏洞并及时改正。

4. 填好各类报表进行统计分析

土猪场需要填写土猪生产、死亡、销售，饲料和原料的入出库，资金流动和固定资产投入、报废等报表，从各类报表数据中进行有效的统计分析，从中找出生产管理中的优势和漏洞。因为报表能有效反映土猪场的生产管理情况，是土猪场不断提高管理水平的有效手段。对各类报表进行统计分析，是指导生产发展，提高土猪场生产水平的重要依据。

5. 根据土猪的市场行情调整生产

土猪市场行情的好坏直接影响到养猪场的经济效益，特别是对规模土猪场的影响更为明显。规模土猪场业主应及时了解土猪市场行情，做到土猪适时出栏，在价格低迷时及时调整土猪上市的体重，可以采取提前出栏，以减少因价格下降带来的损失。另外还要考虑到消费者的消费习惯，在土猪的品种选择上应符合消费者的消费习惯，保证土猪的顺利销售。

三、土猪养殖生产成本管理与核算

（一）成本管理的概念和目的

成本属商品经济的价值范畴，是商品价值的组成部分，即生产某一产品所耗费的全部费用。成本作为产品生产过程中的各项费用支出，可以反映土猪场生产经营活动中"投入"和"产出"的关系，是土猪场进行决策和计算盈亏的依据，也是衡量土猪场生产经营管理水平的一项综合指标。

一般来说，生产成本是指为了达到特定目的所耗用或放弃的资源，生产成本通常用取得货物或劳务必须付出的货币数来衡量，因此，在财务会计中，成本是指取得资产或劳务的支出。在土猪场生产中成本管理就是对饲养的土猪或猪产品生产成本进行预测、计划、控制、核算和分析，是土猪场经营管理的主要组成部分。其目的是有利于计划、控制生产费用开支，改善决策，衡量资产和收益，能保证一定的投资在一定时间和生产过程中取得一定的效益。

（二）成本核算的作用

土猪生产会计核算要按照财政部的有关行业核算规定进行。由于养猪行业有其自身的特点，养猪盈亏常常与生产成本、行业周期和猪价波动有很大关系。但猪场盈利或亏损多少在一定程度上讲完全是成本控制问题，成本控制已成为猪场的核心竞争力，而"多生、少死、降成本"已成为任何猪场经营管理的核心任务。因此，成本核算既是改进生产管理、提高效益的工具，又是考核主管猪场的场长、畜牧兽医技术人员、饲养人员的绩效的重要依据，还是猪产品销售定价的重要参考。因此，成本核算合理不合理、准确不准确、可比不可比，已成为猪场业主或投资者关注的焦点。由于成本核算是成本控制和生产经营分析的基础，必将成为猪场经营管理的核心工作，而且精准的成本核算方法是土猪场经营管理的核心要素。

（三）土猪场成本核算的基础性工作及成本核算凭证

1. 土猪场成本核算的基础性工作

（1）建立和健全原始记录工作　原始记录是反映生产经营活动的原始材料，是进行成本预测、编制成本计划、进行成本核算、分析消耗定额和成本计划执行情况的依据。土猪场对生产过程中饲料、兽药的消耗，低值易耗品等材料的领用，费用的开支，猪只的转群、销售、淘汰、死亡等，都要有真实的原始记录。

（2）做好猪场生产统计工作　生产统计是成本核算的数据基础，包括猪群生产日报表和猪群动态月报表及各车间月末存栏报表等。生产指标统计包括配种分娩率、窝产健仔数、各阶段各栋批次成活率、残次率及母猪年产窝数，以及种猪选留率、育成合格率等，这都是进行成本预测、编制成本计划、进行成本核算、分析消耗定额和成本计划执行情况的依据。

（3）做好制度管理工作　建立饲料、兽药、低值易耗品、猪只等各项财产物资的收发、领退、转移、报废、清查、计量和盘点制度。

（4）做好各项消耗定额的制定和修订工作　生产过程中的饲料、兽药、低值易耗品、水电等项消耗定额，既是编制成本计划的依据，又是审核控制生产费用的重要依据，应根据生产实际变化不断地修订定额，充分发挥定额管理的作用。

2. 土猪场成本核算凭证

为了正确组织土猪场生产成本核算，必须建立健全猪场生产凭证和手续，做好原始记录工作。土猪生产的核算凭证有：反映猪群变化的凭证、反映产品出售的凭证、反映政府补贴和保险公司赔偿的凭证、反映饲养成本费用的凭证等。

（四）土猪场成本的划分

1. 土猪场生产成本

土猪场生产成本可分饲料、兽药、人工和制造费用（简称"料、药、工、费"）四部分，饲料包括全价饲料、浓缩料、预混料、饲料添加剂及饲料原料等；兽药包括生物制品（疫苗）、保健药物、治疗药物及消毒药物等；人工指饲养人员、饲料生产加工人员及技术管理人员的工资福利、社保支出；制造费用指直接用于生产的费用，包括猪舍和生产机器设备折旧、生产性资产折旧、水费、电费、低值易耗物品等，以及土猪场在生产过程中为组织和管理生产经营发生的各项间接费用及提供的劳务费。

2. 土猪场期间费用

猪场期间费用是指猪场在生产经营过程中发生的，与产品生产活动没有直接联系，属于某一时期耗用的费用。这些费用容易确定其发生期间和归属期间，但不容易确定它们应归属的成本计算对象。所以期间费用不计入产品生产成本，不参与成本计算，而是按照一定期间（月度、季度或年度）进行汇总，直接计入当期损益。猪场期间费用包括管理费用、销售费用、财务费用。

四、土猪养殖生产经营分析方法

（一）成本和盈利核算法

1. 成本核算的作用

土猪场的生产成本是一项综合性很强的经济指标，实质上它反映了土猪场的技术水平和整个生产经营状况。土猪场土猪品种的优劣、饲养技术水平的高低、饲料质量的好坏、固定资产利用的充分与否、人工费用的高低等，都可以通过生产成本反映出来。因此土猪场通过成本和费用的核算，可知生产成本中各项费用的发生是否合理和是否在预算之中。土猪场的生产成本如超过成本预算，一般而言，这个土猪场是亏损的。生产实践也证实，通过成本和费用的核算，降低生产成本费用，也是提高土猪场经济效益的一个有效途径。

2. 生产成本的构成

一般来讲，土猪场的生产成本主要有饲料费用、固定资产折旧费、饲养人员工资、兽药及消毒药物费用、生物疫（菌）苗费用、种猪摊销费、低值易耗品费用、燃料水电费、其他费用等。以上几项构成了土猪场生产成本。从构成成本的比重上来看，前五项金额较大，是构成生产成本的主要部分。但在这几项生产成本中，饲料费用（特别是圈养舍饲模式下）、饲养人员工资、兽药和消毒药物、燃料和水电费、低值易耗品费用、其他费用为土猪场生产过程中的直接费用，应当重点控制，这是降低土猪场生产成本的一个有效措施。

3. 生产成本核算的基础工作

（1）做好各项原始记录 原始记录指饲料费用、兽药及消毒药物费用、低值易耗品费用、燃料和水电费及其他费用、猪的发病和死亡等，它们是计算成本的依据，直接影响着生产成本计算的准确性。假如原始记录不实，就不能正确反映成本费用和生产效率，就会使成本核算变为"假账真算"，使成本核算失去意义和作用。

（2）做好生产成本的计划定额标准 土猪场要制定各项生产要素的耗费定额标准，不管是饲料、低值易耗品，还是人工费、资金周转等，都应提前制定出切实可行的计划定额标准。在实际生产中要对所制定的定额进行控制，不可超计划开支。当然，在生产中对有个别计划定额确实需要超支的，也不能完全控制。只要对土猪场生产发展有利的，有时超计划开支也是必需的。此外，每年年底对所定的计划定额与实际发生的生产费用要进行对比分析，找出存在的问题，为下一年计划定额的制定提供依据。

（3）加强实物核算 土猪场年底的猪群存栏、全年肉猪的出栏数量、猪粪等的收入，以及猪舍、设备等固定资产，都是土猪场的财产物资；财产物资的实物核算是其价值核算的基础，因此，做好土猪场各种财产物资的计量、收集和保管工作，是加强生产成本管理、正确计算生产成本的前提条件。

4. 盈利核算的计算方法

盈利核算是对土猪场的盈利进行记录、计量、计算、分析、比较等工作的总称。在财务会计中把盈利也称为税前利润，这是土猪场在一个时期（一般为一年）内的货币表现的最终生产经营成果，也是考核土猪场生产经营好坏的一个重要经济指标。

（1）盈利核算的计算公式

盈利＝销售猪产品价值－销售成本＝利润＋税金

（2）衡量盈利效果的经济指标

① 销售收入利润率

$$销售收入利润率=\frac{产品销售利润}{产品销售收入}\times100\%$$

销售收入利润率表明产品销售利润在产品销售收入中所占的比重，比重越高，生产经营效果越好。

② 销售成本利润率

$$销售成本利润率=\frac{产品销售利润}{产品销售成本}\times100\%$$

销售成本利润率是反映生产消耗的经济指标，在产品价格、税金不变的情况下，产品成本愈低，销售利润愈多，其值愈高。

③ 产值利润率

$$产值利润率=\frac{利润总额}{总产值}\times100\%$$

产值利润率说明实现百元产值可获得多少利润，以此分析生产增长和利润增长的比例关系。

④ 资金利润率

$$资金利润率=\frac{利润总额}{流动资金和固定资金的平均占用额}\times100\%$$

资金利润率把利润和占用资金联系起来，反映资金占用效果，具有较强的综合性。

5. 降低规模土猪场饲养成本的措施

通过以上成本核算与盈亏分析实例可看出，要降低土猪养殖成本、提高土猪场经济效益，关键要做到以下几个强化管理：

（1）强化成本管理

① 降低饲养成本　饲料在成本中所占比例呈现逐年下降趋势，但其仍占总生产成本75％～80％，居第一位。因此，加强饲料采购和使用过程中各环节的管理与控制是降低饲养成本的有效途径。

② 降低非生产性开支　一般来说饲料成本在总成本中占的比例越高，非生产性开支所占的比例就越低，说明土猪场的管理越好。所以，要尽量减少非生产人员和非生产费用的开支，节约水、电、煤和机械设备费用。

（2）强化人员管理　人工成本在土猪养殖生产成本中所占比例逐年攀升，目前已达到母猪养殖总成本的20％。猪养得好不好，关键在人。管理好的猪场不是靠人管人，而是靠制度、规程管人。要建立健全猪场各项规章制度、工作流程和饲养管理技术操作规程，做到制度化、流程化和规范化管理。实行绩效考核管理是规模猪场生产管理中的一个有效措施，可最大限度地调动人的生产积极性。

（3）强化精细化管理 只有做到精细化管理，才能高产、低耗、安全、高效。比如夏季土猪采食量降低，自然就会想到是高温所致，如果不细心很难发现，槽底部长时间不清理造成饲料发霉也是导致土猪采食量降低的重要原因。因此，夏季要求必须做到定期清理料槽，每周定期定时清理 2 次以上。再比如育肥猪在 16～21℃条件下日增重率最高，若气温在 4℃以下，增重速度将降低 50％。这就要求必须给猪创造温湿度适宜的饲养环境。同时保持猪舍干净、干燥，制定并落实合理的免疫程序，搞好定期驱虫、保健和消毒工作，降低土猪的发病率和死亡率。

（4）强化记录管理 原始记录是土猪场生产的核算凭证，建立完整的生产统计记录报表，可以及时、真实地反映猪群动态和生产状况，并通过整理分析，找出问题，指导生产，改善管理。

（5）强化购销管理

① 能动地多渠道收集市场信息 要主动地先期对市场进行调研，对相关市场进行判断，对产业上、下链条的互动影响进行考察，包括收购商，其他土猪场的饲料、兽药购买和使用情况等。只有这样，经营者才能把握信息的先机，做到货比三家、售比三家，得出较为实际的价格。在市场普遍不景气时，价格超过或达到成本就出售，不苛求较高的利润，根据市场行情把握好利润点的高低，什么情况下调高和调低利润值与供求有关，也与地域等有关。但很多时候，比如市场很低迷，甚至要抛弃利润、留住资金，以期未来的市场。

② 充分把握好土猪市场价格的周期性变化 要根据市场的变化调整自己的销售心态，并从销售过程和长期以来价格的变动中发现市场规律。在价格走入低谷时及时淘汰劣质和老龄母猪，控制母猪群体规模，减少存出栏量，选留好后备母猪，安全渡过低谷期，这样就能避免出现土猪高价时大量购进种猪，以减少不必要的投入。

③ 做到适时出栏 适时出栏就是要做到饲养的每头育肥猪在单位时间内，同等劳动强度下获得利润的最大化。肉猪适时出栏说起来容易，真正做到很难。肉猪上市多大体重为宜不能一概而论，应根据市场变化、品种特点、猪价变化等各方面的因素，适当地予以调整，才能获取最大的经济效益，根据市场需求和土猪价格走势判断适宜出栏时间。总的来说，猪价低谷期可适当推迟出栏，反之即要提前或者适时出栏。一般讲猪出栏体重最好控制在 100～120 千克范围内。

（二）规模养殖土猪主要生产指标评估法

1. 规模养殖土猪存在的问题及主要指标评估法的作用

（1）规模养殖土猪存在的普遍问题

① 窝产活仔数少。窝产活仔数少于 10 头，普遍在 9.2～9.7 头，初产更低，

一般在 8～9 头。

②分娩率低。分娩率低于 85％，普遍在 75％～82％，母猪的年产胎次在 1.9～2.1。

③初生重偏小，普遍在 0.6～0.9 千克。

④母猪哺乳期采食量普遍不足。母猪泌乳不充分，断奶体况差，仔猪断奶重小。

⑤生长猪的死亡率高，大于 12％。

⑥圈养生长猪 100 千克的上市日龄大于 200 天。

（2）规模养殖土猪主要指标评估法的作用　规模养殖土猪的主要问题是母猪繁殖能力普遍低下，生长猪死亡率高和育肥时间长。母猪群的繁殖率，常常以每头母猪年所产上市商品猪的数量来衡量，反映了一个规模土猪场的生产水平和经济效益的高低。生产实践证实，影响每头母猪年所产上市商品猪数量的最重要因素是母猪的非生产天数。非生产天数越多，母猪的年产胎次就越少，其次是窝产活仔数和生长猪的全程死亡率。在生产管理中如果能及时和按季或按年制定出一套评估土猪繁殖性能和生长性能、增重成本的标准，以此作为生产经营好坏的分析依据，这对提高土猪场母猪繁殖生产力及生产水平和经营水平具有一定的作用。生产实践中可把主要生产指标分为三个水平，即优秀、一般、差，可以自定目标，纵向与以往的数据、横向与其他土猪场数据相比，可反映出生产状况。生产数据不但反映了已出现的问题和事件，而且最终体现了土猪场的生产水平和生产经营状况，以及猪群的健康水平，最终体现了土猪场是否有盈利能力。

2. 规模养殖土猪主要生产指标的评估标准与计算公式

（1）规模养殖土猪的主要指标与评估标准

土猪的生长周期（或者说生长繁殖过程）为：

$$\text{后备母猪—配种—分娩}\begin{cases}\text{哺乳仔猪—保育猪—生长猪—育肥猪}\\\text{泌乳母猪—断奶后空怀—配种}\end{cases}$$

一些基本的生产指标：选留后备母猪的体重一般在 60 千克左右，后备母猪达到配种要求需要体重 50 千克以上和日龄 150 天左右；配种后，妊娠时间为 114 天；分娩后，哺乳时间为 30～35 天，时间因各土猪场的情况自己确定；泌乳母猪断奶后转为空怀母猪，到再次配种的时间为 7 天，情期受胎率为 85％，确定妊娠的天数为 28 天；断奶仔猪转移到保育舍，在保育舍的时间为 6 周或者 7 周，保育猪的成活率 95％，随后转入生长育肥舍，时间为 15 周，育肥猪成活率 98％；猪场的公母猪比例本交为 1∶25，育种为 1∶（5～10），人工授精为 1∶200；土猪种猪的使用年限平均为 5 年。

根据以上的基本生产指标，可分析出规模养殖土猪评估的基本指标如下：

① 自我评估的繁殖性能指标　后备母猪初配日龄；母猪群体况、胎次、分胎次产活仔数、窝死胎及木乃伊胎率，母猪群断奶后 7 天内的发情比例；母猪群返情率、流产率、空怀率、分娩率；母猪群的非生产天数；仔猪初生重、断奶重；产房内仔猪死亡率；每头母猪每年提供的商品猪数。

② 自我评估的生长性能指标　初生重，30 或 35 日龄断奶重，60 日龄保育重；100 千克上市天数；全程死亡率；0～100 千克育肥饲料报酬；增重成本（饲料增重成本加其他费用支出）。

（2）母猪繁殖力的计算

① 母猪的繁殖周期＝妊娠天数÷分娩率＋断奶至配种的天数÷情期受胎率＋哺乳天数

② 年产窝数＝365 天÷繁殖周期

③ 母猪每年可提供的商品猪数＝年出栏肥猪数÷基本母猪数

按照上边提到的生产指标的数据计算，可以算出：

繁殖周期＝114（天）÷95％＋7（天）÷85％＋30（天）＝158（天）

年产窝数＝365÷158＝2.3（窝/年）

不过目前，土猪的母猪繁殖力还很难达到这个水平，一般年产 2 窝比较符合中小型土猪场的实际水平。但其中有一个数据值得土猪场业主特别关注，那就是母猪的繁殖周期。一般而言，"158 天"这个数据并不是理论上的理想数据，如果按照受胎率和分娩率都是百分之百计算，繁殖周期应该是 149 天（28 天断奶）。如果能达到 158 天这个平均水平，土猪的母猪繁殖力水平也算不错了。在实际生产中，土猪场生产一定要尽可能地减少母猪繁殖周期外的天数，即母猪的非生产天数。生产实践证实，母猪每增加 1 天的非生产天数，所产生的成本为 40 元以上。

通过对以上数据的计算和分析，作为土猪场业主，可以将其作为土猪场生产状况的对照组来对待，查找实际生产数据与对照数据的差距和分析查找原因，以便能更好地管理土猪场，从而最大可能地创造利润。

（三）土猪场生产指标评估的管理目标

规模养殖土猪的生产指标评估，其目的是通过对生产的评估，了解土猪场的生产经营状况，知道生产中存在的问题，并采取相应的对策，因此，对生产指标的评估，要达到以下几个方面的管理目标：

1. 母猪群的管理目标

母猪群的管理目标是增加窝产活仔数，减少空怀期（即非生产天数），缩短两次分娩之间的间隔。非生产天数是母猪既未妊娠又未泌乳的天数。

2. 加强对母猪的营养管理

通过营养管理，特别是提高母猪泌乳期采食量，其各胎次平均产活仔数能达到

11 头以上，这也是对母猪营养管理的目标。

3. 提高母猪年上市商品肉猪数，降低饲养成本

每头母猪年上市商品肉猪数＝窝产活仔数×年产胎次×全场成活率，目标是大于等于 20～22 头。后备母猪通过程序培育，初次产活仔数要达到 11 头。母猪群通过查情、查孕程序，分娩率要达到 85％以上。通过对母猪繁殖生产指标评估要明白，无论母猪窝产 8 头或 11 头活仔猪，母猪在断奶配种期、妊娠期所需的劳力、饲料等是相似的，即母猪窝产活仔数越多，仔猪初生时平摊的公母猪耗料成本（俗称仔猪落地成本）就越低。如公母猪耗料 2000 元/头，其他固定成本（如折旧、工资、利息、种猪更新等费用）不会因产活仔数多少而增减。因此，提高母猪年上市商品肉猪数，是降低土猪场生产成本、提高生产经营水平和效益的一项有效措施，也是母猪管理的一个目标。

由上述可见，土猪场生产经营管理的重点是：对母猪要关注窝产活仔数和分胎次产活仔数、非生产天数；对断奶仔猪和保育猪要关注断奶重和生长速度；对生长育肥猪要关注生长速度和上市天数。这一切均对土猪场的生产经营状况有很大的影响，生产管理中抓好这几个方面的管理，可提高土猪场生产经营水平和经济效益。

五、提高土猪养殖场目标利润的途径和措施

（一）提高猪产品价格

1. 饲养优良地方品种

土猪商品肉猪生产中，一般都选择优良的品种和适宜的杂交组合，用此经济杂交方法和生产模式进行肉猪生产。生产实践也早已证实，在影响土猪场养殖生产效率的品种、营养、疫病、环境和加工五大因素中，优良地方品种是提高土猪场养殖效益和生产经营水平的基础。有了优良地方品种，在同样的投入条件下，可获得更高的产量和更优质的猪产品。因此，饲养优良地方品种，并选择适合市场需要的肉猪杂交组合生产的猪产品，可获得更好的价格。

2. 提高猪产品质量

饲养优良地方品种，选择适当的杂交组合，本身也包含了提高猪产品质量的内容。肉猪胴体肌肉丰满、柔嫩，肉骨比高，多汁，肉有香味，肉的风味好，这些都显示了猪产品质量高。

（二）降低单位可变成本

可变成本是指除固定成本之外成本的总和，主要包括：饲料、兽药及消毒药物、固定人员以外人员（生产人员、勤杂人员等）的工资和福利、燃料和动力等费用。单位可变成本则是分摊在单位产品中的用于该产品生产的平均可变成本。土猪在圈养舍饲模式下，其中饲料费用占的比例最高，其次是人员工资和福利。降低单

位可变成本是提高土猪场养殖效益的一项有效措施。

（三）减少固定成本

固定成本也称固定费用，是指猪产品产量或猪存栏量在一定幅度内变动时，并不随之增减变动而保持相对稳定的那部分成本。如猪场人员的工资、固定资产折旧费、修理费、办公费等。可见，固定费用项目实质上是与猪场生产量大小无关或关系很小的费用项目。其特点是一定规模的土猪场随着生产量的提高，由固定费用形成的成本占比显著降低，从而降低了生产总成本，这就是土猪场的规模效应，也是投资者兴办规模化土猪场所要达到的最终目的。因此，为了提高目标利润，必须降低固定成本，这也是土猪场提高经济效益的重要途径。

第二节　土猪品牌的建设策略

一、土猪品牌的作用、条件和内涵

（一）打造土猪肉品牌的机遇和作用

目前随着人们生活水平的不断提高，消费者对猪肉产品的需求正处于从数量到质量的转变阶段，消费者对猪肉的口感、风味及安全性越来越注重，这样的情况变化给土猪产业的发展带来了新的市场机遇。在此背景下，国内一些养殖户（场）为了满足消费者对猪肉品质的需求，以绿色、美味、生态、环保、健康养殖为理念，开始回归传统养殖方式养殖地方猪种。但是，中国消费者对肉类消费的核心需求是质量和新鲜，而消费者对猪肉品质关注度提升的同时，对产品品质难以衡量，此时，品牌成为对产品品质的背书，品牌建设的氛围日益浓厚。此外，对消费者而言，良好有序的猪肉产业品牌状况可以简化消费者的购买决策过程，使消费者得到质量可靠、性能稳定、价格和供应数量相对稳定的品牌猪肉产品，提高消费福利水平。对于生猪养殖企业而言，品牌的知名度代表着企业的实力和声誉，暗示企业有生产安全、优质猪肉产品的能力。在土猪养殖中涌现了几个知名品牌及产品，其中"壹号土猪"属于品牌打造的典范。"壹号土猪"的崛起引导了土猪肉消费潮流，一方面它让消费者接受猪肉品质的差异化，进而做出品牌获得溢价；另一方面它证明了优质土猪肉的市场需求非常广阔。众多土猪养殖企业着手从土猪肉的质量、色泽、原产地、官方认证等方面采取措施，打造自己的土猪肉品牌，获得消费者的信任。可见，土猪养殖企业要在市场开拓过程中抓住消费者心理，强化品牌意识，优化自身品牌。质量是企业信誉的保障，是形成品牌的基础，有了消费者的信赖，产品才有市场，才有可持续生产的生命力，企业在市场开拓过程中，要牢牢记住"市场未动，品牌先行"。

（二）品牌土猪肉应具备的条件

品牌土猪肉必须具备以下条件：其一，必须符合安全肉的所有规范规定。符合动物检疫条款，由政府授权的兽医官发证盖章。其二，必须基本符合有机、绿色、无公害的要求。猪肉中无人畜共患的传染病病原微生物和寄生虫，无腐败变质现象；猪肉中不得检出抗生素及兽药残留，重金属（铅、汞、砷、铬等）含量不得超标，不得含有任何危害消费者健康的污染物（如二噁英）。其三，品牌土猪生前应享有一定程度的动物福利。不得因禁于限喂栏，每头猪必须享有一定活动空间，不能受到体罚或者虐待，屠宰前的运输不得超过 6 小时，屠宰手段应尽量接近安乐死等。其四，必须有可追溯认证。市售品牌土猪肉属可追溯猪肉，具有合法的品牌注册证明（执照）及其公证证明。其五，必须有相对稳定的地方品种猪种并形成相当规模的批量土猪肉货源，足以满足专卖店和超市的常年需求。其六，必须具有独特的风味特长和稳定的品牌质量，在包装上注明主要营养成分含量和有关肉质参数。其七，品牌土猪肉是要经过排酸熟化在专卖店或超市冷柜中（0～4℃）以冷却肉形式售予顾客。货架保鲜期要求长达 5～7 天。品牌土猪肉包装材料的选用要求无毒、透气、透光、可降解、美观。

（三）土猪品牌建设内容和内涵与遵循的原则

1. 土猪品牌建设内容

土猪品牌可与肉的品牌相互呼应，所以应当一并建设。土猪品牌建设的根本任务是要挖掘、利用、展现地方品种猪本身的特色，包括繁殖性能、耐粗饲能力、抗病力、适应性等。

地方品种猪本身具有品牌效应，可从下列几个方面提升品牌价值：一是列入《中国畜禽遗传资源志·猪志》；二是列入《国家级畜禽遗传资源保护名录》；三是建设国家级畜禽遗传资源保护场或保护区；四是获得国家农产品地理标志认证。但需要指出的是，地方品种是由劳动人民经过千百年的选育而成的，因而属于公有资产。企业可以经营上述品牌相关方面的产品，但并不具备自主知识产权。近年来，国内一些地方政府和主管部门以及相关养殖企业，在开发、保护、杂交利用、打造特色土猪肉等方面均有成果。如山东莱芜猪的保种、开发、杂交利用及品牌猪肉打造等方面卓有成效。莱芜猪是我国华北型优良地方猪种，具有 6000 多年的饲养史，以肉质好（尤其是肌内脂肪含量高）、繁殖力强、抗逆性强等特性而著称，是我国宝贵的地方猪种资源。1982 年被收录《中国猪品种志》，2004 年获得国家原产地标记注册证书，2006 年被农业部列为国家级畜禽遗传资源保护品种，2009 年"莱芜黑猪"获得国家工商总局地理标志证明商标。莱芜猪经过几十年的保种选育与利用开发，成功实现了在保种中进行利用、在利用中进行生产、在研究中进行提高、在开发中进行保存提升的良性循环机制，发挥了巨大的社会效益和经济价值。莱芜猪现已成为全国许多地区养猪场生产与育种的首选种质材料，已成为开发高档特色品牌猪肉的优秀种质资源，还成为生产优质商品猪肉优良的基础母本。此外，国内在打造土猪品牌方面具有一定效果的还有太湖猪、荣昌猪、沙子岭猪、陆川猪、淮猪等，都已在国内外得到认可。由此可见，土猪品牌建设在国内已有很多成功的范例，并已经成为一种趋势。

2. 土猪品牌内涵

土猪的品牌包含了土猪品牌的名称、标志、商标、企业文化内涵等概念，与品牌密切相关的 CIS（企业及其产品的统一识别标志）对强化企业形象、提高企业的整体知名度有着重要意义。土猪养殖企业品牌的创立应从重视土猪品牌的命名和商标的注册开始，品牌名称是品牌的核心要素，它提供了品牌联想，因而是形成品牌概念的基础。好的品牌名称为土猪品牌增添了光彩，对提高品牌认知度、扩大产品销售起着重要作用。

3. 土猪养殖企业品牌的命名和品牌商标设计遵循的原则

（1）可记忆性原则　土猪品牌名称和商标应让顾客容易记忆和熟悉，土猪品牌名称不但文字要简短，而且发音要顺畅。土猪品牌名称一般可取自企业名称和产地或以其他形式命名，如大观山、桑梓湖等。采取产品品牌名称同企业名称一致的品牌命名策略，其优点在于花一笔广告费可以在宣传公司形象的同时树立品牌，如"苏太""光明""华都"等。

（2）有意义原则　可直接或间接地向顾客传递土猪的优点、性能以及采用它的好处等信息，并赋予其一定的寓意，让顾客能从中产生联想。如"龙骏"种猪品牌，"龙"寓意高贵、高档，"骏"意为健康，向顾客传递"龙骏"种猪是一种品种高档、健康状况好、生长速度快的优良品种。

（3）具有亲和力原则　土猪的品牌名称和商标形象可以准确地表达出品牌的中心内涵，让消费者对养猪企业和品牌产生亲切感，并留下深刻印象，从而增强品牌亲和力。

（4）可保护原则　养猪企业应该从企业产品的商标注册开始，注意使品牌在法律上能够得到保护，不被其他场家模仿。

二、打造土猪品牌的步骤

（一）培养发现客户需求特别是潜在需求的能力

企业能够发现社会需求并建立满足这种需求的能力就可以在社会大分工中占据一席之地，如果这种能力比其他的企业要强，也就是有比较竞争优势，那么企业就能生存与发展。其实，这种对于客户以及需求变化的把握，是一种战略能力，因此，要建立一个强势的品牌，土猪场管理者首先必须要有战略眼光与战略规划能力，这样才能真正具备建立一个强势品牌的基础。而且具优秀品牌的企业总比其他企业有更强的能力去发现客户的潜在需求，并且能够引导客户的消费需求。而这种能力的培养主要包括以下两个方面：其一，能够对现实的需求进行真正的把握，并了解这种需求可实现的变化趋势；其二，了解行业技术变化趋势，预测将来可能出现的全新需求，这种能力更加关键。土猪养殖行业中，"壹号土猪"的崛起证实了土猪养殖可以打造成一个品牌，其引导生态土猪肉消费潮流，一方面让消费者接受了猪肉品质的差异化，进而做出品牌获得溢价；另一方面证明了高端肉类的市场非常广阔，优质土猪肉完全可以被打造成高端猪肉。可见，品牌定位目的在于在消费者的心目中占有一个独特、有价值的位置。品牌等于"产品＋差异化"，最好能够借助独特的差异化定位避开竞争。

（二）建立满足消费者需求的能力

掌握了消费者需求以及需求的变化趋势，第二步就要建立满足这种需求的能力。并不是每个土猪养殖场都能够提供这些能够满足需求的猪肉产品。在猪肉产品提供方面，可以通过自己场的生产，也可以整合外部资源来满足客户需求。但是，不管用什么方式来提供猪肉产品，都必须做到以下几点：其一，猪肉产品质量一定要合格。其二，土猪肉产品的生产技术有档次。产品生产的技术层次就是品牌创新能力的体现，在满足消费者现实需求的前提下，技术层次越高的土猪肉产品越可以获得高额附加值，也越能增加品牌的美誉度，提升品牌的档次。其三，土猪肉产品外观及包装一定要美观。其四，土猪肉产品生产成本较低。在这方面，成功的案例还是"壹号土猪"。壹号土猪公司采用"公司＋基地＋专业户＋连锁店"的联合经营模式，在基地培育出壹号土猪种苗，由农户在公司的无公害农产品产地进行放养，达到一定放养时间和出栏体重的肉猪，由公司的配送车队配送到国家定点屠宰场，经过两道检疫（产地检疫和屠宰场屠宰前检疫）才进入屠宰工序，保证每块猪肉都是质量合格的好猪肉。

（三）想尽办法让目标群体了解你

有了好的土猪产品，就要想方设法让别人知道你的土猪产品，这样才能卖出去，还要想办法让目标消费群体了解你所提供的服务。这就需要广告。广告是国内几个猪肉品牌的主要推广方式，金锣、双汇的肉制品广告见诸各主要电视媒体，温氏也采用电视、报纸和户外广告提升品牌知名度。壹号土猪综合运用广告、公关、事件、体验、慈善等各种营销手段提高品牌知名度、美誉度。

（四）让消费者能够在比较方便的地方买到你的土猪肉产品

只是让别人知道你的土猪肉产品好还不足以建立一个品牌，还要让消费群体能够在方便的地方买到你的产品，形成足够大的现实消费群体。因此根据产品类型建立合适的销售渠道体系，就成为建立品牌的第四个关键步骤。连锁专卖是企业产业链向下延伸、控制产品质量安全、塑造品牌形象的重要手段。零售终端是消费者获取土猪肉信息的主要渠道。温氏生猪销售主要通过中间商，其渠道模式为"签约农户－经销商－批发市场－零售"。壹号土猪则以直营店、承包专门店、加盟专门店等多种形式入驻各大农贸市场、超市、社区型新街市。

（五）建立好的口碑传播

将土猪肉产品卖给了消费者只是建立品牌过程的第一步，之后还应该关注消费者对土猪肉产品的反映，随时为消费者提供售后服务。服务好已购消费者，使他们喜欢你的土猪肉产品和服务，他们自然就会成为你的口碑传播者。

以上几个步骤也不是孤立运行的，有时候它们是循环运作才能起到作用，有时候则是几个过程同时进行，联合发生效力，刚刚开始建立的土猪养殖企业可以参照这几个步骤打造品牌，已经处于发展之中的土猪养殖企业就要看其发展瓶颈在什么地方了。

第三节　土猪品牌的切块肉质量评定技术

一、切块肉质量评定是土猪品牌的标志

（一）国内土猪的质量加工问题

在一定程度上说，中国品牌猪肉的主要原料来自中国地方猪种。然而，在国内很多地方土猪一直按传统模式加工，即半夜屠宰，清晨上市，屠户将半边胴体挂起，由顾客指定部位，挑肥拣瘦，屠户按顾客的意愿，现割现卖，故不少地方的百姓把买肉叫"割肉"。时值 21 世纪，这种对本地土猪的传统屠宰方式，必须改造成现代与时俱进的先进屠宰硬件和按质切块分割后迅速冷却技术：如宰前淋浴，无应激击昏致死，快速烫毛与火燎胴体表面；开膛劈半车间要求基本上是无菌操作，所有操刀手必须是熟练的技术工，熟知猪的骨架结构和每个解剖部位，切割前消毒洗手，换装消毒后才能进入车间；剔骨、切割、包装工序对无菌程度要求更严；排酸车间的风速、温度、清洁卫生条件都有极规范的标准。而且经过排酸熟化的切块分割肉在专卖店或超市冷柜中（0～4℃）以冷却肉形式售予顾客。货架保鲜期要求5～7 天。只有如此，本地土猪肉才能成为规范化、标准化的品牌肉。

（二）国外猪肉按质切块分割包装情况

欧美发达国家的养猪产业，屠宰厂家和大型超市已走过一个标准化的磨合阶段。屠宰厂家的分割车间会对现行品种猪或标准化杂交组合猪的胴体进行详细的切块分割，如 T 骨大排、小排、通脊、里脊、肩肉、前臂肉、五花肉、股四头肌与

臀肌等。胴体不同部位的肉标价不同。其中标价差异很大程度上取决于以市场需求为基点的切块评定。由于发达国家屠宰厂相对集中，因此在切块的分割标准和评定标准方面较容易统一规范和执行。

（三）国内猪肉的切块分割情况与趋势

1. 国内猪肉的切块分割情况

中国的肉市和发达国家的肉市一样，有一个从个体屠宰到超市冷柜的标准化产品的发展过程。这种变化是随着土猪饲养专业化、屠宰管理集中化、检疫规范的进程日益凸显。由于中国目前的屠宰厂还是千家万户型，屠宰工艺和硬件条件差异悬殊，切块肉分割技术尚不能到位，但小切块冷却肉在超市的雏形已建立，在京沪等大都市发展较快，基本做到了按猪的品种和主要切块部位（前肩、后腿、大排、小排、五花）论价。而且在全国各猪肉市场，也基本上做到了从大切块肉分割向小切块肉分割定价出售。

2. 国内土猪肉品牌切块质量评定发展趋势

时下中国的土猪肉产业正处在一个盲目无序向理性标准化产业过渡的特殊历史时期，随着饲料加工的规范化和标志化，土猪品种的筛选和杂交配套的优化，屠宰硬件的改善和 HACCP（危害分析与关键控制点）操作程序的逐步规范，使土猪肉切块形成稳定的品牌质量具有可行性。由于中国地方猪的品种结构是全世界最复杂的，因此，对各种地方猪及其杂交组合商品猪的切块评定将是未来 5～10 年中土猪产业链中必须解决的问题。在这个过程中，千家万户型的屠宰厂会将通过淘汰重组形成几十或几百个的屠宰品牌厂家。目前已有一批优质猪肉企业在发展壮大，而且一批优质的土猪品牌肉或切块品牌肉打入市场，并得到了消费者的认可。北京黑猪"黑六"品牌的火爆，山东莱芜猪极品肉特色小包装的市场化，安徽圩猪肉和皖南黑猪肉以及"壹号土猪"、江苏苏太猪肉的专卖发展模式，江西玉山猪的品牌猪饮食文化理念先导工作，已折射出中国土猪肉品牌的发展趋势。

二、土猪肉切块评定概念与分割部位标准

（一）切块评定概念和意义

1. 切块评定的概念

切块评定是将土猪肉胴体按品种、解剖部位分开，对各个具体部位的切块产量和质量作精细评估，然后总结出该胴体在市场上的预期价值。上市小包装切块，一般不超过 1 千克，与传统的切割率概念中的四大块分割肉笼统定义不同。

2. 切块评定的意义和作用

20 世纪评定一头标准体重猪的胴体价值主要是依据背膘厚、眼肌面积和瘦肉率。但这种简单的评估方法有两大不足：其一，忽略了猪不同胴体部位瘦肉质量的

差异，如小排的瘦肉和血脖的瘦肉不能视为同等价值；其二，忽略了不同品种猪的瘦肉质量的差异，当今的猪肉市场中每头肉猪的价值已不能用瘦肉质量、瘦肉率等简单指标来评定。在开发地方土猪种的品牌优质肉时，如果继续沿用以往的瘦肉率评定方法，则多数中国地方猪种都会因为瘦肉率低而被淘汰。如今全球对猪肉的消费理念带来了新的市场需求与变化，精品猪肉乃至极品猪肉已成为一个市场需求趋势。中国养猪生产在新世纪的发展趋势已从产量型逐步转向生态的质量型。如今的消费者在选购猪肉时，最看重的是猪肉质量，其次是猪肉价格。可见，在土猪肉品牌建设中，必须对胴体不同部位的肉进行差异标价，其中标价差异在很大程度上取决于以市场需求为基础的切块质量评定。只有这样，才可简化消费者购买决策过程，使消费者得到质量可靠、性能稳定、价格和数量相对稳定的品牌土猪肉产品。鉴于品牌土猪肉的优越性，更多的消费者将青睐于购买品牌土猪肉，从而扩大其市场份额。

（二）切块部位标准

切块部位取决于冷却肉销售市场的需要，其分割精细程度应能满足消费者的爱好和烹饪习惯。切块的分类方法和精细程度可以随地域饮食文化的不同而有变化，但有些基本切块是通用的。

1. 前肩切块

此切块包含背阔肌、眼肌胸段、半棘肌和部分肩部肌群。此切块也是大理石纹和肌内脂肪最丰富的切块，以霜花状或雾状大理石纹和深红色为佳。此切块是亚洲人尤其是韩国人的首选美食。

2. T骨大排

T骨大排是西式大餐中的首选。此切块包括一块T形椎骨、棘间肌和一片眼肌和适度背膘，要求棘间肌与眼肌间有适度脂肪。眼肌切面圆润饱满、边界清晰、大理石纹丰富、纹理细致、造型美观者为上品，三角形眼肌切面为下品。

3. 眼肌全段无T骨切块

此切块又叫通脊，即背最长肌，可以是整条眼肌（约2000克），也可以是节段切块小包装。其分割方法取决于市场顾客的主观倾向。眼肌应带有完整筋膜和肌外膜，眼肌横断面上干爽而有弹性，大理石纹理密而且呈现剔透玲珑的水晶紫者为上品。

4. 小排

此切块是从第1肋骨到第14～16肋骨连同肋间肌切下剁成的小块。要求骨细（浆）膜薄，肌间肌饱满，小肌束间脂肪丰富，肌束膜薄如蝉翼，膜内映出深红或紫红束状肌纤维。此外，胸骨与胸部肌肉一起斩为切块后外观酷似小排，但肉色较浅，该部分切块的骨块较粗大，虽瘦肉丰厚却不如小排的肋间肌细嫩多汁。由于外观靓丽并脆骨含量（胸骨与肋骨交接处）较高，也颇受市场青睐，故胸部切块可根据市场需要与小排等价，或独立论价。

5. 五花肉

此切块由三层脂肪和三层瘦肉及一层皮组成七个层次。瘦肉红似火，脂肪白如玉，红白分明、界线清晰，肉块挺立而有弹性者为上品。五花肉分布于腹部胴体中部，含腹内斜肌、腹外斜肌和腹直肌的切块有七层。靠近胈缺腹直肌的五花肉则为二肥（脂肪）二瘦（红肉）一皮，实际为五层，故名五花肉。靠胸腔软肋部分的五花肉则多了软肋和残余膈肌，在原有的七层上多一片脆骨和一部分残余膈肌，是某些消费者的最爱。

6. 里脊

里脊即腰大肌，为整条肌束，不能切块分割，是胴体中肌纤维最细嫩、筋膜和间质最少的纯瘦肉，属胴体中之精华。以红度高、黄度低、弹性强者为优。

7. 股前肌群切块

此切块以股四头肌为主。筋膜少而肉面纹理细致，鲜亮如水晶、殷红如玛瑙者为上品。

8. 股后肌群

股后肌群以股二头肌为代表，此部位肌纤维粗大，筋膜老韧，是整个胴体瘦肉中品质最差的部分之一（另一部分是血脖）。横切股二头肌可以清晰看到红肌与白肌两个层面泾渭分明，以红肌多白肌少、肌纤维多筋膜少者为上品。

除以上切块外，还有肘部和胫部切块（以趾深屈肌为主）。此处肌肉随猪肘、蹄髈出售价格更优。此外，尾切块和耳朵以及猪脸、猪鼻切块已成为当今市场消费者喜爱的肉品，可作为餐桌极品佳肴。

三、国内优质土猪肉切块质量评定范例

圩猪、莱芜猪等为国内较为优良的土猪种，其优良的种质特性和肉质在国内外均有公认。国内肉类研究专家张伟力教授等（2008）对以上优良土猪肉进行了切块质量点评，对国内其他优良土猪打造品牌及进行切块质量评定具有一定的参照价值。

（一）圩猪的种质特性和切块质量评定

1. 圩猪饲养的生态环境条件和种质特性

圩猪原产于安徽宣城地区，古称宣城猪或宣州猪，属江海型，因主产于安徽省十多个县市的圩区和部分丘陵地区而得名，也俗称大耳朵猪、油葫芦猪。包括芜湖黑猪、宣城黑猪和枞阳黑猪三个类群，1964年后统称为圩猪。圩猪的形成与发展

受产区的圩田（水稻）、丘陵（杂粮）、湖浜（水生饲草和小动物）型生态特点的影响。产区盛产水稻、杂粮、油料作物和多汁饲料，圩猪饲养以碎米和细糠为主，适当掺合玉米和豆类杂粮以及杂粕成为圩猪精饲料的基本成分。这种富含硫胺素和生育酚的饲料特点有利于圩猪瘦肉形成丰富的风味前体物质基础和良好的抗氧化能力。圩猪的传统饲养模式是以放牧为主结合育肥期舍饲。为了采食到足够的各种天然植被（青粗饲料）、水生动植物、地下根茎和垫虫，圩猪在数百年的自然选择和人工选择过程中形成了蹄腿坚韧、四肢结实、身材小巧、动作灵活的种质特性，以适应在草山斜坡或泥塘水湾中放牧。其肌肉组织是以耐力型（有氧代谢）的红纤维为主，加之产区处在红壤地理区域，水土中富含铁、铜等矿物质。上述生态环境条件使圩猪肌肉中有较多的肌红蛋白，从而使其肉色红如玛瑙、紫如胭脂、十分悦目。由于圩猪在皮薄、骨细、肉嫩、脂香方面独具一格，故为历代帝王将相宫宴盛席上珍品。

2. 圩猪肉切块质量点评

张伟力等（2008）将宰前体重100.57±9.25千克的7头圩猪，在上海某屠宰厂机械屠宰后对其胴体分割进行切块质量点评。

（1）前肩切块　切块表面肉色深红悦目，切块底色如晚秋葡萄。其纹理细微清晰，小肌束间脂肪沉积均匀适度并与肌束形成细密交织，当属深色极品肉。肉面干爽无水、坚挺而富有弹性、指压痕迹恢复迅速。此切块属中式红烧或欧陆式经典比萨饼之上选原料。前肩带皮肉红白分明，造型爽朗，颇受上海市场欢迎。

（2）眼肌T骨切块　T骨与眼肌界面清晰，造型美观，饱满充盈适度，但肌束不大，属小型大排肉。肉面红如胭脂、鲜如牡丹，大理石纹浅淡细巧，肌束间脂肪与肌纤维束交错细致。此品可作为北欧风格西餐猪大排精品原料（70℃嫩煎）。眼肌T骨向前延伸为小排切块，其肋骨极为细小，其小排肉煲汤或烹饪成糖醋排骨尽显软、糯、黏、香、酥、鲜之美味。

（3）眼肌切块　眼肌细致玲珑，其色度感之红度相对较强而黄度相对较弱，该肉色提示其还原型肌红蛋白居主导趋势，货架期肌膜的抗氧化能力较强。该切块为急火烹调（如葱爆肉、滑熘里脊）之精品原料。也可以通脊切块形式用作西餐烧烤。

（4）五花肉切块　此切块三红（瘦肉）三白（肥肉）一底层次清晰，色彩对比鲜明，立体造型独具一格。三层红瘦肉两深一浅，内侧两层为深度紫红，瘦肉层肥厚饱满，外侧一层浅红镶嵌大理石纹。三层肥膘内侧两层白如汉玉，外侧一层色如霜凝水晶。其肥瘦比例受遗传制约颇多。圩猪虽是薄皮的脂肪型猪，膘厚4～5厘米，但其腹肌发达，五花肉切块的瘦肉率却不低，而且对五花肉的烹饪条件来说是恰到好处。该五花肉的皮层厚约1～2毫米，极为细嫩。该五花肉经文火长时间细炖后甘美鲜嫩，肉皮的质地软、糯、黏、酥，入口即溶，口感非同一般，堪称极品。

（5）腿肉切块（股四头肌、股二头肌）　该切块代表后腿主要切块，肉色深红而纹理细，色泽亮而弹性佳，系水力良好，是上等肉馅和腌肉的极佳原料。普通猪种的股二头肌中白肌区比例大，易导致口感粗老。圩猪的股二头肌中白肌区比例小而红肌区相对肥大，因而质地柔嫩。

（6）尾肉切块　此切块皮薄骨细肉嫩，属细致型佐酒精品。

圩猪的体形、毛色、胴体结构、切块特点与当今优质肉猪西班牙伊比利亚黑猪极为相似。圩猪切块特点提示：圩猪肉切块具有竞争国内外市场品牌精品或极品小包装特色肉的潜在可能。

（二）莱芜猪的种质特性与切块质量评定

1. 莱芜猪饲养的生态环境条件和种质特性

莱芜猪又名莱芜黑猪，因主产于山东省莱芜市而得名，是华北型地方猪种，以适应性强、繁殖率高、哺育力强、肉质优良、肉味香浓等特性而久负盛名。莱芜猪是一个适应齐鲁大地平原或缓坡植被生态条件的耐牧猪种，莱芜猪能适应野外较长的放牧时间，具有耐久的奔走觅食能力。莱芜猪具有强健的骨骼系统和心肺功能，也使莱芜猪肌肉的红纤维发育充分，这种红纤维是耐力型（有氧代谢）肌纤维，其代谢特点是糖解潜能低，乳酸生产能力低下，肌肉 pH 稳定，肌纤维细小，密度大，但肌肉体积却不大。从肉品学价值来分析，莱芜猪的肉属典型的优质红肉。

2. 莱芜猪肉切块质量点评

张伟力等（2008）对 9 头 84～114 千克育肥莱芜猪采用无电击手工传统屠宰，胴体劈半后进行切块分割，并对以下切块质量进行了点评。

（1）前肩切块　肉色深红悦目，透明度不大，纹理细微清晰，小肌束间脂肪沉积均匀并与肌束形成浓密交织，形成红白相间的特有图案。肉面干爽无水、坚挺而富有弹性、指压痕迹恢复迅速。此切块适于作烤肉和炖肉原料。

（2）眼肌 T 骨切块　T 骨与眼肌界面清晰，造型美观，但不饱满充盈，属小型精品大排肉。肉面深红、无彩虹，有局部云雾状大理石纹和叶脉状大理石纹，肌束间脂肪与肌纤维束交错浓密。可作西餐猪大排精品原料。

（3）眼肌切块　为本土猪种精华之所在，其眼肌胸段切块大理石纹浓密，烹调后多汁、风味强、嫩鲜，集色香味于一体，是厨家烹饪之精品。此切块甚为娇嫩，不可高温烹饪过度或反复烹制，更忌烤干烤焦。

（4）五花肉切块　此切块红白色彩对比鲜明，瘦肉红似火，肥肉白如玉。皮、脂、肉层次结构分明，立体造型坚挺而富有棱角，红白层厚度比例适宜。该五花肉干物质含量较高而耐得文火长时间细炖。

（5）腿肉切块（股四头肌、股二头肌）　该腿肉切块纹理细致，色泽红亮而无彩虹，肉块坚挺而弹性极佳，是制作高档矣肉丸的极佳原料。此外，该腿肉也是宫爆肉丁的良好材料，唯使用前需充分排酸以求熟化。

（6）尾肉切块　此切块是莱芜猪一特性产品，其尾肉毛孔细而密有利于调料渗入。尾部肉红白相间，不仅肌束间脂肪丰富而且尾骨间胶原蛋白极为丰富。以上因素构成莱芜猪尾肉切块的极佳口感，熏制后此特点更为明显。

莱芜猪具有繁殖率高，哺育力强，耐粗饲，抗病力好，杂交优势明显，肉质细嫩、香醇等特性，以肌内脂肪含量丰富最具特色，最具品牌土猪的优势和条件。而且以上切块提示：莱芜猪肉切块具备竞争国内外市场品牌精品或极品小包装特色肉的潜在能力，有待于在开拓优质无公害肉、绿色生态肉、有机肉品的基础上向品牌猪肉的高级水平发展。

参考文献

[1] 国家畜禽遗传资源委员会. 中国畜禽遗传资源志·猪志[M]. 北京：中国农业出版社，2011.

[2] 赵书广. 中国养猪大成[M]. 2版. 北京：中国农业出版社，2013.

[3] 陈清明，王连纯. 现代养猪生产[M]. 北京：中国农业大学出版社，1997.

[4] 杨凤. 动物营养学[M]. 2版. 北京：中国农业出版社，2002.

[5] 刘庆华，李琰. 饲料生产与应用技术[M]. 北京：化学工业出版社，2011.

[6] 钟正泽，刘作华，王金勇. 高产母猪健康养殖新技术[M]. 北京：化学工业出版社，2013.

[7] 朱兴贵. 实用养猪技术[M]. 北京：化学工业出版社，2013.

[8] 李观题，李娟. 现代养猪技术与模式[M]. 北京：中国农业科学技术出版社，2015.

[9] 李观题. 现代猪病诊疗与兽药使用技术[M]. 北京：中国农业科学技术出版社，2016.

[10] 李观题. 现代种猪饲养与高效繁殖技术[M]. 北京：中国农业科学技术出版社，2018.

[11] 聂福霄，唐文雅，蔡志杰，等. 苜蓿在养猪生产中应用效果研究进展[J]. 国外畜牧学（猪与禽），2018，38（6）：26-27.

[12] 司马博锋. 松针粉在养猪生产上的应用研究进展[J]. 养猪，2019（2）：25-28.

[13] 谭桂华，刘子琦，肖华，等. 构树的饲用价值及应用[J]. 中国饲料，2017（20）：32-35.

[14] 丁鹏，李霞，丁亚南，等. 发酵饲料桑粉对宁乡花猪生长性能、肉品质和血清生化指标的影响[J]. 动物营养学报，2018，30（5）：1950-1957.

[15] 李旺东，陈辉，张彬. 杜仲提取物对宁乡猪胴体性状和肉品质的影响[J]. 养猪，2018（5）：57-61.

[16] 晁娅梅，陈代文，余冰，等. 茶多酚对育肥猪生长性能、抗氧化能力、胴体品质和肉品质的影响[J]. 动物营养学报，2016，28（12）：3996-4005.

[17] 周平. 生产母猪淘汰原因的调查分析[J]. 养猪，2018（6）：47-48.

[18] 崔锦鹏，任方奎，张燕平，等. 浅谈延长母猪使用年限的现实意义[J]. 国外畜牧学（猪与禽），2019，39（4）：38-40.

[19] 张伟力，殷宗俊，杨敏. 传统吊架子技术对高端猪肉产品质量的影响[J]. 养猪，2015（3）：4-6.

[20] 张伟力，张磊彪. 生产品牌猪肉的饲料营养与宰前配方概述[J]. 养猪，2010（1）：74-80.

[21] 景绍红. 日粮营养水平对猪胴体品质的调控[J]. 中国饲料，2005（15）：20-23.

[22] 周桂莲，林映才，蒋宗勇. 提高肉品质量安全的营养调控技术[J]. 饲料工业，2009，30（21）；1-6.

[23] 张伟力. 优质猪肉生产系统工程[J]. 养猪，2010（5）：33-39.

[24] 张伟力，朱建和. 论中国地方猪种优良肉质的形成因素[J]. 养猪，2006（6）：46-48.

[25] 张立泰，敖翔，李元凤，等. 营养调控猪肉品质的研究进展[J]. 养猪，2018（1）：60-64.

[26] 贾良梁，等. 非洲猪瘟病毒特性和临床症状[J]. 国外畜牧学（猪与禽），2018，38（12）：1-3.

[27] 刘国信，杨锋，闫玉楠. 利用发酵饲料养猪效果好[J]. 猪业科学，2020，37（11）：81-84.

[28] 李兴桂，郭宗义，刘书伦. 特色地方猪肉销售的主要问题探讨[J]. 猪业科学，2020，37（11）：125-126.

[29] 张伟力，殷宗俊. 中国品牌猪肉的历史机遇与技术路线[J]. 养猪，2008（1）：29-32.

[30] 杨红杰，彭华，王林云. 从我国猪肉消费趋势展望地方猪种发展前景[J]. 中国畜牧，2014，50（16）：6-10.

[31] 张伟力. 确立地方猪肉特色品牌的配套加工技术[J]. 猪业科学，2010，27（1）：102-104.

[32] 张伟力. 猪肉切块评定对创建品牌猪肉的作用[J]. 养猪，2008（5）：38-40.